超 越 机 动 性
——以人与场所为本的城市规划

BEYOND MOBILITY
Planning Cities for People and Places

罗伯特·瑟夫洛

［美］ 埃里克·格拉   著

斯蒂芬·阿尔

李 丽   译

中国建筑工业出版社

著作权合同登记图字：01-2018-8273 号

图书在版编目（CIP）数据

超越机动性：以人与场所为本的城市规划／（美）罗伯特·瑟夫洛，（美）埃里克·格拉，（美）斯蒂芬·阿尔著；李丽译. —北京：中国建筑工业出版社，2020.12

书名原文：Beyond mobility Planning Cities for People and Places

ISBN 978-7-112-25785-0

Ⅰ.①超… Ⅱ.①罗… ②埃… ③斯… ④李… Ⅲ.①城市规划-研究 Ⅳ.①TU984

中国版本图书馆CIP数据核字（2020）第267418号

BEYOND MOBILITY: Planning Cities for People and Places
Written by Robert Cervero, Erick Guerra, and Stefan Al

本书由美国Island出版社授权翻译出版

责任编辑：程素荣　姚丹宁
责任校对：李美娜

超越机动性
——以人与场所为本的城市规划
BEYOND MOBILITY
Planning Cities for People and Places
[美]罗伯特·瑟夫洛　埃里克·格拉　斯蒂芬·阿尔　著
李　丽　译

*
中国建筑工业出版社出版、发行（北京海淀三里河路9号）
各地新华书店、建筑书店经销
北京锋尚制版有限公司制版
北京建筑工业印刷厂印刷
*
开本：787毫米×1092毫米　1/16　印张：16　字数：329千字
2021年5月第一版　2021年5月第一次印刷
定价：68.00元
ISBN 978 - 7 - 112 - 25785 - 0
　　　（37034）

版权所有　翻印必究
如有印装质量问题，可寄本社图书出版中心退换
（邮政编码 100037）

前　言

　　大多数城市规划师和设计师都理解并赞同一个观点,那就是:为了地球环境、社会平等以及许多其他原因,城市规划和设计必须作出改变。作为在城市交通领域分别做过不同程度研究和工作的规划师兼学者,我们秉持的观点是:提高机动性(即机动化出行的效率)已经过度主导了过去的规划实践。这正是本书的核心前提。这一观点并不新鲜。然而,在我们看来,抛却后机动性规划的华丽辞藻,为重新安排优先事项、有效地改革各项政策和实践做法制定一套系统性的框架,这些都没有得到应有的重视。

　　许多关于城市改革的评论都是从空间规划的角度出发的,即改变城市及其周围环境的设计、布局和地理配置。而关于结构性改变的步伐却鲜有讨论。人们通常以二元关系来对待由蔓延式扩张到紧凑型开发的转变,即从一种形式的城市主义走向另一种截然不同的城市主义。相反,我们提出的理念是对城市进行重新校准,这是一个改变以往累积起来的规则、标准、法规和规范的过程,那些规则、标准、法规和规范控制着城市景观的规划和设计,也往往直接或间接地推动了机动性的发展,不论是在汽车、公共汽车方面,还是在消防车方面,却牺牲了其他方面的考量。《超越机动性》讨论的是重新校准我们规划、设计和建造城市的方式,将重心从机动化通行,转向人们的需求与愿望,转向人们想要到达的场所。

　　这项研究的一些想法萌生于我们三位作者对这些问题的探讨和辩论,大致历时4年之久,当时还是2000年代末和2010年代初,我们都在加利福尼亚大学伯克利分校。伯克利曾经是唐纳德·阿普尔亚德(Donald Appleyard)、艾伦·雅各布森(Allan Jacobs)和彼得·霍尔(Peter Hall)等城市规划大师们的学术中心,包括我们在内的交通与城市设计领域学者们倾注了大量精力,讨论如何控制过度以汽车为导向的生活方式,这也许不足为怪。与一些人在读到本书书名时可能产生的想法或假设正相反,我们并不是要将汽车从城市街道上清除掉。我们和在美国生活的多数人一样,也使用和驾驶汽车,而且还打算继续如此,无论是自动驾驶还是由人驾驶。然而,我们希望,本书中提出的理念将有助于推动所有人在未来的个人出行活动中,更多地采用步行、骑自行车以及乘坐公共汽车和火车这些出行方式。如果这样做还有助于净化空气、建立社会资本、减轻体重，那么就是锦上添花了。

　　这本书尽管是合作完成的，如同任何一部涉及三位忙碌学者的作品一样，也必然各有分工。研究分工在很大程度上与我们过去和现在的研究兴趣一致。罗伯特·瑟夫洛（Robert Cervero）主要撰写第1章、第3章、第4章、第6章、第7章、第8章和第11章的内容，对其他章节也有贡献，特别是第5章和第9章。埃里克·格拉（Erick Guerra）编写了第9章和第10章的大部分内容，也参与了第1章和第11章以及本书第一部分的三个章节的编写工作。斯蒂芬·阿尔（Stefan Al）撰写了第2章和第5章，并在本书的其他方面提供了帮助，包括导言。

　　我们对本书内容承担全部责任，同时也要向许多为这项研究做出贡献的人致以谢意。非常感谢岛屿出版社的希瑟·博耶（Heather Boyer）对整个项目的支持，以及她从见到手稿到成书期间的尽职编审。伊丽莎白·西奥查理德斯（Elizabeth Theocharides）是加州大学伯克利分校城市规划与交通专业的研究生，她为本书的许多部分提供了极大的帮助，包括背景文献综述、统计分析、地图与图片的制备等，还帮助整理了插图。宾夕法尼亚州立大学规划专业硕士研究生李梅青（Meiqing Li）帮助绘制了多幅地图，并对中国公交导向开发进行了背景研究。宾夕法尼亚大学建筑与城市规划专业的学生伊丽莎白·马彻尔斯（Elisabeth Machielse）、肖恩·麦凯（Sean McKay）和托马斯·奥格伦（Thomas Orgren），为第2章和第5章提供了背景研究和文献综述。我们还要感谢岛屿出版社的布伦娜·拉菲（Brenna Raffe），她帮助整理了本书的部分图片和底稿审校。我们还要感谢许多其他人，他们分别在不同阶段对本书的某些部分给予了帮助，其中包括：瑞娜·蒂瓦里（Reena Tiwari）、伊恩·卡尔顿（Ian Carleton）、费利佩·塔加（Felipe Targa）、约翰·雷恩（John Renne）、梅根·吉布（Megan Gibb）、伯尼·苏奇蒂尔（Bernie Suchicital）、伯特·格雷戈里（Bert Gregory）、张德康（Chang-Deok Kang）、史蒂夫·尤伊（Steve Yui）、查尔斯·库希安（Charles Kooshian）、拉里·奥曼（Larry Orman）、泽维尔·伊格莱西亚斯（Xavier Iglesias）、卢·纳达尔（Lu Nadal）、汤姆·拉达克（Tom Radak）、吉勒斯·杜兰顿（Gilles Duranton）、萨尔瓦多·赫雷拉（Salvador Herrera）、帕沃·蒙科宁（Paavo Monkkonen）、卡米洛·考迪罗（Camilo Caudillo）、豪尔赫·蒙特哈诺（Jorge Montejano），以及约翰·泰勒（John Taylor）等。在专业领域以外，我们还要感谢在研究期间以情感和其他方式给予我们不同支持的人，特别要提到的是：索菲亚·瑟夫洛（Sophia Cervero）、克里斯·瑟夫洛（Chris Cervero）、克里斯汀·瑟夫洛（Kristen Cervero）、亚历山大·怀利（Alexandria Wyllie）、阿玛利里斯·冈萨雷斯（Amaliris Gonzalez）、格拉一家、丽贝卡·金（Rebecca Jin）、维拉·阿尔（Vera Al），以及詹尼克·凡·奎金（Janneke van Kuijzen）。

　　编写一本侧重于案例研究的书来审视世界许多地方的经验教训，如果没有资金支持是不可能完成的。这部作品没有主要赞助者，但我们确实从多个渠道获得了宝贵的资金。在罗伯特·瑟夫洛担任加州大学伯克利分校城市研究的卡梅尔·弗里森（Carmel P. Friesen in Urban Studies）主任的6年时间里，弗里森基金会为其提供了研究支持。如果没有坎迪·弗里森（Candy Friesen）和霍华德·弗里森（Howard Friesen）的慷慨支持，本书中呈现的一些研究工作是不可能完成的。本书中介绍的研究得以实现，还有赖于以下诸项基金的支持：加利福尼亚大学交通中心（University of California Transportation Center）、交通大学交通中心安全与效率技术部（Technologies for Safe and Efficient Transportation University Transportation Center）、沃尔沃研究与教育基金会（Volvo Research and Education Foundation）、世界银行（World Bank）、联合国人居署（UN Habitat）、美国交通部交通合作研究项目（Transit Cooperative Research Program of the U. S. Department of Transportation）、香港港铁公司（Hong Kong's MTR Corporation）、经济合作与发展组织（Organisation for Economic Co-operation and Development）、布鲁金斯学会（Brookings Institution）、宾夕法尼亚大学的大学研究基金会（University of Pennsylvania's University Research Foundation）、林肯土地政策研究所（Lincoln Institute of Land Policy），以及洛杉矶市等。

最后，有必要对本书的阐述结构作一下说明。尽管我们在开篇时有些悲观，援引了数以吨计的过量碳排放、每年数百万人丧生于车祸和地方污染，以及侧重于机动性的城市规划和设计方法造成的公共资金浪费等作为例证，然而我们得出的结论还是乐观的。现行体系造成的浪费与危害，加上越来越多替代性规划体系的实例和证据，都在引发对塑造城市的规则、条例和投资等方面的循序渐进而又明显可见的改革。我们希望，新技术和不断变化的人口与社会趋势，都会巩固和加强人们超越机动性的动力，创造出各种美好、多样化且具有经济成效的场所，那才是我们、我们的朋友和家人所渴望的居住、工作、学习和娱乐之所。

本书得到大连民族大学建筑学院的资助，在此表示感谢。

目　录

第1章

城市重新校准

本书讨论的是重新安排优先事项的顺序。在城市规划和设计中，必须把更多的注意力放在满足人们的需求和愿望、创造美好的场所上，而不是专注于交通提速。过去的情况恰恰相反。在美国和越来越多的其他地方，对高速公路和地下铁路系统的投资，首先是为了让人们尽可能快速而安全地在A点和B点之间移动。从表面上看，这当然是可取的。然而，随着时间的推移，这种近乎孤注一掷地强调快速移动的累积后果已经显现，比如，烟雾弥漫的空气盆地、蔓延扩张的郊区以及投入了数千亿美元资金也未能遏制的交通拥堵……不一而足。我们认为，对城市进行重新校准已势在必行，这是一种遵循以人为本、更注重场所的城市建设方法。

重新校准（recalibration）是精密仪器手册和飞行操作手册中的一个术语，在城市规划界也引起共鸣。塑造城市形态的道路、地块划分和公用设施走廊等，都是以往根据工程和设计手册校准形成的，那些手册都带有各种宏伟的目标，比如，最大限度地降低事故风险，符合八轮消防车的转弯半径要求等，却很少注意到意料之外的后果。机动性和公共安全固然重要，但清新的空气和适宜步行的街道也同样重要。此外，交通工程师长期以来都是根据机动车通行量来衡量交通状况，而不是从人的角度出发。其结果则是一种恶性循环：道路扩张是为了适应汽车交通，而不是将更多资源引向有效利用道路空间的交通模式，如公共交通和骑自行车。在20世纪，街道宽度一拓再拓，停车标准不断提高，从而占用了大部分公共空间来容纳汽车[1]。在一些城市，仅停车场就占了城市总用地面积的三分之一以上[2]。我们认为，用于设计城市的方法、指标和标准都亟须重新校准——这种重新校准并不是要全部推翻重来，而是重新平衡优先事项次序，城市规划

1

和社区设计至少要像重视机动性一样，对人和场所也给予同样的重视。《超越机动性》一书为实现这一目标开辟了道路。

呼吁重新校准城市、并重新审视城市机动性的作用，起因在于大多数出行的衍生性质。人们开车和坐火车去往各种场所，最为看重的，是那些场所的构成和质量，以及它们所产生的社会和经济互动，而不是去往那里的实际行为。正如艾默里·洛文斯（Amory Lovins）在谈到能源行业时所说，人们关心的不是千瓦数，而是热水淋浴、冰镇啤酒以及明亮的房间。同样，人们出行是为了上班、会友、运动等。他们所寻求的是社会和经济的互动，而不是出行本身。在一定程度上说，距离是互动的障碍，花在空间移动上的时间通常可以更好地用来做其他事情（与朋友社交，在当地咖啡馆阅读杂志，甚至在工作场所逗留更久——或许还可以赚到更多的钱）。因此，交通只是达到目的的一种手段，是实现其他目标的工具而已。与更大目标相比，交通通常是次要的。

如果给正确安排优先次序作一个恰当的类比，那就是房屋设计。设想"场所"是房屋，"交通"是房屋的公用设施。在构思和设计房屋时，未来的房主会——细想哪些事项对他们来说最重要：布局、平面布置、建筑风格、厨房样式、景观等。他们不会在一开始就关注房屋的公用设施——水暖管道、电线排布、管井分布和管线布置等，然后围绕这些来设计房屋。扩展到邻里社区或城市范围，情况也应该如此。因此，重新校准城市的规划与设计，就是要提升场所相对于机动性的优先级。

由于强调机动性，20世纪的交通基础设施往往对人和场所产生了有害的影响。交叉路口充满危险且难以穿越，道路上多条车道通行，这些都阻碍了人们自由通行的能力，也减少了儿童玩耍的机会。交通投资虽然在区域层面把人们联系起来，但也彻底改变了社区生活方式，降低了房屋价值，20世纪50年代和60年代公路横贯美国社区的做法就是一个缩影。1953年，当地居民强烈抗议罗伯特·摩西（Robert Moses）规划的六车道跨布朗克斯区高速公路（Cross Bronx Expressway），称其为"令人心碎之路"，但无济于事。摩西的规划获得批准并迅速建成，在布朗克斯区人口密集的社区里，住宅被夷为平地，房产贬值，社区间联系被切断。跨布朗克斯高速公路只是随后20年间修建的众多具有破坏性的城市公路之一，联邦政府通常承担这些项目90%的费用。

优先考虑场所是城市非常容易到达的另一种说法。可达性是指人们到达想去场所的便利程度。通过增加机动性（从A点到达B点的速度）、邻近性（使A点与B点靠得更近）或二者的某种组合，城市可以变得更容易到达。关注可达性以及与之相关的场所，会为城市及其交通基础设施的规划和设计带来完全不同的框架。与其铺设越来越多的沥青路面来把人与场所联系起来，可能还不如将各种活动（如房屋、企业和商店等）布置在彼此更靠近的地方。大量的研究表明，由此产生的土地混合利用模式可以缩短距离，吸引更多节奏悠闲、没有污染的出行。如果说汽车城市的规划注重于节省时间，那么，可达性城市的规划则注重于时间的合理利用。

正如本书第2章所讨论的，适宜步行、多功能混合的邻里街区也可以建立社会资本，并通过自然监控注入安全感。对于越来越多的城市居民而言，这样的邻里属性至少和出行速度同样重要。因此，本书的主要目的，是为城市设计和活动场所选址提供一个框架，使城市场所变得更容易到达，从而允许更多的各种类型互动。具有这种改造意义的场所包括：前工业场所的再生项目（第5章），商业园区转型为多功能活动中心（第6章），聚集在公交车站周围的可步行邻里街区（第7章），以及现在可同时容纳行人、骑行者和生机盎然的街头氛围的前交通干道（第8章）。

本书封面描绘了通过重新设计城市景观、超越机动性通行而实现的各种实体转变。封面照片显示的是巴西里约热内卢的马拉维拉港区（Porto Maravilha area），一辆有轨电车与行人共用一条街道，旁边是一幅色彩明亮的壁画，为原本空洞单调的仓库墙壁增添了色彩和艺术气息。为了迎接2016年夏季奥运会，里约市决定拆除一座将市中心与滨水区分隔开的气势宏伟的高架桥，代之以有轨电车、步行广场、街景改善设施和博物馆，马拉维拉港区正是这一决策的产物。改造前后的图像反映了这片极具价值却长期被忽视的滨海房地产的转变：一条原本是卡车和汽车穿梭往来的通道，转型为一个有电车服务、以人为本的场所，还突出强调了美学品位、便利设施和场所营造（图1-1）。允许商业密度增加和地价上涨带来的收入为项目提供了资金，不过，与其他奥运驱动的高贫困率城市中的高成本公共支出一样，这一项目也引发了大规模的公众抗议活动，反对嫌贫爱富的做法。重新校准城市，使其更多地关注人与场所，必须要权衡社会后果。行动措施必须具有社会包容性，这是一个重大挑战，因为创造更高质量的城市空间通常会导致价格上涨。最后一章讨论了克服这些挑战的策略。

伦敦拥堵收费计划是城市重新校准的又一个例子，这个例子体现的是政策上的转变（即软件），而不是像里约热内卢例子中那样的物理转变（即硬件）。伦敦在2003年初出台了交通拥堵收费政策，这是以新加坡的成功经验为基础的，新加坡在交通高峰时段对进入中心城区限制地带的驾驶者征收费用。正如倡议者所承诺的那样，在征收拥堵费的前5年，愿意支付通行费的人相应地享受到了更快的驾驶速度。然而，到2008年底，行驶速度开始回落到拥堵收费之前的水平。行驶速度缓慢回落的部分原因，是公共汽车、行人和骑自行车的人占用了伦敦市中心大约20%的道路空间。安德烈亚·伯德斯（Andrea Broaddus）在其关于伦敦拥堵收费计划的研究中指出，"交通工程师对拥堵收费所释放的道路通行能力进行削减，直到从汽车驾驶者那里明显'抢夺出'道路空间的通行能力，节省出通行时间，并将其分配给公交车乘客、步行者和骑自行车的人"[3]。然而，民众还是继续接受拥堵收费。伦敦人放弃私家车出行，以换取许多人憧憬的更美好的生活环境：空气更清洁、交通事故更少、步行空间更多以及更适合骑自行车的城市环

图1-1　里约热内卢的城市重新校准：马拉维拉港区项目。以前（上图）是一条紧邻里约热内卢滨水区的高架快速路，现在（下图）被有轨电车、步行广场和当代博物馆所取代。图片来源：由里约热内卢港区城市发展公司（Companhia de Desenvolvimento Urbano da Região do Porto do Rio de Janeiro，简称Cdurp）提供。

境。即使在交叉口这样的微观层面，伦敦市中心的优先事项次序也明显发生了变化。除了空间以外，城市交通领域的另一个受限资源——交通信号配时，也被重新分配给非驾车者。"减少行人的等待时间"，伯德斯写道，"就意味着机动交通的等待时间变长，实际上是将时间从机动交通重新分配给了行人[4]。"在伦敦的例子中，通过重新分配道路空间和重新分配信号配时，城市核心得以重新校准，从而更加关注人与场所，而不是私人车辆的通行。

创建可持续和公正城市的挑战

城市是人类社会活动、文化活动和经济活动的中心，用爱德华·格莱泽（Ed Glaeser）在《城市的胜利》（*Triumph of the City*）中的话来说，是"我们最伟大的成就"[5]。从现代哲学在雅典诞生，到佛罗伦萨的文艺复兴，再到底特律的汽车工业和硅谷的数字革命，城市是人类历史记忆中几乎所有进步的基础[6]。城市也由此创造了财富。今天，世界上最大的600个城市，占世界人口的五分之一，创造了全球60%的国内生产总值（GDP）[7]。城市还是世界上大部分人口的家园，是全球人口增长的起点。据联合国估计，未来20年，全球城市人口将再增加15亿[8]。这相当于在接下来的20年里，每年增加8个特大城市（即8个雅加达、拉各斯Lagose或里约热内卢），这至少可以说是一个令人生畏的挑战。这些城市如何发展，对人类的健康、财富和幸福都将至关重要。

如果设计得当，城市也是地球上最绿色的地方。曼哈顿居民的碳消耗水平相当于美国其他地区20世纪90年代的水平[9]。许多人步行或乘公交车前往曼哈顿及其周边地区，石油消耗量仅为普通美国人的十分之一。然而，并非所有城市都设计得很好，事实上，很少有城市像纽约那样适宜公共交通和步行。因此，世界上城市的环境足迹都过于庞大，不成比例。由于城市人口占世界人口的50%以上，又主要是通过消耗化石燃料进行能源供给和交通，城市的能源消耗量占到世界能源消耗总量的60%～80%，产生的人为温室气体占人类排放总量的70%[10]。城市也极易受到气候变化的不利影响，特别是第三世界国家的沿海城市，它们面临着因海平面上升而被淹没的危险。

不幸的是，城市还遭受着极端贫困之苦。大约有9亿人——占世界城市人口的三分之一——如今还生活在贫民窟[11]。在撒哈拉以南的非洲地区，贫民窟居民占城市人口的近四分之三[12]。世界银行估计，2002年，全球每天生活费不足2美元的城市居民人数达7.5亿，而且这一数字肯定还在增长[13]。此外，今天约有2.5亿城市居民没有用上电[14]。世界各地每年因卫生条件差而造成的死亡人数超过80万，随着城市增长速度超过相应的污水处理和管道供水设施的扩建速度，城市死亡人数的比例还在不断上升[15]。所有这些，都突显了确保重新校准城市规划和设计带来的回报不仅仅惠及富裕阶层的重要性。要获得合法性，更不用说要获得政治吸引力和社会认可，就必须采取有利于穷人的行动，在一定程度上帮助减轻城市贫困，改善生活条件。

在使城市生活更具可负担性、使社会更具公正性方面，可达性的重要意义不容低估。在全球范围内，城市居民在住房和交通上的支出通常比其他所有商品的总和还要多[16]。出入不便耗尽了穷人所能支配的少数资源。在墨西哥城，最贫困的五分之一家庭将其收入的四分之一左右用于公共交通[17]。那些居住在城市外围的人则要面临着令人生畏的通勤路程，平均单程耗时要长达1小时20分钟。在美国，大多数社区的交通服务都很匮乏，交通不便使许多低收入人群无法找到工作、获得医疗服务，也无法在库存充足的超市购物。

从财政角度来看，各国政府在交通投资上都投入了大量资源，而且为以机动性为导向的规划实践支付了很大一部分费用，尤其是在城市无序扩张和污染与交通事故对公众健康造成影响方面。在美国，20世纪末的蔓延式扩张、以汽车为导向的开发项目中，每套住房提供基础设施和服务的成本（不包括外部社会成本），比紧凑型开发的每套住房高出近3万美元[18]。除此之外，以汽车为导向的生活方式还有一些不太明显却普遍存在的成本，包括缺乏运动、交通事故死亡和空气质量恶化等，这些在一定程度上都是公共部门不得不花费资源来抵消的成本[19]。

尽管城市及其居民都很重要，但城市的形式、形态甚至文化往往成为旨在改善机动性的政策和投资的意外后果。交通确实已经变得本末倒置。把人与场所重新置于我们如何以及为何在城市交通上进行投资的中心，对于改善21世纪人类在社会、环境和经济等方面的整体福祉至关重要。

超越机动性的理由

在世界范围内，围绕交通出行设计城市的成本正变得越来越明显。同样，我们也面临着各种机遇，可以转变主导交通模式，将投资重点放在建设充满活力且宜居的城市上，这些城市的邻里街区要满足居民的需求，而不仅仅是满足居民的交通出行需求。为了阐述这一理由，我们在本书中借鉴了欧洲、北美、亚洲以及小范围非洲的许多城市和国家的经验与统计数据。有些数据尽管在公共卫生和交通规划领域广为人知，但还是极为令人震惊。每年，我们现行的交通模式直接造成超过125万人交通事故死亡，造成的局地污染导致数十亿年的寿命损失。2010年，全球有320万人因空气污染而过早死亡，是10年前的四倍[20]。

重新安排交通规划的优先次序只是本书背后动机的一部分。我们相信，只有更加注重可达性和场所，才能创造出更美好的社区、环境和经济[21]。

我们所说的更美好的社区、环境和经济，究竟意味着什么呢？更美好的社区是安全、适宜步行、健康的地方，可以推动人们采取多种模式可持续、公平地去往大量目的地，并加强人际联系与社区互动。这与20世纪现代主义强调土地用途分离、快速交通以及互不连通的塔楼等（尤其是像建筑师勒·柯布西耶所设想的那样）形成了鲜明的对比。相反，我们主张那种规模较小且尺度宜人的街区、共享空间和完整街道，这是唐纳德·阿普尔亚德、简·雅各布斯（Jane Jacobs）、威廉·怀特（William Whyte）和刘易斯·芒福德（Lewis Mumford）等著名学者和实践家所提倡的。就像芒福德在《公路与城市》（*The Highway and the City*）一书中雄辩地指出，"在人人都拥有私人汽车的时代，使用私人汽车进入城市每一栋建筑的权利，实际上就是摧毁这座城市的权利[22]。"放眼全球，收回私人交通占用的公共空间、开展交通稳静化处理，以及创造适宜步行的美好社区等做法方兴未艾，正体现了人们对创建这种更美好、更加以人为本的社区的渴望。

尽管美好社区的概念带有某种规范性，也难以把握，但美好环境的概念却是清晰、可衡量的，并且可以直接归因于城市的形态和交通网络的设计。汽车依赖型城市和国家所消耗的土地、化石燃料和自然栖息地，远远多于那些紧凑型、交通模式多样的地方。它们还大大增加了局地和全球的污染。随着气候变化对地球和地球上的居民造成危害和威胁，围绕以化石燃料为动力的超大型单人汽车而设计的城市环境看起来越来越脱离现实。此外，越来越多的证据表明，摆脱对汽车的依赖对环境和公共健康都有重要益处，因为这样做不仅减少了污染，还增加了步行、骑自行车和其他身体活动。世界各地的例子表明，收入与汽车机动性并不需要齐头并进。苏黎世、哥本哈根、东京和阿姆斯特丹等富裕城市，依靠自行车道、有轨电车、地下铁路、公共汽车和人行道的混合，这些交通模式都被精心地设计、融合在城市肌理中。在重新设计交通基础设施以促进更安全、更健康、更宜人的社区方面，最富裕和最具经济生产力的城市正日益居于领先地位。

事实上，超越机动性不仅可以减少碰撞、死亡事故、污染和基础设施支出，而且可以拉近人们之间的距离，创造出对最具生产力和机动性的工人最有吸引力的场所类型，从而改善经济表现。就近安排人员和企业所带来的生产效益已是众所周知，这也是使城市成为全球经济增长动力的核心所在。城市不仅是重要的生产场所，而且也作为重要的消费空间而日益相互竞争激烈[23]。城市环境设计良好且适宜步行、交通便利的邻里街区既是理想之选，也能获得较高的价格溢价。房地产公司已经在报告诸如面积大小、卧室数量、学区以及邻近主要道路和公交线路情况等传统信息的同时，开始报告步行性指数。在大都市层面，人均汽车出行越少，人均国内生产总值往往越高[24]。然而，拥有和使用汽车是城市生活的重要组成部分，更不用说公路货运了。《超越机动性》的目标不是要发动一场消除汽车的战争，而是要摆正汽车作为改善城市居民生活众多工具之一的位置。

城市重新校准的背景

城市重新校准，即在城市规划和设计中提高人与场所相对于机动性的重要性，这种重新校准可以发生在不同的尺度和背景中（补充资料1-1），有时会取得巨大成功，有时也面临着巨大的挑战。在全球范围内，很多社区都在致力于创造公共交通与周边土地利用之间的无缝衔接，改造以汽车为导向的郊区环境，回收过剩或危险的道路空间用作其他用途，并利用曾被忽视了的城市空间，比如城市中心的废弃铁路等。

补充资料 1-1
多种尺度下的城市重新校准

城市重新校准可以在多种地理尺度下发生：微观设计（如，街头公园）、廊道（如，道路瘦身），以及城市区域（如，阻止以汽车为导向的蔓延式扩张并保护农业用地的城市增长边界）等。

补充资料图1-1　左上图：加利福尼亚州拉斐特市（Lafayette, California）的街头公园。由停车场改造而成的微型公园，沿城市主要林荫大道——狄亚波罗山林荫路（Mount Diablo Boulevard）展开；右上图：道路瘦身。蒙特利尔市将机动车道占用的空间重新分配给骑自行车的人，作为专用自行车道；下图：俄勒冈州波特兰市（Portland, Oregon）的城市增长边界，划分出城市与乡村的各自界限。图片来源：左上图：罗伯特·瑟夫洛；右上图：丹·马洛夫（Dan Malouff），BeyondDC.com；下图：谷歌地球。

核心城市通过对废弃的工业园区和货运走廊等未充分利用的土地进行重新利用，使其实现再生，从而实现城市重新校准。纽约市的高线公园（High Line）是这种改造的代表。过去，那里只是一条货运通道，如今已是一座生机勃勃的公园，成为整个切尔西区（Chelsea district）密度增长和活力复兴的引擎，也是这座城市最受欢迎的旅游和娱乐目的地之一。伦敦码头区（London's Docklands）和鹿特丹科普-凡-祖伊德（Rotterdam's Kop van Zuid）两个例子则说明，城市如何对衰落的工业港口进行再利用，以便刺激经济增长，并将城市及其滨水区重新联系起来。在这几个案例以及书中提到的其他案例中，城市都利用了由于交通技术和城市经济的转变而变得多余或未被充分利用的土地。自动驾驶汽车和公共汽车等新技术很可能会为这种类型的城市复兴带来大量新的机遇。

公交导向开发（TOD），即公共交通投资与城市开发紧密结合，是最为著名的城市发展形势之一。通过将工作岗位与住处都集中于设计良好、适合步行的公交车站附近，成功的公交导向开发项目为人们提供了宜居且交通便利的社区，其社会、经济或环境成本远低于以汽车为导向的蔓延式开发项目。居民和企业为拥有高品质公交导向开发所支付的溢价，充分说明这种模式在公众以及具有社会或环境意识的规划师和官员们中很受欢迎。围绕公交站点开发新的住宅和办公楼项目，这一做法虽然和交通一样由来已久，但当代关注在公交站点周围创建更具可持续性的建筑环境还是最近的事。从旧金山湾（San Francisco Bay）到珠江三角洲（Pearl River Delta），围绕高质量公交的新开发项目正在帮助城市重塑都市增长，实现经济扩张，同时也最大限度地减少对环境和人类健康的危害。然而，公交导向开发模式尽管有种种前景，但如果规划或设计不当，其本身并不能克服房地产市场疲软的局面，也无法实现繁荣发展。有限或质量低劣的公交服务也无法成为减少汽车使用的动力，尤其是在停车场比比皆是的情况下。对于每一个成功的公交导向开发案例研究，都有另一个未能实现或未能充分发挥潜力的案例。我们探讨了一系列的案例，不仅要确定公交导向开发模式的成功或不足之处，还要找出其在哪些方面实现了特定的目标，比如，为公共交通系统提供了财务支持，为儿童提供了机会与住所，或者激发了旧建筑的适应性再利用等。

郊区改造是城市重新校准的最大挑战和机遇之一，尤其是在公交服务有限或根本没有的地方。在美国，许多城市区域完全围绕汽车进行开发，缺乏适合可持续交通模式的密度或形式。在郊区办公园区和陷入困境的购物中心周围增加住房、创造场所感的持续努力，已经产生了积极的局部效果，但尚未成功地改变整个郊区景观，也没有大幅减少对汽车的依赖。尽管如此，郊区改造还是为偏远郊区提供了一种超越机动性的交通模式，那些郊区占美国城市景观的很大一部分。相比之下，在第三世界国家，郊区通常人口稠密、贫困，依赖公共交通，但与主要就业中心和其他城市设施缺乏足够的联系。这些地方面临的挑战是为居民提供充足的基础设施和有保障的产权，同时改善与城市其余部分的公共交通和道路联系。陡峭的地形，有限的财政资源，以及相互竞争优先性的其他事项，都增加了世界上许多郊区贫民窟开展郊区改造的艰巨程度。

无论是在郊区还是在城市地区，最近都在推动一些项目和计划，要求改造或重新设计以汽车为导向的道路，使空间更具安全性、破坏性更小，更加以人为本。我们称这样的项目为道路收缩，包括小规模、局部的交通稳静化处理，以及以林荫道或绿道取代高速公路。对20世纪60年代和70年代以汽车为导向的公路设计规模进行缩减，以创造更健康、更具经济活力和令人愉悦的新空间，旧金山和首尔等城市已成为此类实践的领跑者。像旧金山滨海高速公路（Embarcadero）和首尔清溪川（Cheong Gye Cheon）这样的重要快速路改造，不仅创造了更舒适、更安全的城市环境，而且还提高了当地的房地产价值，而对交通拥堵的影响却微乎其微，甚至完全衡量不出来。在全球范围内，为居民和游客重新设计道路——无论是临时封闭街道还是永久性地重新设计道路，都有助于提高城市的知名度、宜居性和吸引力。尽管旧金山是在经历了一场毁灭性地震之后才降低了内河码头公路的等级，但几乎没有居民会为修建一条快速路而选择毁掉现有的林荫大道。快速路的改造虽然都颇有争议，但一旦改造完成，就大受欢迎。

新兴的机遇与挑战

在本书的最后几章，我们将话题转向讨论技术与社会的变革，这些变革将极大地影响21世纪的机动性与场所之间的平衡。其中最主要的是人口居住地的引力转移，以及哪些城市增长最快。自1989年旧金山内河码头快速路关闭以来，中国城市人口增加了近5亿。随着第三世界国家城市在未来20年将增加约15亿居民，如何重新校准城市景观，并实现超越机动性的交通出行，才能最大限度地促进更加繁荣、更加人性化的未来？如果这些城市和国家重蹈前车之鉴，围绕交通网络来设计城市，它们将错失创造更宜居、经济更高效、更安全和更健康环境的良机。在印度和中国的许多城市，局部地方的污染水平和交通事故死亡率已经是灾难性的。全球温室气体排放继续以危险的速度增长。许多地方和国家政府选择复制二战后美国城市的设计实践，但也有一些政府通过将城市建设与公共交通服务、自行车网络和步行道整合起来，开辟出一条新的道路。随着第三世界的城市和国家变得更加富裕，最成功的将是那些对人力资本最具吸引力的城市和国家。晴朗的天空、安全的街道，以及便捷的城市交通，都将是必不可少的。

未来几年，科技还将在城市和交通系统的发展中发挥主导作用。汽车共享公司（如Zipcar和Car2Go）和智能手机技术（如UBer和Lyft）已经在改变人们的出行方式。公司开始使用无人机递送包裹，视频会议的改进终于开始与面对面会议的质量相媲美。在技术变革日新月异的世界里，如何才能重新调整优先事项次序，远离机动性呢？特别是自动驾驶汽车，可能会从根本上改变机动性与场所之间的平衡与关系。这些技术不仅可以减少交通事故和拥堵，还可以使停车与目的地脱离（相当于一种无处不在的代客泊车形式），并有助于推动一场为行人、商店和住房争取更多城市空间的运动。另一方面，无人驾驶汽车可能会将汽车的行驶速度和效率提升好几个数量级，预示着一个高度机动性世界的到来。最终，无人驾驶汽车是会减少还是增加人们的驾驶，还将取决于一系列因素，尤其是人们是继续拥有私人车辆，还是转向一种按英里租用共享汽车、小型货车和小型公共汽车的模式。就这一点而言，对社会和环境负有责任的公共政策，比如，将真正的收费转嫁给驾车者的实时拥堵收费，将比以往任何时候都更加重要。新技术的潜在益处在第三世界国家最为明显，在那里，诸如自动化小型货车之类的跨越式技术，可以从根本上改善交通的数量和质量，就像手机对电话通信的作用一样。

本书在结尾反思了在规划可持续城市未来时所面临的机遇与挑战，这是由老龄化社会和协作性消费等极具影响力的大趋势以及如前所述的种种技术进步共同构成的。书中强调了公共政策在推动这些正在形成的趋势方面所起的作用，这些趋势不仅创造了环境可持续发展的城市，而且还创造了具有包容性、社会公正的城市。这些努力有时也会面临着"社会工程"的指责。有些人可能会说，美国人的生活方式已经被设计到了如此程度，以致许多人离了车就寸步难行。本书所阐述的各种城市重新校准最终将会带来的，是市场选择机会的增加：选择在哪里居住、工作、学习、购物和娱乐，以及如何在城市中出行。如果政府采取措施来消除偏见，推进前瞻性的城市规划，在社区设计中充分利用资源，并确保包容性和所有人都有享用权，那么，市场力量和消费者偏好就会借助政府举措而发挥魔力，这样，更宜居、联系更密切的场所就大有希望出现。

结语

呼吁回归以人为本的城市建设和交通网络设计并不是新鲜事，在各种运动中都存在，包括新城市主义、城市针灸术、宜居城市、精明增长和完整街道等。本书以过去的研究为基础，综合梳理当代的实践活动，包括在不同尺度下和全球范围内进行的某种程度上的城市重新校准。无论是在房地产市场表现、住宅满意度方面，还是其他社区福祉指标方面，只要有可能，我们都讨论了回报获益情况。当然，衡量超越机动性的交通出行或更广泛意义上的场所营造的益处，都是有限制条件的。通常情况下，案例经验和图片传递出来的不只有经验，还有指标和统计数据。

在文献中可以找到许多关于场所营造的定义，通常都与"促进健康、快乐和幸福的公共空间"，"经济上充满活力、审美上充满吸引力、步行友好的地方"以及"特色鲜明、令人难忘且宜居的社区"等联系在一起[25]。对我们而言，与本书主题一致的更简单的想法是，创造更多人们想停留的场所，而不仅仅是路过的地方。著名城市设计师扬·盖尔（Jan Gehl）也有类似的看法："场所营造是把一个街区、城镇或城市，从一个你迫不及待地要穿越的地方，变成一个你永远不想离开的地方"[26]。所有这些说法都隐含了一个观点，即：必须在机动性和场所规划之间取得更好的平衡。

我们需要强调的是，本书并不反对汽车。私人汽车是世界上最伟大的发明之一，提供了前所未有的个人机动性。私人汽车使人们可以随时随地轻松地在城市中移动。对于许多出行活动，比如大包小裹地搬运食品杂货、周末去乡村远足等，汽车也是最明智的交通工具。我们也不反对未来的道路建设。受困于交通很难促进良好的城市建设，提高社区宜居性。在交通队列中浪费时间不啻为另一种形式的污染，约翰·怀特莱格（John Whitelegg）称之为"时间污染"[27]。一个地方究竟怎样才算适合居住？虽然许多人都很难对此给出恰当的定义，但有一点是肯定的，那就是这样的地方一定不那么拥堵。事实上，当人们被问及最不喜欢城市生活的哪一方面时，民意调查通常会将交通拥堵列为城市最大的弊病之一。

虽然城市重新校准并不意味着抛弃汽车、停止道路建设，或者干脆取消交通工程部门，但这确实意味着要控制汽车在城市和郊区的超大规模存在。在本书中，我们主张以减少过度依赖以及有时甚至无论去哪都不加选择地使用私人汽车的方式，对城市进行规划和设计，对交通资源进行定价和管理。汽车经常处于闲置状态，而即使在使用时，汽车对于许多出行活动又严重超大，动力也过于强劲，这些都使过度依赖汽车的后果更为严重。一辆普通汽车每天要在沥青地面上停放23个小时。使用时，通常四分之三的座位是空的。在碳排放推动的气候模式日趋动荡、海平面不断上升的时代，依靠一个重达2吨的钢铁笼子在邻里街区附近来回运送一个150磅的人，这是一种不可原谅的浪费。寻求平衡的理念是在城市设计中减少浪费的出行，鼓励明智地使用汽车。这并不意味着停止未来的道路建设，也不意味着忽视高效的工业走廊货运物流的需求。我们认为，注重场所营造和环境质量的紧凑型、多功能混合的可步行社区，与建设与维护实用而高效的机动化出行网络完全相互兼容。在未来的城市规划与设计中，我们最有可能通过在机动性与场所之间取得更好的平衡来做到这一点。

在本书中，我们始终强调以机动性为重点的城市规划方法对环境、经济和公共卫生造成的危害。我们的目标是少些争论，多些规范。值得注意的是，我们希望此项研究能在一定程度上对世界各地正在快速现代化和机动化的实践活动产生影响，在那些地区，路线修正会产生重大影响，而且为时不晚。最后，本书还介绍了城市在重新安排社区优先事项次序，以便减少对交通出行的重视、更多地关注人的需求和场所时所面临的挑战与机遇。在论证过程中，我们往往强调了我们三位作者中的一位或几位曾经居住、工作或开展过研究的地方。这不仅增加了个人经验的丰富性，也增加了获取数据的机会，以及在描述更好地平衡机动性与场所时面对机遇与挑战的信心。因此，我们可能会错过一些政策或城市，它们也是创造更加以人为本的城市和机动性选择的一个或多个运动的领先典范。要在一本书中详尽描述城市重新校准的每一种实践做法是不可能的，从这个意义上说，本书更具示范性（我们希望在某种程度上也具有启发性），而不是百科全书式的面面俱到。尽管存在这些不足之处，我们还是要称赞的是，改变全球对交通在创造更美好的社区、环境和经济中所起作用的看法的需求正在日益增长。

第一部分
阐述理由

接下来的三章，将阐述对除机动性外的交通规划优先事项进行重新排序的理由。在世界范围内，围绕交通出行设计城市的代价正变得越来越明显，其中包括：每年因交通事故死亡的人数超过125万，因空气污染而过早死亡的人数超过320万。幸运的是，改变占主导地位的交通模式的机会也同样越来越明显，我们可以把投资重点放在创造充满活力且宜居的场所上，来满足居民的需要，而不仅仅是满足他们的出行需要。在本书的第一部分中，我们认为这种从机动性到场所营造的城市重新校准，将会创造更美好的社区、环境和经济。

所谓更美好的社区，即安全、适宜步行、健康的场所，可以促进人们以多种模式可持续地、公平地前往众多目的地，并加强人际联系和社区互动。这与20世纪现代主义强调土地用途分离、快速交通以及互不连通的塔楼等观点形成鲜明对比，尤其是像建筑师勒·柯布西耶等人所设想的那样。相反，我们赞同简·雅各布斯等学者和实践家们所提倡的观点，即规模较小、尺度宜人的街区、共享空间和完整街道。街道不仅仅是勒·柯布西耶所说的"交通机器"，它还有许多功能，比如为人们聊天、儿童玩耍、购物者浏览店铺以及路边摊贩售卖商品等创造了机会。第2章阐述了如何将重点从车辆通行能力转向场所营造，从而改善社区的社会资本、健康和公平性。

第3章重点讨论如何通过城市重新校准来使环境更美好。我们所说的环境更美好，指的是汽车和建筑的排放更少，而且化石燃料的消耗也减少，气候稳定，土地和自然栖息地得到保护，总之，是更益于健康、资源更丰富的居住、工作、学习和娱乐的地方。依赖汽车的城市和国家消耗掉的土地、化石燃料和自然栖息地，远远多于那些紧凑型、交通模式多样的地方，而且还会产生更多的局地污染和全球性污染。随着气候变化对地球及其居民造成危害和威胁，围绕以化石燃料为动力的超大型单乘员车辆而设计的城市环境，似乎与现实越来越脱节。

第4章的观点是，超越机动性也可以改善经济表现，不仅可以减少交通事故、死亡人数、污染和基础设施开支，还可以拉近人与人之间的距离，为最具生产力也最具流动性的从业者们创造最有吸引力的场所类型。就近安排人员和企业会产生效益，这一点已经有目共睹，也是推动城市成为全球经济增长驱动力的核心所在。城市环境设计良好，且适宜步行、交通便利的邻里街区，既符合人们的需要，也能带来价格溢价。在机动性、宜居性和场所营造之间找到适当的平衡，已经日益成为吸引高技能、知识型的产业和从业者的重要一环，在未来的几十年内，这些产业和从业者将推动创新和经济生产。

第2章

让社区更美好

城市之间以及城市内部的联系对于社区的内部运作至关重要。人们忙于生计，需要便捷地去往学校、办公楼和购物地点。不幸的是，20世纪的大部分交通基础设施对社区产生了破坏性的影响。危险而难以穿行的交叉路口和多车道道路，阻碍了人们自由通行的能力，减少了儿童玩耍的机会。城市的人行道往往令人不舒服，无法通畅地行走，有时甚至根本不存在。20世纪60年代，以横穿社区的美国公路为缩影的交通基础设施，尽管在区域层面把人们联系起来，却不幸地产生了地方性副作用：既减少了社区内的人际交流，也阻碍了人们前往各个场所。

勒·柯布西耶等早期现代主义规划师将街道视为"交通机器"，正如他在1929在的《明日之城市》(*The City of Tomorrow and Its Planning*)一书中所宣称的那样，街道是"一种制造高速交通的工厂"[1]。30年后，当简·雅各布斯看到纽约的新建公路和以汽车为导向的超级街区对社区的种种影响时，她意识到，街道的重要性不仅仅在于交通。她断言，街道网络是一个"神经系统"，传递着"情调、感觉、风景"，也是"一个主要的交易和交流点"[2]。良好的街道所提供的，不仅仅是交通的机会，还包括社会交往、难忘的经历和商业活动等机会。

现代主义规划师把街道看作是一部机器，居住、商业、交通和社交聚会等不同功能都是机器中各自独立的部分。例如，在《明日之城市》中，柯布西耶还规定了一个巨大而宏伟的广场，人们可以在那里进行社交活动。但是，雅各布斯则将街道和步行道描述为"城市的主要公共空间"[3]，而不是大型广场或公园。这种简单的铺装路面可以有许多功能，可以提供人们闲谈、儿童玩耍、购物者浏览店面的机会，也为街头摊贩提供了

17

售卖商品的机会。在第三世界国家，步行道更是城市的生命线，为食物和市场摊位提供了场所。

我们需要摆脱现代主义对城市的理解，即把城市看作是各种单一用途的独立部分。我们需要了解交通基础设施的复合效应。除了机动性，交通还可以通过改善经济和促进环境健康发展来创造更美好的社区。交通基础设施的规划和设计人员需要重视场所营造。

我们在本章中要进一步证明，将人与场所联系起来，而不是仅仅增加机动性，将会创造出更美好的社区。美好的社区是安全、适宜步行、有益于健康的场所，可以促进人们采取多种交通模式可持续地、公平地去往众多目的地，并加强人际联系和社区互动。在交通网络设计中考虑到人、环境和经济的社区，就是更美好的社区。城市之间和城市内部的联系对可持续的经济增长、繁荣和健康生活都至关重要。将人与场所联系起来，需要有助于交通安全、空气清新以及休闲活动的环境。

倡导机动性与场所营造保持平衡的宜居街道，能够使人们加强人际联系，在与邻居、社区商店店主和家庭成员和谐相处中增加社会资本。人们可以进入街道而不必担心交通，这就给人身安全和自由带来了保障。改造街道可以使人们多走路，多参与体育活动，从而改善健康状况。

此外，将可持续交通项目与场所营造策略相结合，还可以促进社会公平。对于那些没有汽车或无法方便地使用公共交通的人来说，他们很难找到一份能使他们蓬勃发展的工作，这在历史上一直是妇女和少数族群所面临的难题。如果无法访问城市里的朋友，或不能前往其他商店和社区聚会，人们的社会资本就会受到影响。另外，以汽车为导向的环境可能会限制没有汽车的人获得健康食品、医疗服务、社会服务和去往其他重要目的地的机会。

正如我们将在本章看到的，过度关注机动性会给社区带来问题。将重点从汽车通行能力转移到场所营造，就可以解决这些难题。

增加社会资本和社交活动

社会资本被定义为人与人之间的网络和关系，这些关系可以将人们联系在一起，以实现互利。政治学家罗伯特·帕特南（Robert Putnam）将社会资本定义为：一个人在一生中积累的所有"社会关系网络和由此产生的互利互惠规范"[4]的价值。"经济资本存在于人们的银行账户中，人力资本存在于他们的头脑中"，亚历杭德罗·波特斯（Alejandro Portes）写道，"而社会资本原本就存在于人们的关系结构中[5]。"

社会资本的来源范围广泛，可以是正式的团体，包括邻里协会和社区花园，它们都可以促进居民间的协作与交流，还可以是非正式的关系，如跑步组织。这两类群体都是社会资本的重要来源，因为二者都使人们为了共同利益而聚集在一起。较多的社会资本可以提高工作绩效和效率[6]，提高整体幸福感和生活满意度[7]。

帕特南在1995年发表的一篇开创性文章中指出，长途出行已经使美国人与当地的家人、朋友和邻居之间的关系日益疏远[8]。帕特南的研究表明，美国人在上下班路上每多花10分钟时间，他们对社区事务的参与就会减少10%：参加公共会议的次数减少，志愿活动减少，选民缺勤率增加，等等。此外，无论是拜访朋友还是泡吧，人们用于非正式社交活动的平均时间，从1965年的85分钟下降至1995年的57分钟[9]。美国人过去常常以联盟形式打保龄球，现在则越来越"独自打保龄"了。他指出，这是战后郊区化的结果，随着美国人居住与工作之间的距离越来越远，社会联系也在不断削弱。

以汽车为导向的场所不会促进社会资本的积累。从独门独户住宅到办公室隔间，典型的郊区居民驾车之旅以隔离为标志，社交互动的可能性有限。1979年，社会学家戴维·波普诺（David Popenoe）认为，城市蔓延式扩张伴随着大量"被忽视的社会考虑因素"，比如"享有权剥夺""环境剥夺"等[10]。不断蔓延的区域不仅限制了无法开车的人享有社区设施和就业的机会，导致家庭成员被"困"在家里，还导致城市环境缺乏刺激性，邻里街区设施分散。在莱维顿（Levittown）的一项调查中，有50%的郊区青少年表示他们感到无聊。

现代交通体系直接影响城市生活质量的另一个特征，是对社区的分离与破坏。道路从存在已久的社区中心穿过，会切断人们走惯了的小路，从而限制社会交往。当对汽车的依赖与汽车拥堵并存时，居民的心理健康就会受到损害。一项研究发现，工作的满意度和投入度会随着道路通勤距离的增加而下降（但不包括乘坐公共交通的情况），抑郁症与感受到的交通压力也有关[11]。2011年，IBM公司的通勤痛苦度调查发现，42%的受访通勤者认为他们的压力水平因在交通拥堵中开车而增加，35%的人表示他们因此更加愤怒[12]。

但是，郊区社区也可以采用优化社交互动的设计（参见第7章）。规划师和设计师可以创造出生活环境，促进邻居间的视觉接触，刺激他们进行最初的社交接触。此外，设计师们还可以设计、创造和规划出令人愉快的空间，人们可以在其中共度时光[13]。

即使在农村地区，可持续性发展措施和高度发达的交通系统也可能改变人们的生活。农村交通研究表明，人们的出行和是否有车对社会资本影响很大，而有车的人被赋予了较高的社会资本水平[14]。这导致了社会和经济群体分层化，对高收入群体大为有利。虽然交通工具的持续可用性在城市中可能是必要的，但按需交通可能更适合农村地区，可以为人们提供更好的上班方式，减轻农村地区缺乏机动性带来的负面外部性。有了这样的选择，人们就可以住在农村地区，而不必被迫搬到城市，那可能是负担不起或个人不喜欢的。拥有安全、适宜步行的环境和替代驾车的选择，不应仅局限于城市居民。

汽车还影响了城市中的社交互动。唐·阿普尔亚德在1981年出版的开创性著作《宜居街道》(*Livable Streets*)中进行了一项研究，比较了三条在形态和人口构成方面相似，但车流量不同的街道，三条街道每天的车流量从2000～16000辆不等。在交通流量较小的街道上，居民的平均本地联系是交通繁忙街道的三倍[15]。正如阿普尔亚德所表明的那样，交通不那么繁忙的街道能够提供步行体验，从而促进人与人之间的互动。

不幸的是，美国的街道是按照汽车优先的标准而确定的。"我们强加于城市建设的许多标准"，唐·阿普尔亚德和艾伦·雅各布斯说，"通常都打着健康与安全的旗号——道路宽度、行车道宽度和停车标准……实际上却妨碍或破坏了都市风格[16]。"在过去的一个世纪里，街道宽度和停车标准不断提高，占用了大部分空间，而车里的人却越来越少[17]。在一些城市，仅停车场就占了城市用地面积的三分之一以上[18]。因此，可能用于社交的空间变得越来越少。

城市设计师扬·盖尔认为，我们应该把汽车占用的空间收回来，以便促进建筑之间的生活，他的著作名称也正是《交往与空间》(*Life Between Buildings*)。他认为，公共空间应该为社交互动和日常活动进行优化[19]。他的研究结果支持了这一观点：哥本哈根市中心在30年里拆除了约1600个停车位，取而代之的是市民广场、露天咖啡馆和社区公园，相随而来的则是社会活动和公民参与增加了四倍，比如，结识来自各行各业的其他人，享受文化活动，在户外就餐，以及融入城市生活的简单（减压）活动，或者，就像柴郡猫一样发呆观察别人。

无论公共空间功能如何，上学、工作这些必要的活动总会发生。然而，只有在公共空间足以容纳的情况下，选择性的活动（如日光浴、停步交谈等）才会发生。换言之，无论步行道如何，机动性都会发生，但社交互动和相关社会资本的增长则可能不会发生。

在邻里街区层面促进城市社交友好的物理特征包括：宜居的街道；最低密度的住宅开发；多样化的生活活动和资源，包括居住、工作和娱乐等空间都处于彼此临近的合理范围内；以及许多功能各异的建筑物，而不是仅有少数几座功能复杂的大型建筑物[20]。这与许多郊区扩张发展的用途单一、以汽车为导向和低密度等特点形成了鲜明的对比。

在单个公共空间层面，物理环境可以通过多种方式促进社会交往，实现社会资本的积累。

社会学家威廉·怀特在《小城市空间的社会生活》(*The Social Life of Small Urban Spaces*)一书中认为，社交场所是指有很多地方可以坐下来的环境，最好是在繁忙又容易接近的位置附近，而且最好不要与步行人流分开[21]。怀特的研究表明，人们希望坐在其他人的周围，而不是坐在隔离区域，坐的地方要能够很容易地通向城市的其他部分。在这些社交场所，人们可以通过结识朋友或认识新面孔来观察并获得社会资本。

怀特还指出了导致人们在公共空间逗留的其他因素，包括水景、艺术品和户外餐饮等。他喜欢曼哈顿佩利公园（Paley Park）的瀑布，因为瀑布不仅调节了气温，还淹没了人们的谈话声和过往车辆的声音[22]。他指出，公共艺术可能是一种"外部刺激"，会引发他所说的"三角关系"，即通过促使"陌生人与其他陌生人交谈，就好像彼此认识一样"，把人们联系起来[23]。同时，他还意识到户外餐饮和食品摊点也具有社交潜力，可以观察人们吃饭、闲聊，也可以站在摊位周围。他写道，"如果想让一个场所充满活力，就请拿出食物吧[24]。"

将地铁站和公交站点设置在人们熟悉的聚集场所附近，会增强人际交往，增加那一区域的社会资本。这将使更多的人与公共交通联系起来，也有助于建立一种规范使用公共交通的公共文化。这正好是又一个例子，可以说明机动性与场所营造相结合会产生多么显著的复合效应。然而，公交导向开发并不会与社会资本的增加自动地联系在一起，在某些情况下，二者之间甚至还呈负相关。新泽西州的一项研究表明，就业密度高的地区（这正是公交导向开发的目标之一），其社会资本往往较低，因为就业密度与社区意识呈负相关[25]。不过，作者们也承认，他们忽略了公交导向开发的一些比较微妙的设计细节，比如，良好的规划可能会增强可步行性。（关于公交导向开发的经济效益，参见第4章）。

共享空间、完整街道与安全性

20世纪80年代，交通工程师汉斯·蒙德曼（Hans Monderman）在荷兰奥德哈斯克（Oudehaske）进行了一项实验。他移除了所有的路标、信号灯和道路标记，让所有的行人、骑车人和汽车都平等地共享道路和广场，创造出一个"共享空间"（图2-1）。结果，所有的出行者都更加平等地相互注意，以便确保每个人的安全。人们发现，由于这种感知风险的增加，驾驶者的车速降低了40%[26]。蒙德曼的试验非常成功，包括丹麦、瑞典和德国在内的其他城镇也采取了类似的措施，来减少交通事故数量。

共享空间集中体现了如何平衡机动性和场所营造对社区有益。这项实验重新建立了所有道路使用者之间的人际关系意识，并为步行者重新开辟了道路空间，使他们能够以新的方式出行，与他人互动。通过降低车辆交通流量，无路缘石的街道变成了目的地。蒙德曼的共享空间概念如略作调整，也可以提高大城市的安全性和社交性。

巴塞罗那可能是其中一个例子，其城中的埃伊桑普雷区（Eixample district）的多个街块正逐渐形成"超级街区"（superblocks）。每个超级街区都由城市网格中的九个现有街区组成，当地道路禁止居民和企业主以外的车辆通行（图2-2）。所有其他交通工具，包括汽车、公共汽车和摩托车等，都被限制在新超级街区的外围。因此，巴塞罗那有了更多的绿地，交通事故越来越少，空气污染和噪声也越来越少，整体公共卫生状况变得更好[27]（巴塞罗那的空气污染曾经每年造成3500多人过早死亡）。

图2-1   德拉赫滕（Drachten）的一个交叉路口。德拉赫滕是荷兰北部的一个小镇，以汉斯·蒙德曼的共享空间概念为基础。这里没有路缘石，没有车道，也没有交通标志，不过行人有一些指定的过街区域。图片来源：荷兰自行车中心（Fietsberaad）。

图2-2   巴塞罗那波布雷诺（Poble Nou，Barcelona）的一个经过改造的交叉路口，那里曾经有汽车，现在则是儿童游戏场。图片来源：建筑项目工作坊联合会（Confederación de Talleres de Proyectos de Arquitectura）。

交通稳静化和步行安全措施也可以采取其他形式。众所周知，较大的街块规模会提高汽车速度，而停车次数多的较短街块则会迫使司机放慢速度，从而降低碰撞事故的严重程度。较短街块还可以促进人们步行，就像简·雅各布斯所要求的那样："街道和转弯的机会都必须频繁出现"[28]。

其他的交通稳静化措施还包括：减速带、减速垫、交叉口和十字路口的路面凸起、交通环岛、减速弯和道路转弯等，所有这些都会迫使汽车在没有转弯的情况下减速。在某些道路上实施通行收费也可以显著减少这些地区的汽车数量。缩小道路宽度，减少车道数量，比如把道路由四车道减为三车道，都会迫使汽车更加互相注意，并放慢车速[29]。一项包括日本、澳大利亚和欧洲在内的全球范围研究表明，在减少交通伤害和死亡方面，交通稳静化是大有希望的干预手段[30]。这项研究中包含的所有策略，都有可以促进场所营造的物理因素，比如：

- 交通线路中的垂直和水平变化（如：减速带、小型环岛、道路变窄等）；
- 视觉措施（路面处理，包括颜色或纹理变化），降低水平能见度（缩短视线）；
- 听觉措施（震动区、条纹隆起路障）；
- 重新配置交通（如永久或临时性封闭道路）；
- 改变道路环境（增加沿路植被、街道家具等）；
- 在速度受到交通稳静化措施物理限制的区域设置减速区。

将单行道改为双行道也有望达到效果。肯塔基州路易斯维尔市（Louisville，Kentucky）的一项研究表明，这种改造不仅减少了交通事故（以及交通流量），还提高了宜居性，降低了犯罪率，增加了房地产价值[31]。

包括墨西哥城、波哥大、旧金山、费城和纽约市在内的一些城市，甚至已经开始实施开放街道计划，即将道路封堵数小时，让人们在街道上自由行走、滑旱冰或玩游戏[32]。邻里街区与其专注于让汽车尽可能高效地行驶，还不如通过街道设计，使邻里街区对于其他使用者来说更具宜居性。使社区受益的最综合性方法是"完整街道"概念，即街道是为所有使用者而设计的，不仅仅是为了司机，而且也是为所有年龄段和所有体能状态的骑自行车者、公共交通使用者和步行者而设计的。

步行者，包括轮椅使用者，应该有安全易达的步道和广场，以促进步行。步行优先区应该有良好的照明，尤其是在街道交叉口处，而且步行者应该有较远的视距，以便他们在行走时注意保护自己。将以汽车为导向的街道转变为"完整街道"需要制度上的转变，包括改变操作程序，以便基础设施改善在经过规划、设计、建造和操作过程时，能例行考虑到所有的使用者[33]（关于更多交通稳静化内容，参见第8章）。

这样的过程将有利于提高整体安全性，减少犯罪。得克萨斯州奥斯汀市（Austin，Texas）的一项研究表明，公共汽车站附近较高的人口密度和土地混合利用模式（这些都是本书所提倡的）与较高的犯罪率有关[34]。这使得简·雅各布斯提出的"街道眼"这一开创性理论变得更加复杂。在这一理论中，紧凑型城市的各个方面，诸如可步行性、多功能和密度等，都将导致更多的人走上街道，从而产生更多的自然监控[35]。密集化可能会聚集犯罪而不是减少犯罪。这可以通过环境设计来解决。越来越多的研究支持这样的主张，即环境设计有助于预防犯罪，减少对犯罪活动的恐惧[36]。通过环境设计来预防犯罪还包括优化自然监控的机会，例如，通过增加窗户、照明设施和闭路电视等，还可以通过建立和维护一种形象，向使用者传递积极的信息和归属感。这样的策略会使犯罪嫌疑人觉得有被其他"守法"人监视的风险，从而阻止他们犯罪。

公共健康与可步行性

以步行者和其他出行方式为代价，几乎完全围绕汽车进行规划，这对公共健康产生了不利影响。在美国，步行率已经大幅下降：根据美国联邦公路管理局（Federal Highway Administration）的数据，步行在城市出行中所占比例从1977年的9.3%降至1995年的5.5%。如此低的身体活动水平使健康专家们感到震惊，因为这与心脏病和其他健康问题的风险增加有关。达拉斯和凤凰城等城市的交通死亡率是波士顿或纽约的3～5倍[37]。包括交通在内的规划决策应考虑在健康方面对社区产生的影响。

身体活动减少，加上食物能量摄入增加，会导致体重增加和与肥胖相关的疾病，如糖尿病、中风和心脏病等[38]。简单到一只脚放在另一只脚前面的走步，已经被排除在许多城市居民的日常生活之外，这是基础设施转向以汽车为导向以及土地用途分离的产物，对于许多人来说，步行已经变得不现实。一个世纪前，我们的曾祖父母辈步行去上学，或顺路买块面包，如今，这样的出行都以机动化的方式进行，对公共健康造成了严重后果。在英国，三分之二的成年人没有达到世界卫生组织（World Health Organization）的标准，即每天进行30分钟的中高强度体育锻炼，而且大多数英国人现在都超重或肥胖[39]。

鼓励步行和骑自行车的城市，可以帮助扭转久坐不动的城市生活趋势。一项为期14年、对3万名成年人进行的研究发现，与不骑车的人相比，骑车上班可使特定年龄段的死亡风险降低39%[40]。解决方案的一部分是加大对自行车基础设施和自行车友好型街道环境的投资；只要建好了，就会有人来。一项针对哥伦比亚波哥大（Bogotá, Colombia）这座自行车友好型城市的研究发现，道路连通性越高，街道密度越大，居民达到世界卫生组织每日体育锻炼最低标准的可能性就越大[41]。

众所周知，多功能混合和可步行区域可以促进社区更健康。佐治亚州亚特兰大市（Atlanta, Georgia）的一项研究表明，土地综合利用每增加四分之一，发生肥胖的可能性就会降低12.2%[42]。相反，在车里每多待一小时，肥胖的可能性就会增加6%[43]。

城市设计学者迈克尔·索斯沃斯（Michael Southworth）提出了构成可步行网络的六个标准：连通性，如相互连通且连续的步道；与公共汽车、有轨电车和火车等其他交通模式相连；土地利用模式精细化和多样化，而不是单一用途；安全性；路径的质量；以及路径的环境[44]。其中最后两个标准是关于城市设计质量的感性方面，这是比较难以确定的。尽管如此，里德·尤因（Reid Ewing）和苏珊·汉迪（Susan Handy）还是测试了各种可以提高步行性的城市设计品质[45]。他们认为以下各点是必要的：

- 意向性。由凯文·林奇（Kevin Lynch）定义的一种城市环境品质，即能够在观察者的脑海中唤起强烈的印象[46]。地标、独特的建筑和公共艺术等都有助于留下持久的印象，降低步行阈值；

- 围合性。用戈登·卡伦（Gorden Cullen）的话来说，当观者视线被建筑物遮挡时，就形成了一个较为私密的区域，一个"室外房间"就出现了[47]。围合性可以通过在街道两侧创建连续的街道墙来实现，建筑物共同形成室外"房间"的墙；

- 宜人的尺度。这一术语在城市设计师中颇有争议，大致的定义是："实体元素的大小、纹理和衔接关系与人的尺度和比例相匹配，并……符合人的步行速度[48]。"宜人尺度并不排斥摩天大楼，洛克菲勒中心（Rockefeller Center）被认为具有宜人的尺度，这是其阶梯式的建筑体量、建造细节、路面纹理、树木和街道家具等共同作用的结果；

- 透明性。即人们对街道边缘外事物的感知程度，比如，一个诱人的橱窗陈列，而不是一堵空白的墙。透明性可以通过窗口、门廊和树木等元素加以控制；

- 复杂性。即观者随时间推移而观察到的视觉差异的数量，复杂性使步行更加有趣。从多栋建筑物的形式变化，而不是一栋又大又单调的建筑物，到不断摇曳的树枝和树叶，都可以增加视觉丰富性。

除了城市空间的这些品质，街道安全且适宜步行，有步道、自行车道、中央隔离带和行人过街条件等，都可以显著增加人们步行和骑自行车的比率。增加密度和连通性，改善街道网络配置，也可以促进可步行城市的发展（图2-3）。加州的一项研究表明，紧凑型城市和街道互连以及较少的行车道，与肥胖、糖尿病和高血压的发生率较低相关[49]。这项研究说明，邻里街区的宜人尺度对其居民的健康是多么重要。

游径和公园对促进可步行性和社区健康也至关重要。佐治亚州的一项研究表明，靠近可步行场所，如街道、广场或公园等，会显著提高身体活动水平[50]。游径也可以促进步行。田纳西州诺克斯维尔市（Knoxville，Tennessee）的一项研究发现，在缺乏连通性的邻里街区，改造城市游径会提高身体活动水平[51]。

有九项独立研究表明，使用公共交通工具会使步行时间增加8～33分钟，因为这通常需要步行一段距离到火车站或公交车站[52]。不爱活动的成年人增加公共交通工具的利

波特兰，俄勒冈州，
美国
街区大小：90m×90m

巴塞罗纳，西班牙
街区大小：150m×150m

北京，中国
街区大小：500m×500m

图2-3　街区大小是可步行性的一个重要因素。 步行700米穿越北京巨大的超级街区，可能要比步行同样距离穿过较小网格用时更久，大街区对步行产生负面影响。图片来源：谷歌地球、斯特凡·阿尔。

用率，就会使活跃成年人口显著增加。简言之，围绕交通枢纽、公共公园、游径和多功能综合邻里街区来设计社区，可以为居民提供养成健康习惯的机会。

减少汽车占用空间带来的健康益处不仅仅限于主动运动。绿化邻里街区，为操场、公园、社区花园以及都市农业腾出空间，也都有助于更健康的生活方式。蒙特利尔大学（Université Montréal）医学院的介入心脏病学专家弗朗索瓦·里弗斯（François Reeves）预测，通过消除来自食物（比如，反式脂肪酸、果糖和葡萄糖等）和空气（如碳氢化合物和微粒等）中的"纳米侵略者"，让人们更有机会改善健康饮食，并以步行代替开车出行，就可以减少75%的心脏病[53]。社区绿化还可以减少城市的热岛效应以及河流和支流中被油污污染的径流量。此外，当地种植的农作物提高了粮食的安全性，缩小了农产品从农场到厨房的流通环节环境足迹。

汽车造成的局地污染对公共健康的影响是巨大的。关于局地污染对公共健康的影响，我们将在下一章关于更美好的环境中展开详细讨论，在再下一章关于更美好的经济中也要讨论，因为经济成本也是如此之高。

公共健康的另一个重要组成部分是交通安全。每年，交通系统造成125万人死亡。世界卫生组织估计，全球交通伤害和死亡的总成本占全球GDP的3%[54]。在第三世界国家，交通死亡的社会和经济成本甚至更高。图2-4显示了172个国家的国民总收入（按购

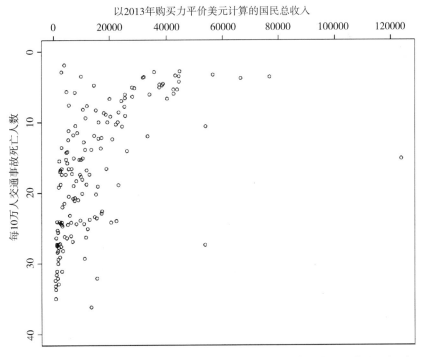

图2-4　2013年，172个国家的收入与交通事故死亡人数。资料来源：世界卫生组织。

买力平价调整）与世界卫生组织报告的交通死亡率之间的关系。人均收入每减少1%，死亡人数就相应增加近0.5个百分点。由于驾车率也会随着收入的增加而降低，交通死亡事故对低收入城市的低收入家庭影响最大。行人占交通死亡人数的三分之一（我们将在第8章详细讨论交通安全）。在第三世界国家，一小部分精英驾驶者对大多数步行或依赖公共交通的人施加了高昂的社会成本。道路交通死亡事故也严重影响了工薪阶层，因为他们往往出行最频繁，而且是在一天中最危险时段出行。由于第三世界国家缺乏健康与人寿保险，交通伤亡还造成额外的成本和伤害。

社会公平、多样性与机遇

场所营造本身并不会使社区更加公平。例如，通过物理设计来实现紧凑城市的新城市主义理想就没有包括社会公平、可达性和政治经济[55]。一项针对台北市公交导向开发的研究显示，密度增加对公交客流量有利，但也可能导致社会公平退化和环境恶化[56]。对于规划者和设计者而言，要创建更公平的社区，他们必须将这样的结果明确地设定为项目的核心。

然而，公共交通的可负担性、高效性和覆盖范围，对于妇女和极少数族裔贫困人口的就业机会，以及对于老年人、接受福利救济者和所有挣扎于收支平衡线上的人的日常生活来说，都影响巨大。规划人员必须考虑交通基础设施决策对社区范围内的社会公平、多样性和机会所产生的影响。以汽车为导向的城市对妇女、少数族裔和低收入群体都有严重的负面影响。

女性往往在离家较近的地方工作，这通常是因为她们的工资较低，承担的家务较多，其中包括照顾孩子。与职业男性相比，职业女性更有可能有一位有工作的配偶，或者成为有受抚子女的单亲母亲。这通常意味着，工作日结束后照顾孩子或从托儿所接回孩子的责任就落在了她的肩上。因此，女性在家庭中承担的责任增加了通勤成本[57]。更快捷、更方便的交通选择，将使员工能够更容易地平衡他们的日程安排，在必要时延长工作时间，处理家庭琐事，等等。高效的公共交通甚至可以使适龄儿童自行利用公交工具，减轻职业母亲的责任[58]。完善的交通系统会使更多的人在去往杂货店时有更多的选择，从而改善整体公共健康，因为更多的人将有机会获得更健康的食物，摆脱"食物荒"[59]。

历史上，少数族裔、移民和低收入人群一直被交通基础设施从密集的生产中心隔离开来。联邦公路系统、社区贷款歧视（redlining of communities）和城市再开发项目，都对排除和限制这些人口获得就业机会和聚居模式起到了推波助澜的作用[60]。目前，许多少数族裔赖以谋生的工作，要么是需要长途出行的低薪工作，比如拉美裔移民在南加州做女佣，她们要依靠公共汽车系统；要么是位于其所在邻里街区或紧邻街区周围的工作，这样的工作不可能提供与城市中心工作岗位相同的向上发展机会[61]。

同样，那些依赖临时性或长期性公共援助项目的人，也将受益于公共交通机会的增加。如果没有足够的交通或托儿服务的机会，福利参与者甚至很难外出寻找工作，而这又是获得福利的必要条件[62]。与高收入群体相比，低收入驾车人员和公共交通使用者在出行上的支出占其收入的比例都更高[63]。这种不平等给那些已经在为养活自己和家人而苦苦挣扎的人们带来了更大的负担，规划者和城市官员需要解决这一问题。

老年人可能需要不同的交通调整措施，才能更自由地出行。大多数80岁以上的老人不乘坐伦敦地铁，因为他们很难进入地铁站，如果他们患有关节炎这样的疾病而行走困难，或是使用轮椅或拐杖，则更是如此[64]。对于这一代人而言，问题不只是可用车站的数量，还要看如何才能到达车站。车站里有电梯吗？有足够的座位吗？街道容易穿越吗？特殊的交通服务也可以帮助他们，包括个人电子车辆（小轮摩托车和轮椅）以及他们可以申请的交通接送服务等。

对于规划师和政策制定者而言，要解决公平和社会包容问题，很重要的一点是必须认识到，限制汽车拥有和使用的某些政策可能会对低收入群体产生负面且不相称的影响。这些政策虽然通常旨在减少碳排放，却没有同时鼓励使用公共交通系统并使其具有可负担性，这就可能会使低收入家庭无法负担拥有汽车的费用，从而使贫富之间的不平等现象长期存在。一项来自英国的研究得出结论，"几乎所有居住在我们主要城市中心以外的人都需要拥有一辆汽车，才能充分参与所有被认为是21世纪达到合理生活水平所必需的活动"[65]。

哥伦比亚波哥大的快速公交系统（BRT）系统是一个成功范例，其以人为本和以公交为导向的政策将城市引向更加公平。这一案例也展示了前市长恩里克·潘纳罗萨（Enrique Peñalosa）借助城市的政策、体制和服务来体现社会公平的决心。这一快速公交运动虽然推进得相当不民主，却成功地创建了更加公平的城市。由于他的这些政策，学校入学率上升了30%，市中心重新焕发了活力，通勤时间减少了五分之一，快速公交线路周围的空气质量也得到了改善[66]。

公共交通战略必须确保所有的经济或社会群体都能够参与城市活动。规划人员可以为食物、社区花园和土地综合利用提供更便捷的交通，从而创造更美好的社区[67]。紧凑型开发可以使许多此类问题得以缓解，因为只要可负担的住房策略抵消了潜在的高住房成本，紧凑型开发就可以提供更容易获得的必需品和商品，减少社会隔离。此外，1999年的一项全国性调查显示，83%的美国人希望"原地养老"[68]。对于那些失去驾驶能力的老年人来说，紧凑且适宜步行的环境至关重要。

结语

正如我们在本章中看到的，过度关注机动性给社区带来了挑战。将重点从汽车流量转向场所营造，可以化解这些难题，改善社会资本，增加街道的安全性和可步行性，提高公平性。

如果社区参与到实施过程中，则可以获得更多的益处。当地人往往比外来的规划者更了解问题所在，因为这些规划人员自己从未经历过特定区域所面临的问题。他们可以协助修改可能的解决方案，确保其成功，同时又避免使用阻碍社区功能的解决方案。例如，道路规划必须充分了解邻近的步行和零售空间，以免妨碍其他类型的出行或活动。

协作性或参与性规划使人们能够认识现存问题和解决方案的多样性，了解人们的需求和世界各地的不同文化以及组成多样化社区的各种文化[69]。多样性在社区中很重要，无论居住在那里的是哪个种族或族裔群体，认可每个人都有不同的需求至关重要。这些讨论是社区发展和社会正义的关键。即使规划行不通，或者存在争议，社区规划仍然要采取步骤，通过提供让人们可以表达其关注点的平台，形成协作性解决方案。

基于人种学的规划方法作为一种解决社区需求的手段似乎也很有前途。这样的规划方法对发展中国家的城市可能很重要。在那些地方，有很高比例的行人在从事非正式的经济活动，比如在雅加达（Jakarta）就是这样[70]。安妮特·金（Annette Kim）对胡志明市（Ho Chi Minh City）的人行道展开了空间民族志研究，揭示了这座城市生机勃勃的人行道生活的空间格局和社会关系[71]。这项研究强调了人行道生活的文化、美学和人文方面，包括流动商贩，这是官方规划研究中通常缺少的内容。

让社区决定如何使用部分公共预算，即参与式预算，已被证明是一种很有前途的手段，美国和拉丁美洲都曾用这种方法来减轻贫困、改善地方基础设施，并在地方层面实行良好治理。多项研究表明，参与式预算的效果因不同背景下的执行情况而有所不同。这一理念最早形成于巴西的阿雷格里港（Porto Alegre），那里的参与式预算获得了成功，因为当地市政当局负责实施预算，并将重点放在即时干预而不是长期规划目标上，不过，短期关注在批判性评价中被认为是一个弱点[72]。同样，评估参与式预算在国家层面有效性的案例研究表明，参与式预算在国家层面不如在地方层面执行政策那么奏效[73]。

公众参与，无论是面对面参与还是在线参与，都可以帮助开发人员与社区的需求保持一致，并不断地改进和维护各种项目。在一项关于公众参与地理信息系统识别国家公园游客体验有效性的测试中，结果表明，公众参与能够收集关于人们的想法、感知到的环境影响和建议的描述性信息。这类信息可以使公园管理者改善公园中某些尚未开发完善的部分，并进一步开发为人们所喜爱的公园部分，如动物观赏点等[74]。

也许最重要的是，通过帮助规划人员为整个城市做出最佳决策，社区成员会对自己的社区有更多的依恋和投入。对社区投入较多的居民会有助于更好地照顾社区，提升社区的总体幸福感，同时增加他们可以从中获得的社会资本。参与性规划方法可以在改善社区方面发挥重要作用[75]。

简而言之，将重点从机动性转向场所营造和公共交通，可以促进社区安全、健康，提高公平性，增加社会资本。只有采用参与式规划，才能使这些影响形成复合作用，因为帮助规划改变社区的当地人会对社区成功投入更多。

第3章

让环境更美好

交通业的环境足迹是巨大的，而且还在不断增长。为了获得政治吸引力和公众接受度，打造具有吸引力、通达且高度宜居的场所，也必须对更美好的环境做出有意义的贡献。所谓更美好的环境，我们指的是汽车和建筑排放更少，同时也减少化石燃料的消耗，稳定气候，保护土地和自然栖息地，并总体上创造更健康、资源更丰富的场所，供人们居住、工作、学习和娱乐。

在很大程度上，本书中讨论的城市重新校准方法都要求减少私人汽车在当代城市生活中的作用。因此，几乎可以确定的是，重新校准城市，更多地关注人与场所，应该会带来积极的环境效益。这些足够重要吗？我们是这样认为的。关于可持续性城市和机动性带来环境效益的证据越来越多，本章和本书通篇呈现了其中的一部分。由于气候变化在全球舞台上的重要性，本章将特别关注联系更紧密、更宜居场所对正在脱碳的城市及其周边地区的潜在影响。

界定可持续发展的城市与交通

在城市规划界，可持续性这一术语相当常见，使用也往往不那么严谨，因此，首先对这一术语的含义做出定义很重要。借用影响深远的《1987年布伦特兰报告》（*Brundtland Report of 1987*）的说法，一座可持续发展的城市要能满足其居民和劳动力的需求，同时又不损害子孙后代在类似城市环境下满足他们自身需求的能力。代际公平是可持续性原则的核心。可持续发展意味着要坚持不懈地致力于一点，即：确保我们子孙后代的环境条件和生活质量至少与我们这一代人的一样好。空气应该同样可以使人们顺畅呼吸，街道应该同样可以安全地步行和骑自行车，树木和绿色植物应该同样丰富茂盛。

城市交通业的可持续性也同样可以从代际的角度来看，即：既要满足城市当前的机动性需求，又不损害后代满足他们自己的出行和空间互动需求的能力[1]。近年来，城市交通业的可持续发展理念已经从关注生态和自然环境，转移到了经济、社会和制度层面。本章重点虽然是环境的可持续性，但采取行动提高经济上的可持续性和有效性也能带来环境效益，比如，制定节约能源的税收政策。举例来说，日本在21世纪初逐步将燃油效率高的汽车的所有权税降低了25%～50%，并对大排量汽车和使用10年以上的汽车征收更高的费用。来自道路使用者的总收入增加了，同时也引入了诸如公共交通票价大幅打折的激励措施，以奖励智慧节能[2]。

减少对石油的依赖

城市交通业的许多环境问题，如空气污染和温室气体排放（GHG）等，都源于人们为推动私人汽车发展而产生的对石油无法抑制的渴求，石油正是汽车燃料的首选。通过城市重新校准在改善自然环境方面取得的任何重大进展，都必须在某种程度上有助于减少城市交通业对石油的依赖。生物质等替代燃料和电动汽车都可以减少对石油的依赖。但减少私人汽车出行的措施也能起到同样的作用。正是在后一个领域，城市重新校准才最直接地促进了环境改善，例如，土地精细化综合利用的城市缩短了出行距离，会增加更多的步行和骑车出行，从而减少燃料消耗。

扭转交通业对石油的依赖是一项艰巨的任务。交通运输在全球石油消耗中所占的比重从1973年的45.2%，上升至2016年的57%，而且除非当前的机动性做法发生巨大变化，否则交通业在未来数年预计还将继续推动石油需求的增长[3]。城市甚至更加依赖石油来运送人员和物资。在世界范围内，城市机动交通的能源供应几乎全部（95%）依赖于以石油为基础的产品，主要为汽油和柴油。

研究表明，城市的设计和形态会对出行行为产生重大影响，包括出行者选择的出行模式[4]。有些交通模式比其他模式更节能。表3-1列出了84个城市中不同形式的城市交通的相对能源效率[5]。公共交通比私人汽车更节能，主要是因为其平均使用率更高。然而，各国的能源效率也各不相同，甚至公共交通也不例外，例如，中国的公共交通就比美国更节能。无论在什么环境下，推动从汽车出行向公共交通出行的转变，是降低交通业对石油依赖的关键。当然，转向非机动模式，如步行和骑行，可以进一步减少对石油的依赖。供给侧的主动措施，如快速公交和自行车道改善等，都可以带来这种转变，但需求侧和土地利用方面的措施，如停车控制和公交导向开发等，也可以做到这一点。所有这些措施，只要设计得当、管理到位，就能改善交通状况和城市环境。

全球及部分国家与地区的不同交通模式能源利用　　表3-1

交通能源利用（兆焦耳每乘客公里）									城市公共交通假定上客率（%）
		公共客运							
国家或地区	私人汽车	总计	公共汽车	有轨电车	轻轨	地铁	郊线铁路	轮渡	
全球									
美国									
加拿大									
澳大利亚与新西兰									
西欧									
亚洲高收入地区									
东欧									
中东地区									
拉丁美洲									
非洲									
亚洲低收入地区									
中国									

资料来源：彼得·纽曼（Peter Newman）、杰夫·肯沃斯（Jeff Kenworthy），《汽车使用高峰——了解汽车依赖的消亡》（*Peak Car Use: Understanding the Demise of Automobile Dependence*），载于《世界交通政策与实践》（*World Transport Policy and Practice*）第17卷第2期（2011年），第35~36页；联合国人居署，《可持续城市机动性的规划与设计——2013年全球人居报告》（*Planning and Design for Sustainable Urban Mobility: Global Report on Human Settlements 2013*，内罗毕：联合国人居署，2013年）。
注：此表以不同地区84个城市的样本数据为依据。

对石油的依赖不仅威胁环境和政治稳定，而且对社会公平也有严重影响。从历史上看，石油价格一直高度波动，世界上最贫困的人群最容易受到价格波动的影响。随着交通燃料需求的增长，价格也随之上涨。21世纪的第一个十年，全球汽油价格稳步上涨（图3-1）。发展中国家的城市贫困人口尤其受到汽油价格上涨的沉重打击。2011年，肯尼亚经历了汽油供应短缺，随后汽油价格在几个月内上涨了30%[6]。车主们逐渐减少开车。不断上涨的汽油价格对公共交通产生了直接影响。被称为迷你公共汽车（Matatus）的私营公交线路削减了最不赚钱的线路，还提高了票价，导致服务质量更差（而且明显更拥挤），价格却大幅上涨。生活在城市边缘的穷人受到的影响最大，一些人为此耗尽了日常收入，几乎没有余钱用于购买食物等生活必需品，而最贫穷的人则无法远距离出

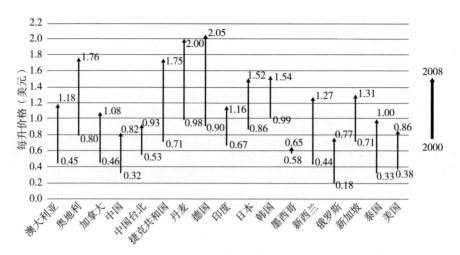

图3-1　2000~2008年，16个国家和地区的普通无铅汽油价格。

资料来源：美国能源情报署，《2010年能源展望》（*Energy Outlook 2010*，华盛顿特区：美国能源情报署，2010年）；联合国人居署，《可持续城市机动性的规划与设计——2013年全球人居报告》（内罗毕：联合国人居署，2013年）。

行去寻找维持生计的收入。

无论采取什么措施来推动替代燃料汽车的发展，或创建更少依赖汽车的城市，供需力量最终都将要求减少对石油的依赖。世界上常规石油的储量已经超过了迄今为止的使用量，但随着快速机动化以及因此而出现的石油需求不断增加，许多观察人士认为，这种能源不太可能持续到21世纪中叶以后[7]。目前迫切需要的途径是，以稳定且破坏性最小的方式过渡到减少对石油的依赖。我们相信，本书中提出的许多城市重新校准的观点，都有助于这种转变。

气候挑战：城市脱碳与交通

对石油的依赖已经损害了全世界的自然环境。石油依赖增加了全球二氧化碳的排放，而二氧化碳正是导致全球变暖的温室气体（GHG）主要成分。有充分理由表明，气候变化已经跃升为当今政策挑战的首要问题。越来越明显的是，除非采取重大步骤使城市和地区脱碳，否则全球环境和生态后果将是灾难性的，甚至是不可逆的：低洼地区（世界上大部分城市居民居住的地方）洪水泛滥日益严重；天气模式越来越极端化，对城市造成严重破坏，夺取人们的生命；农作物受损引发饥荒；动植物物种也面临灭绝。

城市以及为城市服务的交通系统在减少温室气体排放、稳定气候方面可发挥重要作用。交通运输业在全球与能源有关的二氧化碳总排放量中占近四分之一。在过去40年中，这一数字一直保持不变，但随着发展中国家机动化程度提高以及出行活动增加，这一数字可能还会上升[8]。城市是巨大的能源消耗者，其本身在温室气体排放方面所占比重很大：2011年，在全球与能源有关的温室气体排放中，估计有70%来自城市。由于基础设施建设能源消耗密集，快速城市化的国家排放了大量的温室气体[9]。例如，中国的快速城市化进程导致世界上将近一半的混凝土和钢材用于建造建筑物、桥梁和其他结构[10]。到2060年，中国的大规模基础设施投资预计将占全球排放承诺的37%，这反映了21世纪初基础设施建设所体现的高碳排放水平。

交通运输业本身与减缓和适应气候变化有着千丝万缕的联系。全球13%的温室气体排放因交通产生，并且，如前所述，近四分之一的排放与能源有关[11]。其中四分之三的排放来自公路交通[12]。到2050年，全球来自机动车使用的二氧化碳排放量可能会是2010年的三倍，占温室气体排放量的40%[13]。

从1973~2010年，交通运输业的二氧化碳排放量几乎翻了一番，从34亿吨增至67亿吨[14]。对城市机动性的需求不断增长，加剧了温室气体排放的急剧上升。在汽车依赖汽油作为燃料的一百多年里，全世界已经消耗掉大约1万亿桶石油来运送人员、材料和货物[15]。交通运输业在全球石油需求中所占的份额，从1971年的33%增长到2002年的47%，而且有一种说法，如果过去的趋势保持不变的话，到2030年可能会达到54%[16]。随着机动化程度不断提高，以及对道路和公路投资的不断增加，城市将陷入恶性循环之中：对私人汽车的依赖导致了城市的无序扩张和道路建设，而这又进一步加重了对私人汽车的依赖。交通基础设施的刚性和不透水性等特点加剧了气候引发的灾难。铺砌的停车场和道路导致无法自然排水。我们迫切需要更能适应气候变化的交通基础设施[17]。

交通运输业不仅是造成气候变化的主要因素，也是气候变化的受害者。交通业极易受到全球变暖的影响，特别是日益频繁而严重的洪水以及过度炎热，都对交通基础设施造成了严重破坏[18]。世界上将近一半的城市位于海岸或主要河流沿岸。历史上，这些城市偶尔会遭遇洪水泛滥，但随着全球变暖和海平面上升导致的风暴潮和强风频发，这些风险也随之增加。交通系统往往首先遭受重大洪水冲击，可能会造成公路淹没、桥墩倒塌的结果。然而，我们在大规模疏散时同样要依赖交通系统。如果交通系统瘫痪，就会对经济造成严重影响。据估计，在未来50~100年内，美国墨西哥湾岸区（Gulf Coast）的道路如果被淹没，将会造成数千亿美元的损失[19]。

在减少与交通运输有关的温室气体排放方面尚无万全之策。这部分是因为各个城市的交通业环境足迹差异很大，上海和北京的交通业占温室气体排放量的11%，纽约和伦敦为20%，里约热内卢和墨西哥城为35%，休斯敦和亚特兰大为45%，圣保罗为60%[20]。甚至在GDP水平相似的城市之间，交通业的能源消耗水平以及因此而来的温室气体排放水平也存在显著差异，具体取决于城市的形式、融资和税收政策，以及替代性交通模式的质量和可负担性。随着城市变得更加紧凑和密集，交通业产生的二氧化碳排放量会普遍下降[21]。例如，奥地利城市地区的人口密度是澳大利亚的四倍多，其人均二氧化碳排放量仅为澳大利亚城市地区的60%[22]。交通模式占比也是一个重要因素：由于搭乘公共交通和非机动交通模式出行的比例增加，能源消费水平普遍下降。2008年，美国交通业人均能源消耗是日本的2.8倍，是德国的4倍多[23]。其中一个原因是，在日本，40%的城市机动出行是乘坐公共交通工具，相比之下，在美国这一比例仅为4%[24]。事实上，乘坐公共交通（公共汽车、铁路和有轨电车）工具的每位乘客的温室气体排放量约为汽车的十二分之一[25]。

与交通有关的排放在国家层面也有所不同。北美地区的人均交通排放量是全球平均水平的4倍多，而亚洲和非洲大部分地区的人均交通排放量仅为全球平均水平的三分之一[26]。美国的人均二氧化碳总排放量有时是中国的2.5倍，但就交通业而言，则是中国的12倍。显然，缓解气候变化必须在城市之间、国家之间采取不同的形式。与美国、澳大利亚和欧洲大部分地区相比，第三世界国家的人均排放量虽然微不足道，但这些国家的城市却是对气候变化影响最大、发展最快的地区之一。任何减少全球排放的计划都必须考虑到亚洲、非洲和拉丁美洲这些快速增长的城市。

无论环境如何，我们都需要采取一些共同的缓解措施，特别是交通业燃料供应的脱碳化，才能稳定气候、净化城市[27]。然而，仅靠技术是不够的。减少机动化出行也可发挥作用。在未来的后石油时代，城市将必须成为能够让人们方便地步行、骑自行车、乘坐公共汽车和火车出行的地方。这将需要加强交通与城市化之间的联系，增加对绿色基础设施的投资。投资是解决方案的一部分，利用投资可以提高步行、自行车和公共交通网络的连通性，并提升在紧凑、多功能混合环境中居住与工作的吸引力，也就是说，使城市成为既有绿色机动性，也有精心设计的场所。

现在要想在减少碳排放方面取得可观的进展可能为时已晚，而只有将重点放在适应气候变化而不是缓解气候变化上，才会带来更大的回报。适应气候需要在城市的设计方式和开发位置方面作出显著改变。必须限制甚至禁止在洪水多发地区进行新的开发。基础设施的设计必须能够承受高温（例如，减少铁轨的弯曲）。排水系统需要将洪水从基础设施中排出去。总体而言，交通基础设施及其服务的城市都需要更强的内在韧性。无论是通过基于形式的分区法规使建筑物更紧密地联系在一起，还是借助高架电车道来抵御洪水和风暴潮，抑或是借助快速公交系统的改善措施，以便在紧急情况下可以快速重新配置路线，交通基础设施及其服务的城市都必须更智慧、更可靠，也更具灵活性。

能够承受住极端天气模式冲击、提高应变能力的设计改革在发展中国家尤为重要，因为那里是世界上城市化和机动化速度最快的地方。雅加达、孟买（Mumbais）和达累斯萨拉姆（Dar es Salaams），都是世界上必须在建设耐气候变化的城市系统方面取得重大进展的地方。第三世界国家城市的贫困居民最容易受到气候变化和海平面上升的影响，因为他们往往生活在生态脆弱的土地上，承受迁移或适应气候变化的能力又最差。脱碳化的城市和城市交通会使世界最贫困国家的最贫困居民受益。

局地污染

温室气体是一种全球性的污染。局部地方污染也令人担忧。在世界范围内，只有1.6亿人生活在空气清洁、健康的城市，即符合世界卫生组织指导方针的城市[28]。世卫组织估计，80%的城市居民生活在颗粒物和其他污染物超标的城市，因此而死亡的人数占全球每年死亡人数的5.4%。硫和氮的氧化物（SO_x和NO_x）以及臭氧（O_3）是室外空气污染物，由于它们的浓度高且接触量大，在城市中尤其成问题。长期、反复地接触高浓度的臭氧和颗粒物会损害肺功能，引发哮喘和其他呼吸道疾病。2012年，全球约有300万人因空气污染而丧生，约为十年前的四倍[29]。

城市交通业是造成局地空气污染的主要因素。这既是发达国家的最大排放源，也日益成为发展中国家空气质量问题的主要原因。在居民超过10万、空气质量超过世卫组织清洁空气标准的全球城市中，有98%位于中低收入国家[30]。尽管污染最严重的城市集中在非洲和中东地区，但空气污染在中国和印度造成的损失最大[31]。中国拥有世界上污染较为严重的一些城市，在那里，形成光化学烟雾的污染物近一半来自汽车、卡车和两轮摩托车排放的尾气[32]。在中欧和东欧，城市交通业的环境足迹甚至更大。在大多数首都城市，包括阿什哈巴德（Ashgabat）、杜尚别（Dushanbe）、莫斯科（Moscow）、第比利斯（Tbilisi）、塔什干（Tashkent）和埃里温（Yerevan），80%的空气污染物来自汽车和卡车[33]。

在许多发展中城市，空气污染在很大程度上是由于使用了高硫柴油和含铅汽油等不洁燃料且保养不善的老旧汽车所致。在印度，许多机动三轮车司机为节省燃料成本，在汽油中非法掺入高达30%的煤油和10%的润滑油，结果造成碳氢化合物和颗粒物排放呈指数级增长[34]。在一些发展中城市，宽松的监管标准也是罪魁祸首，使城市成为废物排放大户的垃圾场，比如从西欧和东亚进口的破旧汽车。财政政策也难辞其咎。例如，在乌干达，二手汽车进口税高达56%，以至于许多居民无法放弃旧车（平均使用12年）来购置较新、污染较少的汽车[35]。

大多数发达城市的交通运输业排放源完全不同。在那里，卡车和货运汽车是机动污染源排放量上升的罪魁祸首。尽管大型商用车辆在欧洲大多数城市的道路交通中所占比例不足10%，但它们仍可造成占总量一半的二氧化氮排放（造成化学烟雾的主要因素），约三分之一的颗粒物排放，以及超过20%的温室气体排放[36]。在世界上许多地方，货物运输显然必须成为城市重新校准平衡关系的一部分，无论是以电动综合货运车辆的形式，还是以都市农业的形式。都市农业除了绿化邻里街区、提高食品安全之外，还可以减少运送水果和蔬菜的需求。

另一种形式的局地污染是讨厌的噪声。在这方面，机动车辆，尤其是重型卡车，是噪声问题的重要来源。在莫斯科，大约四分之三的人口生活在交通噪声水平超过世卫组织标准的地区[37]。在发展中国家的拥挤城市里，嘈杂的街道对听力危害更大。研究表明，长时间暴露在嘈杂的交通环境中，可能导致不可逆转的听力损失，扰乱睡眠，增加压力水平，总体上降低城市生活质量[38]。

本书中提到了许多重新校准城市设计的想法，这些想法都要求增加城市密度。然而，紧凑型生活方式增加了人们接触噪声和空气污染的机会，这一点往往被批评人士援引为降低城市密度的理由。尽管如此，紧凑型、多功能混合的环境也减少了机动交通。在世界上一些最紧凑的城市中出现了无车步行区，它们之所以具有吸引力，部分原因在于不那么嘈杂。无论是采取促进自行车共享、在拥挤地区限制汽车的形式，还是以脱碳燃料供应的形式，公共政策、法规和清洁技术显然在创建健康宜居的城市未来中都会发挥重要作用。

净化局部空气盆地和减轻交通噪声，亦是环境公平的重要一环。受影响最大的是居住在快速路和其他基础设施附近的穷人、年轻人和老年人，而他们造成的污染却往往最小，因为他们出行较少，而且更依赖公交或非机动化交通模式。这一点无论贫富社会，都是如此。在世界上最贫穷的城市，非正规聚居区往往出现在不稳定或受污染的土地上，在工厂的下风处，或在快速路或货运走廊等大型基础设施附近，这些地方对私人房地产开发商没有吸引力。洪水、泥石流、震耳欲聋的噪声以及极端天气事件都很常见。与全球性污染一样，减少局地排放和所有城市居民的污染接触，对推动环境公平的城市未来至关重要。

环境减灾与城市重新校准

将重点从机动性转向场所，可以产生重大的环境效益。场所营造使高密度的生活方式更具吸引力，同时又促进了骑自行车这样的生态友好交通模式，而紧凑型增长使这一切更有可能实现。这样的场所营造通过缩短出行距离和转变交通模式，减少了能源消耗和尾气排放。例如，澳大利亚的一项研究发现，郊区家庭的年能源消耗比城市中心家庭高出50%，这主要是由于汽车使用量更大、出行距离更长的缘故[39]。如果辅以绿化和美化，紧凑型开发将更容易为中产阶级家庭所接受，这样就可以遏制与汽车依赖型扩张相关的其他环境成本，包括：开放空间和主要农田被过早消耗，自然栖息地破碎化，生物多样性减少，以及开挖道路对当地生态系统造成破坏等。道路拓宽可能会占用行人空间、游乐区和绿化土地。曾经是社区之肺和鸟类与野生动物栖息地的树木，如今却不断地被道路侵占。

　　紧凑、多功能混合开发的一个重要特点是缩短了出行时间。那些提倡以慢行交通模式进行短途出行的城市，都是世界上最具可持续性的地方。这样的城市使每位居民的车辆行驶里程（VMT）得以减少，车辆行驶里程是与交通领域环境困境关联性最强的因素：随着人均车辆行驶里程的增加，能源消耗、土地占用、路面覆盖率和尾气排放等也会增加。土地综合利用也鼓励骑行交通模式，允许一次出行办多件事和高效出行（例如，将上班、购物和去健身中心结合在一起，作为同一次自行车出行的组成部分）。城市遏制政策还可以通过保护周围自然和农业地区的碳封存能力，促进减缓气候变化[40]。紧凑型开发的城市绿化和景观美化可以减少城市热岛效应。除了建筑设计特色，如利用吸收太阳辐射较少的反射性材料（如白色屋顶），以绿地空间取代路面铺装、并形成绿荫的场所营造改善措施，也有助于降低密集环境的温度[41]。

　　如第7章所述，步行友好和公交导向的增长产生了环境协同效应。例如，低影响的增长模式使不引起污染的技术得以实现。行驶距离有限的电动汽车在紧凑、多功能混合环境的短途出行中更加可行。据估计，紧凑型开发与技术进步（例如，更节能的汽车）相结合，可以使温室气体排放减少15%至20%[42]。当然，只有当电力来自风能和太阳能等可再生能源或生物燃料等低碳能源时，二氧化碳排放量才会下降。幸运的是，这种情况日益增多。正如第7章中所讨论的，斯堪的纳维亚的绿色公交导向开发已经产生规模经济，反而降低了建筑能耗，使现场生产清洁能源（如生物燃料）在经济上变得可行。

　　物理的"硬件"措施也可以与策略的"软件"措施相结合，从而发挥作用。例如，精明增长和有效定价可以相互促进，对环境产生积极的影响。2006年，俄勒冈州波特兰市有一项实验，以车辆行驶里程收费代替汽油税，向183个自愿参加实验的家庭征收。一些驾车者支付统一的车辆行驶里程费用，而另一些人则在高峰时段支付较高费用。车辆行驶里程和相关尾气排放下降幅度最大的，是那些居住在紧凑型、多功能混合的邻里街区并支付拥堵费的家庭，相比之下，居住在低密度地区并支付固定费率的家庭则出行变化很小[43]。经济合作与发展组织（Organisation for Economic Co-operation and Development）国家的城市区域总体均衡模型得出了类似的结论，认为"城市密度政策和拥堵费降低了实现温室气体减排目标的总成本，其效果超过了其自行推出的碳排放税等整体经济政策"[44]。

结语

不断上升的温室气体排放和全球气温，以及城市空气盆地中光化学烟雾和颗粒物的水平，都突出表明迫需要使交通领域摆脱对石油和更普遍的汽车机动性的依赖。我们相信，加强绿色交通模式的连通性，以及促进紧凑型、多功能混合的居住场所建设，对未来城市脱碳至关重要。也就是说，这些做法都有助于让环境更美好。

各国政府越来越致力于减少城市交通领域的环境足迹。欧盟已经设定了2050年城市交通零排放的目标[45]。哥本哈根（Copenhagen）和斯德哥尔摩（Stockholm）等拥有世界一流公共交通和自行车基础设施的环境先进城市，正在引领实施城市交通领域的脱碳行动。新地和棕地上的新社区也完全致力于绿色低碳交通。将在第7章讨论的生态友好型社区，如德国沃邦（Vauban）和瑞典哈马碧湖城（Hammarby Sjöstad），已经采纳了可持续城市化和机动性的核心原则：减少私人汽车的存在，加大自行车和步行基础设施建设，实施绿色建造和建筑，提供城市中心的电车交通，大幅减少停车位，以及形成短途出行、促进慢速交通模式的建筑形式等。因此，现在虽然取得了重要进展，但仍任重道远，特别是在机动化率和人均车辆行驶里程还在持续上升的发展中城市。

第4章

让经济更美好

城市之间和城市内部的联系对可持续的经济增长、繁荣和健康生活都至关重要。乡村道路将农民与市场和农业推广服务联系起来，使剩余农作物得以出售，也增加了粮食安全保障。地铁线路将熟练劳动力与市中心的高薪工作岗位联系起来。自行车道也有实用价值，还有促进积极出行、提供接触大自然和美好户外空间机会等额外好处。对于热衷于骑行的人来说，自行车道使工作、居住、娱乐达到平衡成为可能。数十年的研究令人信服地表明，交通基础设施是促进地方性和区域性经济增长、提高生活质量的最有力手段之一。

以微观经济学语言来说，交通运输是经济生产的基本投入要素。它将原材料与工厂联系起来，将成品与配送中心和零售店联系起来，将熟练劳动力与服务业工作岗位联系起来。降低交通运输成本可以提高企业的生产率和利润。对于拥有数十万甚至更多居民的城市来说，高层办公楼的存在在一定程度上要归因于地铁和通勤铁路线，它们输送了足够数量的实现集聚经济所需要的高技能工人。所谓集聚经济，即集群式发展的经济效益。集中式增长，如市中心办公楼的形式，促进了人们面对面的接触，增加了企业间的交流和知识溢出效应，这些都是知识经济的关键要素。更重要的是，区域公路和交通网络扩展了劳动力交易场和贸易场，即企业吸纳劳动力和进行商业交易的地理区域范围。这样一来，交通线路就促进了企业—员工之间的相互匹配。随着劳动力市场地理范围的扩大，公司招募和雇佣合适人选的可能性也在增加，员工找到适合自己技能和职业抱负的最佳工作岗位的可能性也在增加。当然，在许多发达国家，扩大了的劳动力交易场等同于蔓延式扩张，以及随之而来的高昂的环境成本和社会成本。劳动力输出范围扩大是否意味着更加依赖汽车的

43

城市形态，这在很大程度上取决于管理和组织新增长的方式以及做出的交通投资种类，还取决于是否更重视场所而不是通行，是否更重视二者之间的联系。

环境议程是城市重新校准的关键，绝不能忽视几乎所有公共选择的经济基础。在市场经济中，消费者在政治家和政策制定者制定的规章和管控的限制下，在相互竞争的商品和服务之间自由选择，以最大限度地提高个人福利。从政治上讲，当选官员也同样通过安抚选民来寻求自身利益的最大化。这通常意味着制定的政策要能够创造就业机会，增加收入，即使空气质量因此受到影响也在所不惜。环境倡议无论意图如何良好，都必须在当代政治和经济现实的背景下进行。

产生影响的时机至关重要，无论是更适宜呼吸的空气，还是适宜步行的邻里街区。要考虑所有旨在减少环境足迹的措施，比如，通过增长边界来遏制蔓延式扩张，通过脱碳燃料供应来稳定气候，或者通过天然气提供动力来净化空气。这些措施迎合了人类的自然本能，能够将一个与当代一样宜居、有可呼吸的空气、令人愉悦和多产富饶的世界传给子孙后代。然而，创造可持续城市未来的所有活动都面临一个基本困境，那就是它们都进展缓慢，往往需要相当长的时间才能实现所希望的环境效益和回报。这与政治体制格格不入，与2~4年的当选周期也有冲突，那些做出强硬政策选择的人，即当选官员，只有那么长的执政时间。在较短的执政时间内，其他更紧迫的需求，如创造就业机会和刺激私人投资等，往往比环境方面的考虑更受重视。选民和支持者们要求如此。因此，将城市重新校准议程与可衡量的、相当直接的经济收益联系起来，对于推动绿色运动至关重要。

要想知道什么对政治家来说是重要的，一个合乎逻辑的方法就是询问他们。过去的十年对全球各地市长的调查一致表明，交通基础设施是他们所面临的最重要、最紧迫的地方问题之一，也是使城市具备全球竞争力所需公共投资项目中最重要的一个[1]。2007年的一项调查显示，全球25个城市的522位决策者都把解决交通问题视为当地的头等大事[2]。经济学人智库（Economist Intelligence Unit）在2010年《居住经济学》（Liveanomics）调查中提出了一个问题："市长们应该采取哪些措施使他们的城市在商业上更具竞争力？"在回答这一问题时，61%的市长认为是"改善公共交通/道路"，这一答案所占比例几乎是第二常见答案"改善教育"[3]的两倍。即使在基础设施最发达的最富裕国家，交通也是人们关心的头等大事。例如，2014年对70多位美国市长的调查显示，交通基础设施是可能刺激经济增长的公共投资项目的首选[4]。针对100多位美国市长进行的2016年梅尼诺调查发现，包括道路和交通在内的基础设施堪称联邦援助的重中之重[5]。

人们通常认为交通运输是发展中城市经济福祉的关键。毕马威会计事务所（KPMG）/世界银行（World Bank）最近对坦桑尼亚100家中型企业的高级管理人员进行了调查，结果发现，在成功经营企业所需的公共投资中，交通是最重要的，比电力和通信都重要[6]。

就其本身而言，交通基础设施从来都不够充足，无法扭转经济命运，在第三世界国家尤其如此，那里治理能力薄弱，如果要取得进展，就必须进行体制改革。

在可持续城市和经济表现之间建立令人信服的联系，对于推进城市重新校准议程至关重要。仅仅证明适宜步行的社区、公交导向开发和适宜居住的场所可以促进地方经济增长，可能还不足以获得持续的政治支持。然而，毫无疑问，与经济利益的联系是吸引政治人物参与进来的必要前提。将这些策略转化为就业机会、增加私人投资、吸引新企业、提高劳动生产率以及提振房地产市场表现，将比减少车辆行驶里程、减少碳排放量吨数或耕地非农化面积这些指标更能引起政治家们的共鸣。的确，绿色工作岗位和低影响的制造业都可以以可持续的方式刺激经济。不过，减少城市和场所的交通拥堵，使其在视觉上和直观上更具吸引力，让人们步行时更愉快，日常生活更方便，这些也同样能做到这一点。

城市理论家们已经提出了这样一种观点，即经济发展与交通基础设施和场所营造之间取得可行的平衡息息相关[7]。我们知道，生活质量是一个城市具有经济竞争力的重要特征。前文引用的关于美国市长的2016年梅尼诺调查强调了这一点。在居民数超过30万的美国城市中，30%的受访市长将生活质量列为首要政策。此外，有人断言，以设施为导向、以场所为基础的投资，可以帮助一度衰落的城区实现再生[8]。杰弗里·布斯（Geoffrey Booth）在城市土地学会（Urban Land Institute）关于场所营造的早期出版物中坚持认为，居民和雇主们越来越多地寻找充满活力、适合步行的居住-工作-购物一体化的场所，这被称为"场所营造红利"[9]。如今，人们普遍认为，场所营造是经济活力的关键，特别是在核心城市。一座城市丰富的文化资产和独特的建筑可以成为一种经济福利，因为它不仅能吸引游客，还能吸引并帮助留住受过教育和有技能的工人[10]。这样的设施不仅有助于创造独具特色、令人难忘的场所，而且还确定了把人们带到这些场所所需要的低影响、和谐的交通服务，其形式通常是人行道、自行车道和有轨电车。

美国郊区"死亡购物中心"日益增多，反映了冷酷的市场现实：人们对有吸引力、车辆不那么杂乱拥挤的购物和逗留场所的需求日益增长，而商场却无法满足这一需求。甚至那些在过去20年里进行过重大改造的购物中心，也因为缺乏场所感而倒闭。位于马里兰州北贝塞斯达（North Bethesda, Maryland）的奥因斯·米尔斯购物中心（Owings Mills Mall）一度颇受欢迎，在1998年进行了改造更新，但在与更适合步行、更人性化的开放购物中心的竞争中惨败，于2016年关闭。一个名为死亡购物中心的网站（deadmalls.com）应运而生，记录了每年美国郊区购物中心的关闭情况。第6章将回顾几个重新定位和彻底改造的成功案例，采取的手段是将以汽车为中心的购物中心，改造成具有24/7式全天候服务特色的多功能项目。

理查德·佛罗里达（Richard Florida）或许比任何人都更重视城市便利设施和场所

营造作为经济发展手段的作用。佛罗里达将纽约和波士顿等大城市的复兴归功于这些城市所谓的文化、审美和消费主义优势，这些优势帮助城市吸引了知识型工人和"创意阶层"[11]。城市提供了咖啡馆、俱乐部、酒吧、画廊和公共空间等吸引苹果手机一族的设施，正好与知识型员工的出现和经济增长相关联，即使这些城市"老旧而冰冷"（纽约或波士顿、伦敦或柏林、墨尔本或东京）[12]。以人为本的"第三场所"丰富了土地用途组合，在21世纪全球市场对高薪工作岗位的激烈竞争中变得日益重要。

　　本章梳理了有关创造更宜居、更少以汽车为导向的场所带来经济效益的种种证据。这样的证据还在不断涌现，也并非所有人都相信宜居性与经济表现之间存在关联。除了数据研究之外，本章还将提到定性研究的种种见解。政治家生活的世界既有最佳案例，也有奇闻轶事。研究表明，他们更容易记住基于案例的信息，而不是实证数据[13]。对政治人物而言，经济更美好的证据最好通过更好的故事来表传达。

生活方式偏好与经济因素

　　市场趋势预示着未来城市和郊区将会发生什么。人口结构、家庭结构、生活方式偏好和消费者价值观的不断变化，预示着未来30年的建筑环境和城市结构将与30年前有所不同。越来越多的美国人、澳大利亚人和欧洲人选择居住在不太依赖汽车的地方，因为减少空气污染和能源消耗对他们很重要[14]。2011年，一项对2000多名美国成年人的调查发现，在决定住在哪里的时候，认为房子所在街区更重要的人数是认为房子大小更重要的人数的七倍[15]。对许多受访者来说，步行去餐馆、企业、学校和其他便利设施是最吸引人的街区特色。对许多20多岁和30多岁的人来说，适宜步行的社区相当于缩小了环境足迹，提高了能源效率，还有在日常活动中顺便燃烧卡路里的额外好处。如果绿色建筑和太阳能电池板也点缀在风景中和屋顶上，那就锦上添花了。城市土地研究所的一位经济学家指出，"能源效率正在成为新的花岗石台面，成为出售房产的必要条件[16]。"

　　偏好的转变不仅仅是品位的变化，在一定程度上也是对以汽车为导向的郊区生活的真实问题的反应[17]。大量研究已经将城市蔓延式扩张与不断上升的肥胖率联系起来，在美国和欧洲的部分地区以及中国和印度等越来越多的地方，肥胖率已经达到流行病水平[18]。行为研究表明，在许多日常活动中，通勤对人们的情绪负面影响最大[19]。幸福经济学家同样告诉我们，那些住在工作地点一小时路程之外的通勤者需要比目前多赚40%的钱，才能和非通勤者一样对生活感到满意[20]。

　　至少在美国、加拿大、西欧和澳大利亚，千禧一代（Millennial generation）从十几岁到30多岁的人越来越多地放弃了汽车所有权和驾照，这一事实充分说明了消费需求的走向。从2000~2010年，美国14~34岁的无驾照人口比例从21%上升至26%[21]。大约在同期，美国年轻人的年驾车里程数下降了23%。尽管经济衰退对这些下滑起了一定作用，但最近的数据表明，即使在经济比较繁荣的时期，这种趋势也依然存在。2014年，美国19岁的年轻人中只有69%持有驾照，而1983年这一比例为87.3%，下降了21%[22]。生活方式选择的改变是造成这一趋势的部分原因，但新的信息技术也是原因之一。在旧金山、纽约和伦敦等城市，优步（Uber）和来福车（Lyft）等基于应用软件的叫车服务蓬勃发展，部分原因是精通技术的年轻专业人士发现，按需叫车比自己有车更容易、更方便，还可以自动用借记卡付费[23]。这样的服务使居住在多功能城中村、每天步行3~4分钟即可进行许多日常活动成为可能。

这种不再以汽车为主导的生活方式趋势会对经济产生直接的长期影响，至少在个人经济来源方面是这样。汽车称得上身边贬值最快的资产之一，不拥有、不使用或不保养汽车而省下来的钱，可以用于其他事情，包括拥有住房，而这才是升值最快的资产之一，尤其是在中产阶级化地区。

对适合步行的社区的住房需求不断增长，反映在土地价格溢价上。在过去十年的房地产市场低迷期中，公交沿线附近的传统步行社区的处境要好过其他地方。例如，2000年，华盛顿特区都市圈每平方英尺房价最高的地方，是弗吉尼亚州大瀑布市（Great Falls，Virginia）绿树成荫的郊区。十年后，时尚而都市化的华盛顿市郊杜邦环城（Dupont Circle）附近的联排住宅，每平方英尺的价格比大瀑布市的房产高出70%。美国许多铁路服务城市的情况也差不多，这些城市的地区经济都相当强劲，至少足以从2007~2011年的大衰退中复苏。

最近的调查和市场情况进一步强调了可步行场所的吸引力，即使是在经济形式较好的时期也是如此。全美房地产经纪人协会（National Association of Realtors，NAR）在2013年进行的社区偏好调查显示，60%的美国人喜欢商住混合的邻里街区，而只有35%的人偏爱需要开车出行的街区[24]。千禧一代特别喜欢适合步行的场所：根据美国规划协会（American Planning Association）的数据，56%的千禧一代希望住在更适合步行、功能多种多样的邻里街区[25]。此外，2015年全美房地产经纪人协会的调查发现，83%的千禧一代喜欢步行，相比之下，只有71%的千禧一代喜欢开车（这是所有代人中比例最低的）[26]。在租金方面，一项研究发现，美国30个最大的都市圈在2010~2015年期间，与依赖汽车的郊区区域相比，适合步行的城市多户住宅租金溢价为66%，零售物业租金溢价为71%[27]。一项相关的研究也发现了类似的销售交易溢价：在华盛顿特区都市圈，适合步行的城市邻里街区住宅每平方英尺售价比那些依赖汽车的区域高出70%[28]。

将可步行性与公交便利结合起来尤为有利可图。约翰·雷恩（John Renne）编写的《公交导向开发指数》（TOD Index）的趋势线数据揭示了这一点，即使在世界上最依赖汽车的社会——美国，也是如此[29]。这本书按照邮政编码，追踪了美国39个地区与1444

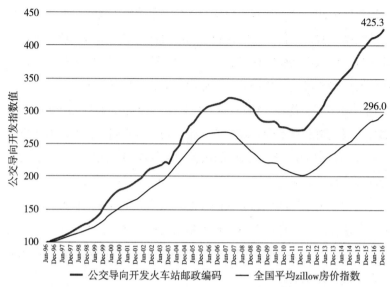

图4-1 美国城市房价比较：公交导向开发的邮政编码与美国房地产网站Zillow
发布的全国房价，1996~2016年。资料来源：雷恩-格雷希纳公交导向开发指
数（Renne-Greschner TOD Index），https://todindex.com/。

个火车站相关的房屋价值。图4-1显示，从1996年中期到2016年年底，公交导向开发房
屋每平方英尺的价值中位数上涨了四倍多，大大超过了全国趋势（美国房地产网站的房
价中位数反映了这一趋势）。自2012年初美国经济开始复苏以来，公交导向开发的房屋
价值上涨了57%，而全国的涨幅仅为32%。租赁市场上也发现了类似的模式[30]。尽管公
交导向开发的租金和每平方英尺的住房价格都比较高，但较小的住房单元与较低的日常
出行费用相结合，使公交导向开发的生活更具可负担性。《公交导向开发指数》的报告
估计，公交导向开发的居民平均每年比普通美国人多出1万美元的可支配收入。

　　紧凑型、多功能混合、适合步行的环境也受到商业和办公房地产项目的青睐。在过
去的15年里，城市土地研究所和普华永道会计师事务所（Price water house Coopers）对
非住宅开发商所作的调查一致表明，最具投资前景的区域是靠近公交车站、以步行为导
向的郊区商务区和中央商务区。最不受欢迎的是那些依赖汽车的地段，如郊区的带形商
业中心、郊区的商业园区和城市远郊等。房地产价格反映了这些偏好倾向：自2010年以
来，美国30个最大都市圈的多功能、可步行区域的办公楼租金，比以汽车为导向的郊区
区域高出约90%[31]。精明的投资资金已被吸引到每周7天无休、每天18小时营业、充满活
力的城市和郊区，而不是仅在周一至周五白天运营的单一用途的开发项目。

　　各公司越来越意识到，靠近住区、商店、娱乐场所和教育中心的办公室对备受追捧
的年轻专业人士非常有吸引力。这样的地方曾经被称为多功能中心，现在通常称为居
住—工作—学习—娱乐（LWLP）一站式场所。2010年的美国人口普查显示，将近三分

之二（64%）受过大学教育的25～34岁的人表示，他们是在选择好想要居住的城市后再找工作。大多数人最想居住在适合步行的邻里街区，有星巴克那样的家庭—工作之外的场所，可以在那里闲逛、上网、与其他当地人聊天，也可以带着笔记本电脑工作，亦即所谓的"第三场所"（third places）。受过教育的千禧一代去哪里，雇主和零售商也会去哪里。在过去的5年里，美国就业增长最快的地方一直是城市地区，扭转了过去几十年就业郊区化的趋势[32]。

整体情况

为了梳理有关经济更好的证据，我们从宏观层面入手。城市层面的比较往往被学者们轻视，因为它们比较简单，而且容易受到虚假推论的影响。然而，政治家和新闻编辑们却喜欢这样的比较。在没有其他办法的情况下，城市层面的比较可以确定较为严谨的分类研究成果，让非学术界人士和广大公众更容易接触到。以下是一些关于城市和宏观经济表现的证据，"来自3万英尺以上"的层面。

最早提出以汽车为中心的蔓延式扩张会拖累经济的研究之一，是由杰弗里·肯沃西（Jeffrey Kenworthy）和菲利克斯·劳贝（Felix Laube）做出来的[33]。他们的研究是被引用最多的关于交通和经济表现的宏观尺度研究之一。两位作者利用46个国际城市在1960～1990年期间的数据，发现汽车依赖程度较低的城市的人均地区生产总值通常较高。他们得出结论："汽车的使用并不一定会随着财富的增加而增加，而在最富裕的城市，汽车使用往往会下降[34]。"在一项名为《城市汽车使用与大都市GDP增长去耦合化》的最新研究中，肯沃西记录了1995～2005年期间，在42个高收入城市中，有37个城市的单位GDP客运行驶公里数呈现下降态势[35]。另一项被广泛引用、也是更近期的宏观研究《变得更富有》（Growing Wealthier）也得出了类似的结论。这项由清洁空气政策中心（Center for Clean Air Policy）开展的研究发现，在美国人均车辆行驶里程较低的州，人均GDP往往较高[36]。彼得·纽曼和杰弗里·肯沃西的新书《汽车依赖的终结》（The End of Automobile Dependency）呼应了这一研究发现：美国最适宜步行的六个城市，其人均GDP平均比其他大中型城市高出38%[37]。

值得注意的是，这些研究依赖于简单的相关性，而且在很大程度上几乎没有引入统计控制因素。这妨碍了得出因果推论的能力。其他研究人员得出了相反的结论，发现身体出行与财富创造往往会相互促进。他们发现，出行既是经济互动的催化剂，也是经济互动的结果。根据1936～2007年期间的美国整体数据，自由派智库喀斯喀特政策研究所（Cascade Policy Institute）进行的一项研究发现，出行和财富之间存在着正相关关系[38]。此外，基于格兰杰（Granger）因果关系检验，我们发现，车辆行驶里程的变化对GDP变

华盛顿特区指标性主干道车辆行驶里程与GDP总量增长，CBSA，2001~2006年

波特兰指标性主干道车辆行驶里程与GDP总量增长，CBSA，2001~2006年

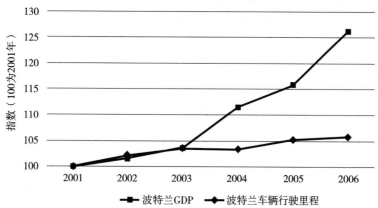

图4-2　2001~2006年期间GDP与车辆行驶里程的增长趋势。上图：华盛顿特区；下图：俄勒冈州波特兰市。数据由华盛顿特区清洁空气政策中心提供。改绘自清洁空气政策中心库西安（Kooshian）为2011年7月加拿大惠斯勒举行的交通与土地利用研究世界研讨会制作的图表。

化的解释更有力，反之却不然。研究人员认为，这就是说，较多的身体出行才与经济增长相关，较少的身体出行则不然。

在追踪个别大都市地区的趋势时，还可以发现一些例外情况，这使情况变得更加复杂。华盛特区和俄勒冈州波特兰是公共交通系统发达、区域经济相对强劲的两个美国地区，在2001～2006年期间，两个地区的收入增长速度都超过了出行增长速度（图4-2）。对于许多没有城市铁路系统的美国中型城市来说，出行与收入之间几乎没有什么关系。在以汽车为导向的城市，出行和商业很可能是相互依存的，但在人口稠密、更加以公交为导向的地方，如华盛顿和波特兰，情况并非如此。结构效度（Construct validity）也可能发挥作用。也就是说，出行或人均车辆行驶里程可能都不是很好的解释指标，真正重要的是互动，无论是以经济交易的形式，还是以建立社交网络的形式。

由于经济交易往往地域跨度很大，要在更精细的地理尺度上衡量交通、城市形式和经济成果之间的关系，就变得非常复杂，因此很难精确判定财富创造的位置。更多的分解研究表明，城市中紧凑且高度通达的区域，往往拥有较高的劳动生产率水平[39]。一项针对旧金山湾区27个分区的研究发现，随着公路通行速度、就业密度和工作可达性水平的提高，劳动生产率也在提高。然而，从一个或几个大都市地区得出的分解研究结果却引出了外部有效性问题，或者说结果对于其他地方是否具有普遍性的问题。

根据宏观数据可以解决的另一个相关问题是出行模式和经济福利。人们普遍认为，富裕地区允许更多的私人汽车消费，在大多数情况下，这等同于公共交通工具利用较少。毕竟，穷人使用公交最多，因此对于城市也应该如此；也就是说，低收入城市的平均公交使用率可能更高。来自国际公共交通协会（UITP）的城市级数据库对此提出了质疑。表4-1根据国际公共交通协会数据库编制而成，从中可以看出，较低车辆行驶里程和较高公交客流量并不是经济表现低迷的代名词。拥有世界顶级公交系统的欧洲城市，如苏黎世和慕尼黑，人均GDP较高，公交客运量也较高，人均车辆行驶里程却并不多。按平价购买力计算，芝加哥和墨尔本等更多依赖汽车的城市，其人均GDP较低。苏黎世是世界上最富裕的城市之一，其人均公交客运量水平较高，与之相称的，是其商业地产价值也位居世界之首（如班霍夫大街），生活质量也名列世界前茅（几乎总是位居前五位）[40]，是发达国家中汽车拥有率最低的地方之一（40%的家庭没有汽车），也是欧洲空气质量最好的城市之一。在苏黎世，限车生活、世界一流的公共交通服务、绿色城市主义以及经济繁荣，都齐头并进[41]。

全球9个城市的公交客运量、车辆行驶里程和GDP　　　　表4-1

	每年人均公交出行	每年人均车辆行驶里程	人均GDP（美元，2005年）
香港	627	4880	27600
苏黎世	533	8690	41600
慕尼黑	534	9670	45800
新加坡	484	9240	28900
斯德哥尔摩	346	7210	32700
库里蒂巴	334	7900	6800
哥本哈根	268	8700	34100
芝加哥	73	12000	40000
墨尔本	105	11400	22800

资料来源：国际城市公共交通协会，《城市机动性数据库》，2006年。

交通条件与土地市场

关于城市交通和经济表现的许多学术文献都侧重于房地产市场。如果交通带来的好处是改善了交通便利性和连通性，那么房地产价格会有所体现。便于工作、购物、去公园和其他城市景点的地块供应数量有限，也有各种限制。在便利地段的竞争中，个人与机构都提高了最便利地段的房产价格。土地市场有效地将连接各场所的交通改善设施带来的可达性好处资本化。

快车道与高速公路

大多数关于改善交通可达性和房地产市场表现的研究都集中在道路网络上，这主要是因为至少在发达国家，乘汽车和卡车出行远远多于乘火车和公共汽车出行。快速公路和其他高性能道路的投资是工业化世界不可或缺的特征。限制通行、立体交叉的快速路系统降低了经济生产两个主要组成部分的交通成本，即资本和劳动力成本[42]。研究表明，在适当的条件下，城市土地市场可以将邻近快速公路互通式立交的益处资本化，尤其是对于非居住用途而言[43]。人们可能会问，什么是适当的条件？在大多数情况下，如果附近的房产要使快速路和高速公路带来的可达性益处资本化，那么就必须出现人口和就业的快速增长，与此同时，交通拥堵也会相应加剧[44]。即便如此，如果要实现房地产价值大幅增长，还必须具备其他先决条件，如支持性分区和配套基础设施等[45]。此外，研究表明，道路对土地利用的影响往往是再分配性，而非创造性的，即将原本发生在某个地方的增长转移到一个地区的某个部分。在经济繁荣时期，基础设施投资通常会"蜂拥而入"，吸引私人资本。然而，在经济停滞的情况下，基础设施又会"挤出"私人投资，有效地引导私人财富流向公共产品和服务。此外，研究表明，交通基础设施本身无法扭转经济落后和城市地区陷入困境的局面[46]。

加州的一项研究得出结论：公路投资导致的土地增值可能取决于路网结构和经济增长构成[47]。对已经很广泛的道路网络进行改善，可获得的边际可达性收益可能很小。场地特征也很重要。对于那些依赖于可见性、暴露性和场地通达性的商业活动，如汽车旅馆和便利零售等，土地增值通常局限于那些靠近道路交汇处的地块[48]。

公共交通

长期以来的研究已经证实，靠近高性能公交走廊会使土地价格上涨，使房地产市场表现相对强劲。如叠加区所反映的，土地综合利用与更强的资本化效应密切相关[49]。在以便利设施为主导的多功能邻里街区中，公寓房的资本化效应远高于独户住宅，即便是在凤凰城和圣迭戈（San Diego）这些不断扩张的城市中也是如此[50]。私人出资的铁路投资项目，如俄勒冈州波特兰的有轨电车系统，表明业主们往往愿意甚至渴望投资于对他们和全体居民都有利的公交线路。

发展中国家的特大城市是世界上机动化和现代化速度最快的地方，在这些城市里，临近轨道交通益处颇多，这方面的证据也开始积累起来。最近一项针对曼谷85处写字楼的研究显示，每靠近公交站点1公里，每平方米的月租金溢价为19泰铢（约合0.58美元）[51]。办公租金与距地铁站距离的弹性系数为-0.06，换言之，与地铁站的距离增加一倍，租金就会下降6%。然而，仅地理位置邻近并不一定能转化为房地产价格的显著上涨。研究表明，邻近性与高质量的城市设计和场所营造相结合，才能进一步提升土地价值。例如，人们发现，在香港的铁路+房地产（Rail+Property，R+P）项目中，如果上空使用权开发项目与街道景观、景观美化和其他场所营造改善措施相结合，其利润会提高25%[52]（有关香港经验的进一步讨论，请参阅第7章）。

第三世界国家的交通基础设施

在第三世界国家，道路、公交基础设施和人行步道不足常常阻碍了经济发展。根据世界银行的一份报告，亚洲城市用于道路建设的空间仅为美国城市的三分之一左右，这限制了货物流转和经济增长[53]。在非洲，投资不足的情况甚至更为严重，世界银行估计，要满足非洲的基础设施需求，每年将耗资930亿美元，约占区域生产总值的15%[54]。交通虽然仅占这一需求的20%，但是这一报告报告完全侧重于区域交通，并着重于货物运输。在大都市地区，这一需求可能更大。

尽管人们普遍认为第三世界国家城市的交通基础设施不足，但对于如何缩小这一差距却没有达成一致意见。新建基础设施造价昂贵，并且与教育、卫生和公共安全等许多其他紧迫性需求形成竞争。此外，尽管越来越多的有力证据表明，新建公路并不能缓解交通拥堵[55]，但是对公路建设的重视往往加剧了问题的严重性，因为这样做鼓励了蔓延式扩张，使邻里街区分隔开，破坏了当地的道路网络，破坏了步行空间的质量，还导致私人汽车的增加。北京已经修建了6条城市环路以适应汽车数量的急剧增长，但这些环路未能缓解交通拥堵，也没有改善区域交通。

在发展中城市，新的公交投资项目很少与土地开发和现有交通网络结合起来。波哥大的快速公交系统——新世纪公交（TransMilenio），虽然备受赞誉，但并没有充分发挥其塑造城市的潜力，在很大程度上是因为系统设计者专注于以最小的成本实现最大化机动性[56]。这导致新世纪公交线路的选址位于繁忙的高速公路中间隔离带和贫困城区，以便节省土地征用成本，结果抑制了发展潜力。第三世界国家在增加交通基础设施的时候，几乎都只注重于廉价地运送尽可能多的人员，这一点超过了其他方面的考量因素。

道路限制、步行专用化与经济表现

众所周知，快速路和主干道可以提高经济生产力和商业地产价值。在寻求机动性与宜居性平衡的过程中，事情是否会反过来呢？降低道路通行能力，或者干脆拆除快速公路和高速公路，真的会产生经济效益吗？

在过去的30年里，许多欧洲城市将宜居性和步行安全性放在交通规划的首要位置，他们选择了一些能够抑制和减少对私人汽车依赖的项目[57]。交通稳静化是其中的一种方法，由荷兰的规划人员率先提出。他们增设了减速带，重新规划了道路，缩短了交叉路口，并在街道中间种植树木、设置花盆等，以便减缓交通。在交通稳静化处理后，汽车通道的作用就变得不那么重要了。关于交通稳静化的早期研究发现，缓慢的交通通常与较高的房产价值、更健康的商业和更安全的场所有关[58]。在20世纪90年代初，德国海德堡市（Heidelberg, Germany）实施了街道交通稳静化处理后，交通事故减少了31%，人员伤亡减少了44%[59]。

经验证据表明，街道重新设计和机动车限行措施带来诸多益处。一项针对德国城市步行专用设施的研究显示，行人流量、公共交通客流量、土地价值以及零售交易额都出现了增长，房地产也向更集约化土地用途转变，同时交通事故和死亡人数也减少了[60]。对欧洲、北美、日本和澳大利亚等地100多个降低道路通行能力（如采取无车区、步行街改造以及街道和桥梁封闭等措施）案例进行的研究发现，机动车流量平均总体减少了25%，而且在大多数情况下都产生了积极的经济成果[61]。

正如第8章所讨论的，诸如拆除快速公路以及机动车道向绿道转变等更激进的措施，也带来了经济效益，土地价格和公司位置选址已经揭示了这一点。21世纪初，韩国首尔启动了一项城市复兴计划，其中包括回收被街道和公路占用的城市空间，特别是用于输送新城居民进出城市中心区的道路空间[62]。首尔市中心清溪川（Cheong Gye Cheon）的一条6公里长的高架快速公路被拆除，取而代之的是一条适宜步行的绿道，这给首尔市中心带来了根本性转变，包括将破旧的建筑物改造成现代化的中高层建筑[63]。在降低道路通行能力的同时，还引入了新建和扩建的快速公交和地铁服务。位于快速公交站300米以内和绿道沿线的住宅，土地价格溢价高达15%或更多[64]。有绿道的办公和商业租金明显高于有高架快速公路的地方[65]。此外，在快速公路转型为绿道后，沿线的就业密度和专业办公楼均有所增加[66]。在首尔这样一个人口密集、土地紧张的城市，更好的交通可达性和邻里街区环境促使业主和开发商加大了对快速公交和绿道走廊沿线土地的利用，采取的主要形式是将独户住宅改造为多户住宅和多功能混合项目。在旧金山和波士顿，以林荫大道和绿道取代快速公路的做法，也带来了类似的经济效益和土地利用密集化的效果[67]。

城市设施与自然条件

到目前为止，我们的注意力一直集中在交通设施和公交导向地段的经济性上。当然，除了交通硬件和基础设施之外，场所营造还涉及建筑环境与自然环境的其他要素。城市便利设施是场所营造的重要特征。英国的研究表明，提高城市质量所带来的经济效益，与改善公共交通或步行设施所带来的经济效益相似[68]。此外，美国的研究也一致表明，在大中型城市中，场所质量的变化情况与积极就业和人力资本产出相关[69]。

土地价值评估过去一直对一些不同的场地便利设施和不良设施展开，包括开放空间、废弃物处理设施、建筑物设计形式、街道景观和滨水区等。作为一种外部性，场地便利设施或不良设施通常会对物业的某个特定方面（如景观或邻近性等）产生价格上的影响[70]。在中高收入环境中，业主们往往愿意为美观和建筑设计买单，以增加房产溢价[71]。然而，自然方面的影响却不那么明显。研究表明，就开放空间而言，土地价格的影响差异巨大。开放空间可以以其内在品质（如绿化、开阔性等）提高土地价格，也可以通过减少可开发土地的数量提高土地价格。但是，附近受欢迎的公园和休憩用地所产生的噪声和行人流量，也可能会被住宅业主视为滋扰因素[72]。靠近有毒废弃物处理场或位于机场航线下等滋扰因素，会普遍降低房产价值，其中住宅地块的损失最大[73]。其他形式的邻里便利设施几乎无法克服这种滋扰。例如，一项研究表明，风景优美区域的土地平均价格，与交通拥堵程度相似、但环境不那么好的地方没有差别[74]。

研究还表明，开放空间的土地价格效应因规模和类型而异。一项研究发现，小型的邻里街区公园对住宅价值提升最大[75]。另一项研究发现，自然公园比城市公园更有价值[76]。俄勒冈州波特兰的一项研究发现，靠近私人公园和高尔夫球场会导致住宅销售价格上涨[77]。研究表明，总体而言，开放空间的益处主要体现在人口较为密集、家庭收入较高、离中央商务区较近区域的住宅物业上[78]。

开放空间和公共设施对非住宅物业的影响不太明显。公司或企业在选址时，劳动力和客户等因素是首要考虑事项。城市公园可能具有舒适性价值，但也可能减少许多商店赖以生存的步行交通。爱德华·格莱泽等城市经济学家认为，公园、绿地、开放空间和滨水区等的改善，可以帮助城市吸引熟练工人和知识型产业，还可以稳定日渐衰败的邻里街区[79]。大洛杉矶地区的一项研究发现，公园等公共设施对公司选址模式产生了影响[80]。

社区设计与经济表现

在本章的结尾，我们简要回顾一下当代设计流派（如新城市主义和新传统主义开发）对经济成果产生影响的少量证据。这些证据尚不充分，评论也大多是道听途说，因此只做简短讨论。

对同一地区内家庭收入和地理位置相似的社区进行配对研究，结果表明，那些地块面积较小、土地用途混合、有人行道网络和邻里中心的精明增长社区，其经济表现要优于以汽车为导向、只供居民居住的地方。价格溢价从40%～100%不等[81]。此外，研究表明，随着时间的推移，这样的邻里街区能够更好地保持溢价价值[82]。俄勒冈州波特兰市最近的一项研究发现，在2008～2009年的经济低迷时期，与普通住宅相比，靠近城市、具有传统街区设计特色的独栋住宅比对照房产更能保值[83]。对步行导向和汽车导向场所的社区进行的比较还表明，如果与节能建筑和绿色城市主义相结合，价值溢价会成倍增加。哈马碧湖城是一个典型案例。这是一个生态社区，建于斯德哥尔摩市中心边缘的一块前棕地上。研究表明，与其他人口结构和家庭收入类似、以汽车为导向的传统郊区相比，哈马碧湖城的住房价格溢价更高[84]。

开发活动的转变也说明了市场偏好的变化。在美国，在过去十年里，仿照主要街道风格的露天购物中心的建设速度，远远超过了被地面停车场包围的封闭式购物中心[85]。底层零售和"第三场所"产品已经成为多功能和公交导向开发的必备设计。近十年来，城市土地研究所出版的《房地产新兴趋势》（*Emerging Trends in Real Estate*）表明，宜人尺度、以人为本、注重宜居性和社交性的场所，在大多数市场指标方面都优于表现最佳的封闭式购物广场。在全球范围内似乎都是如此[86]。

虽然本章的重点是经济与财政方面的影响，但对许多城市领导者而言，城市形式对财政的影响似乎更为重要。众所周知，蔓延式扩张的服务成本很高，无论是扩建下水道、延长校车行驶里程，还是在偏远地区开设新的消防站，都是如此。佛罗里达州社区事务部（Florida Department of Community Affairs）的一项研究发现，在一个分散的传统郊区小区中，为一栋房子提供服务所需的基础设施成本，几乎是为更靠近现有就业中心的房子提供服务的两倍（以2010年的货币计，超过1.5万美元）[87]。就美国整体而言，《2000年蔓延式扩张成本》（*Cost of Sprawl 2000*）研究估计，在21世纪的前25年，有控制的增长与无控制的增长相比，每年将节省近400亿美元的公共服务支出[88]。多伦多都市圈的一项研究估计，每公顷66人的开发项目服务成本，比每公顷152人的开发项目高出40%[89]。卡尔加里市（Calgary）市长纳希德·恩施（Naheed Nenshi）成功地掀起了一场消除这种"蔓延式扩张补贴"的运动。"在第三世界国家快速机动化和现代化的背景下，重新校准城市增长以减少对汽车的依赖，显得尤为关键。"全球经济和气候委员会的新气候经济项目估计，在未来的15年里，较为紧凑的城市增长将减少超过3万亿美元的城市基础设施资本支出[90]。

结语

作为城市经济发展战略的一部分，在全球对高技能、知识型产业和员工的日益激烈竞争中，找到机动性、宜居性和场所营造之间的适当平衡非常重要。即使是拥有传统制造业和基础工业经济的城市，也可以通过平衡的方式实现连通性和场所营造，并从中获得很多益处。密歇根州底特律市是老旧"锈带"城市的典型代表，诸如这样的地方正在积极投资于绿道、文化设施、促进自然监视的多用途场所，以及改善街景，甚至在考虑拆除快速路。那些推进可持续交通模式、鼓励步行、注重社区建设和场所营造的城市，将是未来几年吸引高价值增长的最佳选择。为了探讨重新校准城市规划和设计以创造更美好的未来环境、社区和经济所面临的挑战，以及探索曾经成功地应对这些挑战的主题实例，我们现在转向本书的第二部分。

第二部分
背景与案例

接下来的四章将回顾通过城市重新校准来超越机动性的四种不同背景，针对四种情况分别讨论了一些案例经验，其中有的成功，有的则不太成功。

第5章探讨后工业化时期欧洲和北美城市核心区在物理、社会和经济方面的转型。回顾了码头区、仓储区、工业场址和废弃铁路走廊的改造与再生经验，并从欧美案例中汲取一些深刻的见解。

棕地再开发大多发生在重要的前工业场址，而郊区出现的则是另一种类型的转变：由蔓延式扩张、单一用途的就业中心和校园式办公园区，改造成为多功能的、"完整"社区。第6章探讨了旧金山湾区（San Francisco Bay Area）和弗吉尼亚州北部，以及其他背景下的办公园区改造和边缘城市转型的经验。这一章提到的其他郊区改造，还包括对购物中心地面停车场进行植入式改造和绿化，以及诸如赛马道和多厅电影院等急需土地的用途等。

如第7章所述，在城市轨道交通站点周围的停车场中混合植入住宅、零售和各种以步行为导向的活动，是城市重新校准的另一种形式。公交导向开发在世界范围内广受欢迎，因为这种模式不仅可以促进更广泛的社会目标，如社区建设和场所营造，还可以缩小城市交通业的巨大环境足迹。第7章借鉴国际案例，综述了公交导向开发的类型、以公交为导向的设计形式和场所营造，以及通过价值获取产生收益等方面。本章还结合绿色城市主义、工业场址的适应性再利用和儿童友好型社区的创建等，回顾了与之相关的公交导向开发的种种市场定位形式。

第8章作为第二部分的结束部分，探讨了在世界各地城市中发生的另一种重新校准：

将曾经分配给道路的有价值的房地产进行收缩和重新分配，赋予更加以人为本的用途。这一章将综述和评估交通稳静化、无车区、道路瘦身、绿色通道和快速路向绿道转换等方面的经验。

　　第二部分回顾了不同的背景和案例，尽管不是面面俱到，但提供了丰富的例证和可能有用的实例，可以供其他地方在重新校准城市时加以运用，通过这样做，就可以创造出更美好、更宜居的社区。

第5章

城市转型

核心城市转型是一种全球现象，几乎在美国和欧洲的每一个重要后工业城市都存在，同时伴随着回归城市的迁移现象。第9章将重点讨论第三世界国家的城市和郊区转型；其根本不同的条件值得独立成章进行讨论。本章讨论的项目涉及西方城市前工业地产的再利用，包括码头区、仓储区和货运铁路。城市转型案例虽然还有很多，但在此我们将重点关注前工业交通场址的更新改造，以凸显本书的整体论点，即：重新校准城市，使其从运送货物的通道，转型为以人为本的场所，并注重美观、舒适性和场所营造。

自20世纪70年代以来，**城市再生**（urban regeneration）这一术语一直被用来表示后工业城市中棕地的再利用，一般定义为衰落区域在物理、经济和社会等方面的更新[1]。城市再生关注的是棕地再开发，与新地开发相比，棕地再开发更具挑战性，潜在的风险更大，成本也更高，因为棕地都需要对受污染的场地进行修复，拆除构筑物，以及对陈旧或老化的基础设施进行升级改造。因此，让经济学发挥作用至关重要。然而，并不是所有的棕地再开发都可以看作是城市再生。只有当核心城市工业用地的再利用得到政府通过**积极主动**的经济再开发政策的支持时，我们才认为是城市再生。

城市再生尽管可能充满希望，但也存在争议，被视为中产阶级化和不平等现象扩大化。批评人士认为，重点应该放在那些无法从房地产主导的城市再生中获益的人身上[2]。只有这一问题得到解决，城市转型才能成为后工业化城市重启工业引擎的途径，那些工业引擎曾经创建这些城市；也才能够创造更美好的社区，减少环境足迹，使经济受益。

全球化、集装箱化和后工业经济的崛起，改变了西方城市的构成。随着标准化集装箱的使用，船运活动转移至深水港，企业也日益将制造业外包到劳动力成本较低的国家，西方城市的码头区和仓储区变成了未得到充分利用的资源。与此同时，卡车运输行业的兴起，导致数千条铁路线遭到废弃。尽管在这些前工业用地中仍然存在某些形式的制造业，但后工业化城市可以为其赋予新的用途。2009年，经济衰退后的一个新趋势是，前工业场址上出现了手工经济或"创客"经济，比如，生产从家具到微酿啤酒等手工产品的年轻的小公司[3]。

随着城市工业场址闲置，人口又重新迁回城市，这与战后郊区人口外流的情况正好相反。在美国，大多数年轻人迁移到中心城市，研究人员穆斯（Moos）将这种现象称为"青年化"（youthification）[4]。1990年，大多数美国城市人口年龄分布均匀，年轻人占城市中心人口的22%～25%。到2012年，城市中心2英里范围内的年轻人口达到了25%～40%，甚至更多[5]。最重要的是，居住在大都市区的年轻人都受过良好教育。在25～34岁拥有学士学位的美国人中，有三分之二居住在人口超过100万的大都市地区[6]。欧洲也出现了类似的现象。1971～1981年间，随着工业主导地位的下降，英国曼彻斯特市的人口减少了17.5%。

然后，人口普查数据显示，在2001～2011年之间，这个城市人口增长了20%，现在人口平均年龄为29岁。促使城市人口反弹的原因之一，是英国政府将许多职能部门从高地价的伦敦迁出，其中包括英国广播公司（BBC）总部，这一举措帮助在曼彻斯特码头旧址上创建了英国媒体城（MediaCityUK）。与此同时，整个城市的老旧红砖仓库则变成了阁楼式的公寓和夜总会。

设计与场所感有助于城市再生获得成功[7]。许多工厂和仓库都为了承受工业生产流程的压力而建造经久耐用，其高耸的拱形屋顶和厚重的顶棚形成了一种非常时尚的工业美学。美国国家历史文物保护信托基金（National Trust for Historic Preservation）的一项研究显示，在对一系列社会、经济和环境效益衡量指标进行测试时，相比拥有较大、较新建筑的区域，混合了老旧、较小建筑的既有街区性能更佳[8]。老旧建筑提供了历史的真实性，这是一种原始认同感，亦即凯文·林奇所说的"意象"[9]。这些老旧建筑在采取一些调整措施后，就可以改造成博物馆、孵化器办公空间以及阁楼式居住空间，这些措施通常是：底层墙壁打开，形成更有吸引力的街道边界，也让光线进入室内。现存工业场址的再利用还具有环境效益：避免了新建筑和蔓延式扩张，节省了内蕴能源——包括所有用于建造和维护建筑的能源（从燃料到劳动力）。此外，适应性再利用也具有社会效益，因为这样做可以保留对社区有意义的历史。简而言之，通过工业基础设施的再利用和场所营造，城市再生可以催生出积极的变化。

码头区改造

本节重点介绍伦敦市、鹿特丹市和布法罗市的三个码头区改造案例。伦敦码头区是第一个大规模的码头区重建项目，不仅注重基础设施，也注重场所营造。鹿特丹市利用码头区改造，借助于当代建筑、公共交通和场所营造，尤其是通过标志性的伊拉斯谟桥（Erasmus Bridge），重新塑造了鹿特丹市的整体形象。在大西洋对岸，纽约州布法罗市通过创造性的场所营造和历史保护，重新开发了运河边的码头区域。

伦敦码头区

伦敦东部码头区是对废弃工业区进行大规模总体规划改造，以推动城市发展的第一个例子，其改造重点不仅在于基础设施，还包括改善场所品质，建设步行网络、公共区域和标志性建筑。政府的巨额税收减免和基础设施投资（如码头区轻轨线路）推动了这个改造项目[10]。伦敦港曾经是世界上最大的码头系统，占地面积8½平方英里，在20世纪30年代雇用了10万人。但在20世纪60年代，伦敦港遭受巨大损失，因为港口所依赖的许多工业，比如制造业，都离开了大伦敦地区，而随着航运业的现代化，剩余的航运业也大多转移到了下游的深水集装箱港口。到1981年，码头区60%的土地和封闭水域遭到废弃、空置，或未得到充分利用[11]。港口周围的路网经常拥挤不堪，而且由于其萧条的形象和交通不便，衰落区域的私人投资极为缺乏。

伦敦码头区发展公司（LDDC）是根据《1980年地方政府规划与土地法》的一项国家法案成立的，标志着一个转折点。在历史上，英国政府一直试图通过在新地上建设新城项目来塑造城市发展，但许多新城实验都未能实现其长期目标[12]。

到20世纪80年代初期，国家政府试图将重点转向昔日内城工业城市的再生，规划师哈维·佩洛夫（Harvey Perloff）称之为"新城中城"形式[13]。

伦敦码头区发展公司的目标是创建一个确保区域再生的城市开发公司，"通过土地和建筑物的有效利用，鼓励现有的和新的工商业发展，创造一个有吸引力的环境，并确保住房和公共设施可以鼓励人们在这一区域居住和工作"[14]。伦敦码头区发展公司的目的不是为商业活动直接提供资金，也不是参与社区发展或公共住房建设（尽管在实践中，伦敦码头区发展公司后来也开始积极提供公共设施）。相反，其任务是整备开发场地，并根据松散、灵活和内部创建的区域规划，为再生项目提供指导。

从1981年成立到1998年公司解散，伦敦码头区发展公司最辉煌的成就是金丝雀码头区（Canary Wharf area）再生项目（图5-1）。这个项目的焦点是加拿大广场一号（One Canada Square），一座由西萨·佩里（Cesar Pelli）设计的50层摩天大楼。在1990年建成时，这座建筑是英国最高的写字楼，很快就成为金丝雀码头区的旗舰物业。按照城市设

图5-1 金丝雀码头改造前（上图）和改造后（下图）的照片。以前是废弃码头区，现在则矗立起一个新的金融区。资料来源：上图：IanVisits，网络图片；下图：马尔丁·德伊奇（Martin Deutsch），网络图片。

计师卡尔莫纳（Carmona）的说法，"这是第一次，设计不再被视为创新的障碍和投资成本，而是作为建立一种新的、适应市场的场所意识的手段[15]。"在20世纪90年代早期，尽管房地产泡沫破裂，但码头区继续发展成为金融中心，并很快成为仅次于伦敦金融城（City of London）的第二大金融服务区。如今，这一区域已成为伦敦未来增长的主要焦点之一。根据2004年的伦敦规划，到2026年，伦敦码头区将新增20万个就业岗位和2万套新住房。

作为城市再生工作的一部分，泰晤士河沿岸的一些标志性仓库建筑也被重新用于各种用途，包括居住公寓。乔治亚时代的西印度码头被保留下来，作为伦敦码头区博物馆，使这一区域的航海历史得以保存。其他仓库则服务于伦敦重要的旅游业，如希尔顿码头区酒店（Hilton Docklands Hotel）等。对工业建筑的保护和再利用，帮助码头区保持了其海事历史背景的真实性，评论家们认为，这与金丝雀码头摩天大楼中盛行的现代美式企业建筑风格形成了令人愉悦的对比。

扩建交通基础设施是码头区开发不可或缺的组成部分，最终占到伦敦码头区发展公司在这一区域1.86亿英镑公共投资的近50%[16]。由于缺乏与伦敦其他区域的连接，早期的开发尝试进展缓慢，直到1987年码头区轻轨开通，才有两条轨道线路将码头区与伦敦金融城和斯特拉特福德市（Stratford）直接连接起来。通过对现有的多段冗余高架铁路进行适应性再利用，成本得以保持在较低水平，最初的两条无人驾驶轨道标价7700万英镑，仅是用于道路建设5亿英镑的一个零头[17]。经过从1991年至今的不断扩建，这一轻轨系统目前在英国利用率最高，2014年，7条线路载运了1.1亿乘客（平均每天载客量为30万人次）[18]。1999年，银禧延长线（Jubilee Line Extension）开通，提供了从金丝雀码头到伦敦市中心大部分区域的更快捷、更方便的轨道连接。预计2018年还将开通横贯铁路项目（Crossrail project），把金丝雀码头和坎宁镇（Canning Town）与希思罗机场（Heathrow Airport）以及更广阔的英格兰东南部地区连接起来。

不过，伦敦码头区再生项目并非没有批评之音。在缺乏整体的正式规划情况下，私营推动的再生项目只产生了数量有限的公共空间，建筑风格也杂乱无章，偶尔会参照附近的工业历史，但通常都摒弃了历史，转而青睐美国式的郊区和摩天大楼美学，芝加哥SOM公司设计的金丝雀码头总体规划就是这样。许多新建住宅，尤其是在项目初期，主要是为了吸引区域外的富裕居民，这些住宅都建在封闭的社区里。繁荣的金丝雀码头区创造的大部分就业机会都在金融业，而这一区域的工薪阶层由于受教育程度不高，无法获得这些工作。尽管有长达20年的持续投资，但截至2002年，在陶尔·哈姆莱茨区（Tower Hamlets）的17个选区中，有15个仍位列英国最贫困地区的前5%[19]。事实上，在20世纪80年代和90年代对项目进行的总计40亿英镑公共投资中，只有1.1亿英镑用于社会住房项目。

此外，金丝雀码头以南的码头区落后于其他地区，其特征是一系列互不相连的私有建筑群。但是，《2000年千禧年季度总体规划》（ *2000 Millennium Quarter Master Plan* ）

是公共部门试图主动规划这一区域发展方向的首次尝试[20]。这一规划从二维的分区方式转向三维的城市设计框架，形成连续且相互连接的城市肌理，有新的住宅和办公空间，以及各种公共开放和市民空间，包括公共广场和花园。整个区域都设置了渗透性路面的步行路网，其中有可促进场地内部通行的路线。为了使公共领域充满活力，规划街区的建筑在一层都带有活跃的临街面。

伦敦码头区从废弃的、未充分利用的工业空间，转变为繁华的一个新的金融中心和交通枢纽以及一个公共空间网络，展示了后工业城市存在的种种可能性。尽管码头区改造可能没有形成统一的建筑形象，但其在经济上的成功却掀起了一波席卷西方城市的城市再生浪潮。随着区域城市设计规划多年来不断完善，伦敦码头区改造所展示的城市重新校准，已不再只是设计基础设施，让工人和居民进出码头区，而是着重于设计社区，尤其注重场所的质量。

鹿特丹科普·范·祖伊德项目

在面对去工业化和港口活动离岸外包的情况下，城市再生可以专注于场所营造，重塑城市形象，鹿特丹市的科普·范·祖伊德项目就是这种再生力量的典型例子。就像发达国家的其他港口一样，20世纪末期的集装箱化航运和去工业化进程使得鹿特丹的大片工业码头废弃，因为有更新、更大的港口区在更靠近海边的地方开设。科普·范·祖伊德半岛位于鹿特丹市中心对面的新马斯河（Nieuwe Maas River）南岸，是受这种命运变化影响最严重的老港区之一。在再生改造之前，科普·范·祖伊德的工业用途将城市分为南北两个部分，形成一道鲜明的物理屏障。

在1986年发布的新总体规划中，鹿特丹市将科普·范·祖伊德确定为实现城市全部潜力的不可或缺的组成部分，因为它邻近水域，而且具有重新连接城市南北两个部分的潜力。新的再生计划旨在提供5300套住房，40万平方米的办公空间，以及多间酒店和一个新会议中心，不过仍有足够的灵活性，以便适应这一区域随着住房需求增长而不断变化的市场条件[21]。到2010年，这一区域估计将容纳1.5万人，提供1.8万个工作岗位[22]。

高质量的建筑和城市设计是这一改造项目的显著特征。一些世界顶尖建筑师设计的标志性建筑主导着城市天际线，巩固了鹿特丹作为"马斯河畔的曼哈顿"的美名，其中包括：伦佐·皮亚诺（Renzo Piano）设计的PKN大楼（KPN Tower），诺曼·福斯特（Norman Foster）设计的世界港口中心（World Port Center），以及雷姆·库哈斯（Rem Koolhaas，OMA）设计的鹿特丹大厦（De Rotterdam）等。码头过去航运时期的一些遗迹被重新利用，包括荷兰美洲航运公司（Holland America Line）的旧总部（现为纽约旅馆，图5-2），以及中转大厦（Entrepot building，现为设有餐厅的食品市场）。区域历史借助于富有创意的公共艺术而继续保持活力，如今滨水区对行人开放，将鹿特丹的人们

图5-2　荷兰-美洲航运公司的前总部大楼被重新利用，现在是纽约酒店（右），赋予鹿特丹市科普·范·祖伊德以历史认同感。资料来源：凯斯·托恩（Kees Torn），网络图片。

与城市的海事历史重新联系起来。

　　与伦敦码头区的情况很像，改善交通基础设施是再生计划的关键。交通措施，包括一个地下地铁站和一条新的有轨电车线路，极大地改善了通往改造区域的交通。重建中最重要的是壮观的伊拉斯谟大桥（1996年完工，绰号"天鹅"），它翱翔于河面之上，使汽车、电车、自行车和步行直接通达河的南北两岸（图5-3）。值得注意的是，鹿特丹市议会（Rotterdam City Council）在三种桥梁设计形式中选择了造价最高的一个，但由此产生的具有里程碑意义的大胆形象，帮助巩固了鹿特丹作为前卫建筑城市的美誉，为威廉敏比尔（Wilhelminapier）的后续开发提供了进步的环境，也让私人投资者有理由对这座城市的发展承诺充满信心。

　　科普·范·祖伊德项目还试图重新分配经济收益。这个地区根据荷兰的"完整城市"原则进行了重新开发，"完整城市"原则是荷兰《1994年主要城市政策》（*1994 Major Cities Policy*）的一部分，强调可持续发展的三大支柱，即：社会、经济和环境发展政策。这项政策支持在开发中将多种用途以及多个收入阶层结合起来，这一点，在科普·范·祖伊德项目创建的阿诺波利斯（Anopolis）社会住房单元，以及一项旨在为当地居民带来新就业机会的政府计划中，都得到了证明。科普·范·祖伊德的再生及其对场所营造、交通和公平性的高度重视，在形成鹿特丹经济吸引力方面发挥了主导作用，使之既吸引了诸如设计这种创造性、知识驱动型的产业，也吸引了这些产业的从业人员[23]。

图5-3   伊拉斯谟大桥（左）成为科普·范·祖伊德和鹿特丹市的新地标，其中包括伦佐·皮亚诺（右中）和雷姆·库哈斯（右）设计的标志性建筑。图片来源：罗曼·博伊德（Roman Boed），网络图片。

布法罗运河区再开发项目

在大西洋彼岸，纽约州的布法罗市在向人们展示，即使没有标志性的摩天大楼，城市转型也可以对一座衰落的城市产生实质性的积极影响。沿布法罗滨水区的运河区再开发项目利用创造性的场所营造和历史保护手段，重新将居民与城市的工业历史联系起来，并提供了一个令市民充满自豪的场所和一处冬季滑冰场。

在19世纪的大部分时间里，布法罗一直是世界上首屈一指的谷物转运港，这得益于其位于伊利运河（Erie Canal）西岸的有利位置。伊利运河港于1825年开通，是五大湖区（Great Lakes）与大西洋之间的第一条直航通道。然而，由于陆上铁路运输和后来的卡车运输成本直线下降，伊利运河遭到废弃，运河岸边的附近街区也急剧衰落。在20世纪中叶，沿市中心滨水区开展了城市更新项目，包括一座高架快速路和一个曲棍球场，街区的剩余部分被夷为平地，区域在工业鼎盛时期的面貌荡然无存。那里曾经是"通往西部的门户"，是商业活动繁忙的港区，正是这一港区使布法罗成为一个充满活力的大都市。

数年来，布法罗一直在寻求大规模私人投资，以重新振兴这一区域。2006年曲棍球场关闭后，伊利运河港口发展公司（Erie Canal Harbor Development Corporation, ECHDC，一个旨在促进水牛城港周边经济增长的国家机构）未能找到一家大型零售店来填补这个巨大的闲置空间。由于找不到投资者，布法罗不得不重新考虑再生途径，决定投资3亿美元用于公共基础设施和景点，以吸引独立的私人投资[24]。

运河区再开发项目的点睛之笔，是在以前的曲棍球馆和周边空地上，重现了曾经服务这一区域的历史交通网络，即伊利运河和商业水道（Commercial Slip，曾经将运河与布法罗河河口连接起来）。值得注意的是，曾经是曲棍球场的那部分商业水道，现在正好坐落于从旧建筑保留下来的制冷系统上方。在冬季，运河水结冰，形成一个3.5万平方英尺的公共溜冰场。曾经因城市更新而消失了的传统街道网现在已经恢复，铺上了鹅卵石，降低了汽车行驶速度。恢复生机的街道之间有一篇开阔的大草坪，夏季可以用来举办音乐会。在滨水的木浮桥上，有供出租的皮划艇和独木舟，而且由于伊利运河港口发展公司疏浚了布法罗河的有毒土壤，港口区域再次成为安全的捕鱼区（图5-4）。在

图5-4　布法罗运河区再开发前（上图）后（下图）对比。桌子带可移动座椅，可以在新开放的滨水区进行各种活动。图片来源：上图：乔治·伯恩斯（George Burns），维基共享资源；下图：Dommatarese，维基共享资源。

更远的地方，纽约州还将伊利湖（Lake Erie）岸边滨水区的一片废弃工业用地改造为州立公园，同时在外港两侧铺设了自行车道和步行道。布法罗滨水区的游客几十年来第一次可以从公共用地眺望西北方一湖之隔的加拿大，这是布法罗市国际联系特点的重要视觉提示。

历史保护是这个项目的关键。过去准确复制的曾经横跨在运河上的数座弓形桁架桥，现在又出现在恢复的运河上。在商业水道施工时，考古学家们挖掘出一些运河区建筑物的原始地基，如今都保留下来，作为游客探索运河区历史的室外展览的一部分。布法罗海军与军事公园（Buffalo Naval and Military Park）是美国最大的内陆海军公园，就坐落在修复地基时挖掘出来的一座桁架桥上。谷仓城（Silo City），即谷物升降机遗址，隐约浮现在布法罗河的上空，谷仓城历史之旅从木栈道出发，让游客近距离亲自欣赏为19世纪城市繁荣提供动力的工业工程。谷仓内的音乐和脱口秀表演充分利用了谷仓的独特声学效果。

经过全面改造的商业水道于2014年底开业，已经吸引了私人投资，包括一家大型酒店和一个以曲棍球为主题的会议中心，这座会议中心可以举行曲棍球锦标赛，其室内冰场相当于美国曲棍球联合会规定场地大小的两倍，是布法罗市历史上最昂贵的私人投资单体建筑。尽管还处于转型过程的早期阶段，但布法罗新的场所精神已经展示了再生力量的历史敏感性，使衰落中的城市重新焕发了生机。

仓储区再开发

许多最著名的城市转型都发生在以前的仓储区，比如纽约的苏荷区（SoHo）和肉类加工区（Meatpacking districts）。我们将在第7章中看到，俄勒冈州波特兰市的珍珠区（Pearl District）项目就是这样一个城市转型例子，通过小规模的、见缝插针式的植入手段，在围绕公交走廊的大愿景指导下，由仓储区转变为多功能混合的社区。这一节包括两个项目，分别为北卡罗来纳州夏洛特（Charlotte）仓储区再开发和巴塞罗那仓储区再开发。夏洛特的城市再生借助了公共资金支持的铁路走廊，并利用总体规划来指导私人开发和场所营造。巴塞罗那成立了一个市政发展公司，来重新开发其波布雷诺（Poble Nou）工业区，同时刺激了科技产业的发展。

北卡罗来纳州南区夏洛特

北卡罗来纳州南区夏洛特曾经是一个发展停滞的纺织制造业和仓储工业区，现在，一种有机的、逐项完成的方法，正将这一区域转型为充满活力、多功能混合的居住—工作—娱乐—学习一体化走廊。夏洛特市中心以南的邻里街区历来都是人们首选的居住地，但随着时间的推移，商业产业的侵占使这一区域日渐衰败。2007年，夏洛特市10英里长的山猫轻轨系统（Lynx light-rail system）开通后，情况发生了变化。轻轨服务在沿线引发了一波新公寓项目和小型零售中心建设浪潮，其中包括工厂和厂房建筑翻新。这些公寓面向市中心的专业人士，他们希望在市中心以外寻求一个方便、有轨道交通服务的地方居住。这项由社区轻轨投资支持的私营开发项目，是在《2005年南端轨道交通站区域规划》（2005 South End Transit Station Area Plan）的指导下进行的。这一规划提供了整个区域的愿景规划，包括密度和规模方面的指导原则，尤其是对轻轨车站周围区域的指导。

研究表明，自从推出轻轨服务以来，夏洛特南端区的住房和零售广场的租金溢价都相当可观[25]。有208套住房的南端区喷泉项目（Fountains @ South End）更是突出凸显了邻近公共交通的优势，自称为"互联之地"进行营销。这个项目在首层有一个公交大厅，里面装饰着几个大屏幕显示器，显示器与室外摄像头相连，可以不间断地扫描火车进出站情况。居民们可以在舒适的大堂里一边喝着拿铁，一边阅读晨报，在头顶的显示器提示火车即将进站时，他们便会迅速前往附近的站台。

巴塞罗那22@创意街区

巴塞罗那22@创意街区项目也是一个城市再生的例子，这个项目将工厂和仓库改造成阁楼式公寓、夜总会和画廊，同时也促进了科技产业的发展。巴塞罗那的波布雷诺市在19世纪曾被称为"加泰罗尼亚的曼彻斯特"，是加泰罗尼亚工业的中心。但在20世纪，随着工业迁出城市，这一邻里街区开始衰败。2000年，巴塞罗那将当时的废弃区域视为建立创新区和促进经济增长的契机。市议会通过了一项新法令，旨在通过成立市政开发公司，即22@Barcelona，来改造工业区。项目占地500英亩，覆盖了115个城市街区，是欧洲最大的城市再生项目之一。

开发公司把这一区域从工业区重新划分为服务区，从而创造了价值。然后又借助征收开发费捕获了这一价值，使公司得以在公共改善上总计花费10亿欧元，其中包括：公共领域的升级改造、开放空间、4000套社会住房、自行车道、气动固体垃圾处理系统，以及知识型的基础设施，如孵化器、研发中心、光导纤维网格和无线网络连接等[26]。这一机构还与多所大学合作，将研究和学术活动迁到区域内。到2008年，整个重建计划共创造了4.2万个工作岗位。

场所营造在这个项目中发挥了关键作用，包括一项包含114栋建筑的区域遗产保护规划。项目还包括新的标志性建筑，为城市的对角线大街（Avenida Diagonal）保留了多座大型塔楼，对角线大街是一条著名街道，标志着波布雷诺的边界，街道上同时还设置了一条新的有轨电车线路（图5-5）。

图5-5　在巴塞罗那著名的对角线大街上，一位骑自行车的人和一列轻轨正经过波布雷诺新建的零零塔（ZeroZero tower，右侧），零零塔是西班牙电信公司总部（Telefónica）所在地。图片来源：蒂埃里·兰萨德（Thierry llansades），网络图片。

铁路绿道改造

壮观的线性系统（如铁路）会切断社区，产生噪声，并且，无论是形成视觉不利因素还是产生破坏性作用，都会降低城市生活质量。回收这些土地可以引发城市复兴。本节着重讨论将废弃的、功能失调或具有破坏性的交通基础设施，重新分配给绿道。

20世纪，卡车运输业的兴起导致数10万英里长的铁路路权被放弃，因为运输方式从铁路转向了公路。在美国，尚处于运行状态的铁路系统已经从高峰时期的27万英里，缩减到1990年的14.1万英里[27]。铁路游径（Rails-to-trails）是将这些废弃的铁路走廊改造成游径，用于活跃的交通和娱乐活动。通过吸引开发、增加体育活动以及减少对汽车的依赖，成功的铁路游径可以为城市和农村的周边社区带来显著的社会、经济和健康效益。将铁路改造成游径，可以将废弃土地转为生产性用地，同时又保留了铁路运输路线，这些路线可能在未来再次被证明是至关重要。在美国，1983年的《美国国家游径系统法案》（*National Trails Systems Act*）建立了一个"铁路银行"制度，允许私人铁路公司将铁路路权的管理权转让给公共或私人游径管理者，作为休闲游径使用，而无须依法放弃地役权。这样，路权就被保留下来，如果需要将其恢复为工业或客运铁路服务时，就可以作为铁路线使用[28]。

　　铁路游径项目通过提供短途出行来替代汽车出行，能够促进积极的生活方式，改善社区健康。在城市和农村地区的研究都表明，由于非机动化连通性的增加，铁路游径项目与附近社区的体育活动增加有关[29]。铁路游径也可以作为重要的通勤线路，将居民区的交通使用者与公共交通网络连接起来，如波士顿郊区的明德美自行车道（Minuteman Bikeway）；或者是使居民从郊区直达市中心，如华盛顿特区的首都新月游径（Capital Crescent Trail）。

　　虽然铁路游径是最常见的形式，但绿道通常也会沿着为其他类型基础设施保留的路权形成，这些基础设施包括运河拉纤道、污水管道和公用设施等。位于弗吉尼亚州北部的华盛顿和老道明游径（Washington & Old Dominion Trail），是一条45英里长的铁路游径改造线路，其维护资金主要来自一项与光纤服务提供商共享路权的协议[30]。伦敦绿道（London Greenway）沿着活跃的北部排污管道（Northern Outfall Sewer）穿越伦敦东区，长4½英里，在沿线入口位置设置了旧下水管制成的标志，向游客提示公园具有双重基础设施用途。

　　本节内容包括一些最著名的铁路游径改造项目，其中有纽约高线公园、亚特兰大环线公园（BeltLine）、从匹兹堡到华盛顿特区的阿勒格尼大道（Great Allegheny Passage），以及柏林的三角公园（Gleisdreieck Park）等。

高线公园

　　高线公园是一个长1.5英里的线形公园，位于一座高架桥上，这座桥穿过纽约市切尔西和肉品加工区（Meatpacking District）的邻里街区。高线公园展示了铁路游径改造刺激经济增长的潜力（图5-6）。受巴黎海滨长廊（Promenade Plantée）项目的启发，一个名为"高线之友"（Friends of the High Line）的组织成立，旨在保护西侧线（West Side Line）空出来的废弃构筑物不被拆除，并将其保留为空中绿道。高线公园在2006～2014年间分三期建成，使用的公共资金达1.52亿美元，私人捐款超过3亿美元[31]。项目每年吸引600多万游客，已经成为纽约的主要旅游景点之一[32]。在高出街道三层楼的建筑隧道中穿行，既是一种新奇的体验城市方式，也是观察城市街道生活的独特角度。建筑师迪勒（Diller）和斯科菲迪奥（Scofidio）以及景观设计师詹姆斯·科纳（James Corner）的设计保留了一些完整的铁轨，向游客提示公园的工业历史渊源。

　　高线公园对周边邻里街区产生了深远的经济影响。为了获得业主对公园的支持，城市设立了特殊的区划分区，允许业主出售高线公园的上空权，将其重新分配给邻里街区内的选定区域，从而使公园周围区域的密度得以提高，并使城市投资更加合理[33]。纽约市规划署（New York City Planning Department）2011年估计，自2006年以来，在高线公园周围新建了29个项目，共提供了2558套住房、1000间酒店客房和42.3万平方英尺的办公空间，吸引了逾20亿美元的私人投资，提供了12000个新就业岗位[34]。一项研究计算出，2010年，距离高线公园1/3英里范围内的房地产税收入增加了1亿美元，几乎在短短

图5-6　高线公园。一个由高架货运铁路改造而成的公园，推动了切尔西区的再开发，其标志性建筑中有弗兰克·盖瑞的作品（左）。图片来源：大卫·贝尔科维奇（David Berkowitz），维基共享资源。

一年内就偿还了城市的投资[35]。项目的批评者也指出，公园的收益在各经济阶层中并未得到平均分配，因为低收入居民由于周围街区的中产阶级化而被迫迁离，而且，公园沿线商贩的申请程序也有利于资金充足的商贩，对路边小型商贩不利[36]。

对大型高架轨道构筑物进行再利用，往往比拆除花费更少，因此，其他城市在高线公园的激励下纷纷效仿，这通常被称为高线公园效应（High Line Effect），其中包括费城的雷丁高架桥（Reading Viaduct）项目、芝加哥的布鲁明戴尔游径（Blooming-dale Trail）项目，以及鹿特丹的霍夫堡（Hofbogen）项目[37]。尽管这些项目都有可能积极改变周围的环境，但高线公园的成功依赖于曼哈顿独特的密集环境，如此深远的影响不太可能在其他地方重复出现。同样，在土地价值不及曼哈顿昂贵的地区，转让上空权的方案也不会有那么丰厚的利润。

亚特兰大环线项目

亚特兰大环线（Atlanta BeltLine）是一个雄心勃勃的项目，计划用25年时间，（主要）在环绕佐治亚州亚特兰大市中心的废弃铁路上，修建一条22英里长的轨道交通环线、33英里长的多功能游径，以及1300英亩的公园（图5-7）[38]。这条所谓的"翡翠项

图5-7 亚特兰大环线项目东段（上图），推动了具有历史意义的南沃德公园（South Ward Park，下图）的建设。图片来源：亚特兰大环线公园，网络图片。

链"［借用弗雷德里克·劳·奥姆斯特德（Frederick Law Olmsted）的话］在完工后，将通过高质量的公共交通和20英尺宽的步行与自行车的超级公路，连接起42个街区。佐治亚理工学院（Georgia Tech）的学生瑞安·格拉维尔（Ryan Gravel）于1999年在毕业论文中提出这一项目，经过广泛的公众参与和规划过程后，项目于2006年破土动工，于2008年开放项目的第一期游径部分。项目初始部分资金是由亚特兰大市、多所亚特兰大公立学校和富尔顿郡（Fulton County）之间的一份特别税收分配区协议提供的，协议规定，各行政辖区同意在未来25年内，将环线走廊沿线未来增加的财产税收入专门用于环线建设。2016年，亚特兰大选民通过了一项关于销售税的全民公投，预计未来40年将投入25亿美元用于公共交通，其中6600万美元用于完成环线建设。

尽管到目前为止，环线项目的多用途游径只完成了一小部分，但项目已经对周边社区产生了巨大的经济影响。自2005年以来，在环线走廊上进行开发的项目达50多个，私人投资超过10亿美元[39]。然而，就像高线公园项目一样，对环线项目持批评态度的人士指出，由于土地价格上涨，低收入居民被迫迁离，这表明并非所有经济阶层都普遍享受到了环线项目所带来的经济收益[40]。

阿勒格尼大通道

阿勒格尼大通道（Great Allegheny Passage）显示了铁路游径项目甚至在农村地区也具有推动经济增长的潜力。这条大道绵延150英里，从宾夕法尼亚州的匹兹堡延伸到马里兰州的坎伯兰郡（Cumberland，Maryland），在那里与萨皮克和俄亥俄运河拉纤道（Chesapeake & Ohio Canal Towpath）相连，形成一条从匹兹堡到华盛顿特区长达335英里的非机动化连续游径[41]。这条游径于1978年开始分段建设，在2001年，第一个100英里的连续路段在迈耶斯戴尔（Meyersdale）和麦基斯波特（McKeesport）之间建成，这时，一系列连接起来的线路才被重新命名为阿勒格尼大通道。这条路线沿途经过一些工业遗产和历史遗迹，将使用者与该地区的工业和内战历史联系起来。

阿勒格尼大通道吸引了许多游客来到这个因采矿业失业而遭受重创的地区。据《游径城镇规划》（*Trail Town Program*）估计，2015年，阿勒格尼大道在坎伯兰郡和匹兹堡之间的交通走廊沿线上承载了超过80万人次出行。一项调查发现，三分之二的企业表示，由于靠近这条游径，他们的收入至少有所增加，游径使用者在当地经济中的直接消费超过了4000万美元[42]。正如阿勒格尼大通道所显示的那样，铁路游径也有可能刺激农村地区的经济发展。

三角公园

长期以来，柏林一直是一个以园艺著称的大都市。三角公园（Gleisdreieck Park）绿

图5-8　德国柏林三角公园的铁路游径改造项目。图片来源：萨文（A. Savin），维基共享资源。

道位于时尚的克罗伊茨贝格区（Kreuzberg district），是一个最新的项目，在许多方面也最令人印象深刻（图5-8）。Gleisdreieck的意思是"铁路三角"，由19世纪中叶以来，从南方进入柏林的三条独立铁路线交汇形成。在二战后的大部分时间里，三条旧火车站的铁路线、候车棚和仓库都处于闲置状态，位于市中心的31公顷黄金土地变得破败不堪，无人问津。数十年来，这个位处战略略要地的货运仓库荒地一直是倾倒废弃物和垃圾的地方。

　　经过多年的公众参与，一项保护原生植被和开放空间的规划获得批准，开放空间主要由南北向的骑行连接通道交织而成。项目于2013年投入使用。这条位于柏林最时尚街区的走廊，几乎立刻引发了一场浩大的建筑热潮，如今，绿道两侧是混有不同收入阶层的多层住宅楼和底层商用空间，形成明确的走廊边界。目前，生态友好型的多功能混合开发项目占据了公园周边约16公顷的再开发土地。不同年代、不同文化以及不同社会背景的绿色建筑与自然和谐共存，使三角公园区成为一个受欢迎的休闲和社交目的地。

　　三角公园项目没有忽视其过去的历史。相反，项目通过保留整个走廊的铁轨、桥梁和候车棚等遗迹而涵纳了铁路遗产。一条城际高速铁路继续贯穿整个开发区域，从功能和象征意义上把过去和未来联系起来。

三角公园的成功之处，关键在于连通性和场所营造之间达成了切实可行的平衡。对大多数居民来说，地铁和南线轻轨都需要步行5~10分钟。世界一流的自行车基础设施为柏林的城市中心提供了直接且几乎没有冲突的连接。三角公园为柏林市中心提供了一个新的绿肺，这是非常有价值的生活福利设施，反过来又吸引了居民和企业，他们选择绿色出行，无论是步行、骑自行车，还是搭乘公共交通。

结语

本章讨论的项目都涉及西方城市的前工业设施的再利用，包括码头区、仓储区和货运铁路等。这些案例表明，在政府的积极引导下，注重公共交通和场所营造的城市再生，可以实现更美好的社区、更美好的环境和更美好的经济。向后工业化城市的迁移预计在未来几十年还将持续下去，政府可以对曾经构成城市工业引擎的那些场址进行改造利用。虽然本章案例都聚焦于西方城市，但城市再生在中国也蔚然成风，中国经济仅在这一代人的时间里，就已经从工业化走向了后工业化，艺术工厂和"创意集群"工业区激增，如北京的798工业园区等[43]。适应性再利用的力量在中国也很明显，从所有在旧工厂和废弃铁轨前拍摄婚纱照的情侣即可见一斑。

第6章

郊区转型

郊区化是一个真正的全球现象，在过去的半个世纪里，现代化、机动化以及城市及其居民的日益富裕，都推动了郊区化的发展。同样起作用的还有：信息技术带来的区位解放（location-liberating）效应，人们躲避中心城市的犯罪和交通拥堵的愿望，以及随着家庭收入的增加，人们普遍偏好更宽敞、地块更大的生活空间等。19世纪后期，有轨电车的投资引发了第一次郊区化浪潮，居民迁移到住宿社区，随后很快又迎来了第二个阶段：零售商向外迁移，以便更接近消费者。第三次郊区化浪潮是公司和企业纷纷效仿，他们离开市中心，在办公园区和企业中心设立店铺，以便更靠近劳动力市场，节省租金，也就是就业郊区化[1]。随着区域活动以及由此而来的出行始发地和目的地遍及各地，毫不奇怪，私人汽车逐渐在这三次郊区化浪潮中占据了主导地位。很快随之而来的，是郊区的交通堵塞和与之相关的环境问题[2]。

本章重点探讨第二次和第三次郊区化浪潮相关活动的场所营造和活力，即：商业零售商店和工作场所。私人汽车虽然使零售商得以在大都市地区扩张，但实际上却导致商业活动的集中与合并，形成了购物广场、大型卖场和室内购物中心等。在前汽车时代，零售活动几乎遍布城市的每个街区，夫妻小店、舒适的餐馆和当地肉店等，都与市中心的住宅混杂在一起。随着汽车的出现，零售机构越来越少，设置的地点也越来越少，环境足迹却变得越来越大，停车场也越来越多。以汽车为主导的零售业也开启了"无场所化"（placeless-ness）的新时代，到处都充斥着巨大的沥青停车场、极为通用化的购物中心设计模式，以及千篇一律的商业带开发。

郊区的工作场所也同样难以成为吸引人的目的地或引人注目的地方，这些地方多半也是以汽车为导向的产物。随着超级公路（superhighway）为新的开发开辟了广阔的土地，工作场所开始向外延伸，而不是向上发展。校园风格的办公园区装饰着修剪整齐的开放空间，周围环绕着宽阔的地面停车场，这种形式迅速成为美国、加拿大、澳大利亚大部分郊区工作场所的必备设计，而且随着时间的推移，欧洲大陆也开始流行起来[3]。办公综合体和孤立的建筑设计形成物理上的分离，阻碍了步行和在市中心街道上的那种面对面的日常互动。到20世纪80年代中后期，郊区又形成了另一种工作场所类型："边缘城市"，与总体规划的办公园区形成鲜明对比的是，这些园区大多是互不相连的中高层办公大楼和零售场所的集合，给人一种类似市中心的感觉，却没有步行基础设施或便利设施[4]。这些工作场所的设计形式紧凑、多功能混合，却以汽车为导向，所以不出所料地导致边缘城市到处都出现了最恶劣的交通状况。随着时间的推移，一些观察人士开始认为美国郊区的景观特征主要就是漫无边际，以散乱分布的蔓延式企业飞地、商业园区、独立式办公楼、仓储式零售商和电力中心等为标志[5]。无边界性和无场所性成了同义词。

在世界上最依赖汽车的社会——美国，就业分散化速度之快尤为突出。在20世纪80年代，大约四分之一的大都市工作都在美国的郊区[6]。到2002年，除纽约和芝加哥外，美国所有大都市地区的办公空间大多位于传统市中心以外的地方[7]。到2006年，超过60%的美国大都市办公空间位于郊区[8]。到2014年，在美国最大的50个都市区中，67.5%的就业机会在郊区[9]。

美国公司的位置选址可能正在彻底改变，至少对于某些种类的工作是这样。作为场所越来越重要的一个标志，人们对郊区、以汽车为导向的工作场所的偏好似乎正在减弱，甚至有可能出现逆转[10]。在2002～2007年的经济扩张时期，美国城市中心周围3英里范围内每年的就业增长率仅为0.1个百分点。相比之下，边远区域的增长速度却是前者的十倍。但是从2007～2011年，恰逢大衰退（Great Recession）爆发和早期恢复时期，情况突然发生了变化。在美国41个大都市区中，中心城市的就业机会每年增长0.5%，而外围地区的就业机会每年下降0.1%。在2002～2007年期间，只有7个城市中心的就业增长表现胜过其外围地区，而在2007～2011年间，41个城市中有21个超过了周边地区。最近的数据显示，美国郊区和城市之间的就业增长保持平衡。在2010～2014年，美国50个最大都市区的工作岗位在郊区增加了9%，在城市区域增加了6%[11]。密集分布的呼叫中心和数据处理服务的开放，是进来促进了郊区就业增长的部分。然而，收入较高的知识型工作岗位仍旧主要聚集在城市核心地带。

美国经济地理的变化反映了强大的市场力量，如全球化和日益激烈的国际竞争，从而促使企业进行整合、重新定位并削减成本。但是还有其他因素，其中包括：传统郊区开发的高能源需求和碳足迹增加；通勤时间增加以及与家人和朋友在一起的时间相应减少；人们日益认识到物理隔离减少了员工互动和交流思想的机会，从而减少了创新；还有员工对一些看似微不足道但实际上很重要的事情产生不满，比如每天必须在同一家公司的食堂吃饭等[12]。这些因素的综合作用促使越来越多的公司开设店铺，或者搬迁到更传统、更适合步行的街区和商业区。商业地产开发协会（NAIOP）最近发布的一份报告显示，美国写字楼租户更喜欢适宜步行的城市地段，无论是在城市还是在多功能混合的郊区中心，与典型的郊区办公园区相比，这一比例为4：1[13]。偏好的转变也反映在房地产价格上。在美国30个最大的都市区中，适宜步行的城区办公空间的价值几乎是以汽车为导向的郊区办公空间的两倍[14]。

尽管有这样的趋势和偏好，但现实情况是，大量以汽车为导向的购物中心、带状商业区和商业园区等继续散布在美国和其他地方的郊区。难道只是简单地把这些地方封上、遗弃掉吗？还是有可能进行重新构想、彻底改造、重新设计呢？巨大的地面停车场的优点之一，是可以很容易地进行拆除和重建。这些停车场提供了一种全新的装配式房地产，无需过多的拆迁或搬迁费用，就可以重新改变为其他用途，可能还会有更好的场所感、更少以汽车为中心，也有更好的连通性。

幸运的是，郊区景观是可塑性的，在大多少情况下都可以很容易地进行调整、改造并重新利用。适应性再利用在美国和其他地方的郊区越来越受到青睐。近年来，一些仅提供就业机会的土地用途已经多样化，采取的形式包括：植入插建与致密化、增加住房与零售用途，以及通过建造内部通道和游径系统来打破超级街区。房地产价格反映了这一市场变化：例如，2008年，与单一用途的园区型办公开发项目相比，多功能混合的办公楼集群已经享有可观的价格溢价，并且此后溢价一直在上升[15]。大约40年前马索蒂（Masotti）和哈登（Haden）曾经预言的"郊区城市化"（Citification of suburbia），如今正如火如荼地展开[16]。

雇主们所寻求的，并不是中心城市和中央商务区（CBD），而是这些地方的属性：活力、多样性、可步行性，以及良好的公交便利性。在大多数情况下，具有良好公交连通性的居住—工作—娱乐一体化的多功能混合环境，仅限于传统的城市核心地带。郊区转型就是要改变这种状况。

从许多方面看，要寻求创造可持续、高度宜居且交通更便利的场所，这一目标在郊区更容易实现。郊区拥有大量被忽略、尚可插建的土地，再加上其超大的碳影响足迹，这些都使郊区与其他任何地方一样，适合进行大规模、有影响力的改变。在美国，低密度郊区的人均能源消耗是中心城市的两到三倍[17]。此外，财政拮据的地方政府还肩负着为蔓延式扩张提供基础设施扩建资金的负担[18]。糖尿病和心脏病等慢性疾病在一定程度上源于久坐不动的生活方式，而如果人们以开车代替步行和骑自行车，情况就会变得更糟[19]。通过对建筑环境进行物理改造，改变人们在郊区的生活、工作、购物和娱乐的方式，可以节约能源、节省资金，改善公共健康。幸运的是，市场和生活方式偏好正在朝着这个方向发展。现在需要的，是积极主动的公共政策，以便引导这些改变更顺畅、更迅速地向前发展。

改造以汽车为导向的郊区工作场所存在种种可能性，这一点近年来已引起建筑师和城市设计师们的关注。总部位于迈阿密的杜埃尼·普莱特–柴伯克设计公司（Duany Plater–Zyberk and Company，DPZ），采用新城市主义断面原则，设想将校园风格的办公园区（断面上的S7）改造为城市核心区（断面区的T5）。他们把当代的办公园区称作是"随机的火车残骸式"建筑，认为应该予以植入式插建和改造，从而使工作场所和配套用地面向街道，吸引行人[20]。在《城市蔓延式扩张修复手册》（Sprawl Repair Manual）中，加利纳·塔基耶拉（Galina Tachiera）也同样阐述了如何将蔓延式办公园区改造成多功能中心，如图6–1所示[21]。一旦被修复，改造后的工作场所就会类似于前汽车时代的城市，不过会有一点后工业化时代的变化：没有了烟囱，没有了屠宰场，也没有了19世纪晚期散布在城市中的其他令人讨厌之处。其他一些人，如建筑师保罗·卢卡兹（Paul Lukez）等，提出了一种"适应性设计过程"，即逐步分阶段地引入一些生态友好、赏心悦目的设计元素，诸如街道树木、透水性铺路、内部自行车道和建筑出入通道等[22]。在郊区改造方面，建筑师艾伦·德–琼斯（Ellen Dunham–Jones）和朱恩·威廉姆森（June Williamson）也呼吁进行类似的改造，以缓和"20世纪末郊区开发的平庸之处"，提醒我们那样的改造带来的不仅仅是物理设计上的挑战。他们认为，成功的郊区改造还需要认真关注过去半个世纪郊区增长的社会、文化和金融经济根源。例如，长期以来实行的社会排斥政策，比如通过大地块的土地分区或回避工人阶层的住房需求等，如今在

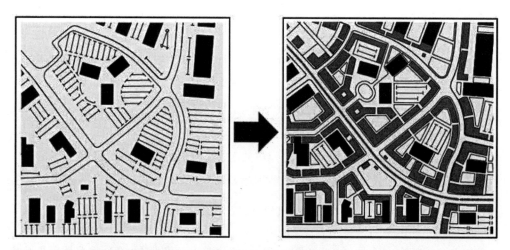

图6-1　将商业园区转变为城市中心。资料来源：加利纳·塔基耶拉，《城市蔓延式扩张修复手册》，华盛顿特区：岛屿出版社，2010年，第165页。

法律和道德方面都受到质疑。因此，郊区改造必须具有社会包容性，比如，提供就地可负担的住房等。利用现代金融工具也可能是成功的关键。商业改善区的形成，税收增量融资的利用，或分区叠加区的创建等，都可能影响每一个大规模郊区重新设计的底线。

办公园区改造

办公园区和其他任何地方一样，也是以汽车为导向。毫不奇怪，办公园区是最早要进行调整、改造和重新利用的大型郊区项目。

办公园区改造最早发生于21世纪初的郊区飞地，如马里兰州的海厄茨维尔（Hyattsville，Maryland）和马萨诸塞州的韦斯特伍德（Westwood，Massachusetts）[23]。海厄茨维尔的10层办公大楼四周都是地面停车场，这些停车场进行了系统性植入式插建和改造，为一条步行友好的新主街和多种功能腾出空间，形成一个每周7天、每天18小时营业的场所。一系列原本独立、难以分辨的中高层办公楼，被改造成一个活跃且充满活力的大学城中心。

在大波士顿地区，业主们试图改造郊区的办公园区，用一位开发商的话来说，"借鉴城市复兴的经验，把旧厂房和工厂建筑改造成集住宅、零售和办公空间于一体的多功能开发项目"[24]。今天，在马萨诸塞州东部，数十个耗资数10亿美元的郊区办公园区"改头换面"工程正在进行。差不多有半个世纪历史的老旧、过时建筑，以及来自多功能城市中心日益激烈的竞争，共同推动了这一变化。

市场现实也推动了许多地方的变革。随着年轻工人返回城市，雇主们也纷纷跟随，由低矮建筑、停车场和公司食堂组成的孤立式园区面临着种种严峻挑战，包括从新的竞争对手到陈旧的设施，以及高空置率等[25]。马萨诸塞州一位房地产开发商评论道："人们正在寻找不同的东西；那就是人们想要的'生活、工作、娱乐'一体化的完整环境。他们不想去只有自助餐厅和停车场的办公园区"[26]。如果要保持竞争力，那么知识型人才想要什么，雇主和办公空间开发商就必须提供什么。

从仅提供工作岗位的综合体转向多功能综合性中心，在交通和环境方面带来的益处是巨大的。研究表明，多功能综合性活动中心内部（即多功能场地内）和步行的平均出行率，要比典型的办公园区高得多[27]。因此，每个员工和居民的车辆行驶里程都趋于减少。距离缩短且步行方式居多的出行对节能和空气质量都有益处，与之相应的是停车需求降低，这在很大程度上是因为拼车或搭乘公共交通工具上班的员工比例提高了。如果开发项目只有办公用途，就会促使许多员工选择开车上下班，因为如果不这样做，他们几乎寸步难行，无法在公司外与同事见面，也无法在下班后处理私人事务。而如果餐馆、零售店、健身俱乐部和杂货店等都就地布置，就可以使员工摆脱拥有私人汽车的需求。研究表明，这提高了郊区上班族拼车、合用班车以及搭乘公共交通工具通勤的比例[28]。土地综合利用还允许共享停车；例如，在晚上和周末，剧院观众可以使用办公空间工作人员的停车位，从而减少20%的停车位供应[29]。

蔓延式扩张的办公园区和其他功能单一的郊区用途都拥有一项资产，那就是房地产，尤其是地面停车空间。因此，这些地方都具备植入式插建的条件。这些地方的停车面积几乎全部超标，这是一个时代的遗留问题，在当时，不论环境如何，几乎所有办公园区每1000平方英尺开发面积都必须配有5或6个停车位。贷方和保险公司均要求如此。由此产生的结果是"一个自我选择的循环过程，人们普遍认为这一过程导致了过高的最低停车要求[30]。"除了呼叫中心和每位员工200平方英尺的拥挤工作空间之外，华盛顿州丹佛和亚特兰大两地的郊区经验表明，当办公空间处于火车站的可步行距离范围内，或是千禧一代在劳动力中占很大比例，而他们又偏爱公共交通、骑自行车、优步共享汽车以及其他不那么传统的交通模式，那么，需要的停车位就会比较少[31]。因此，闲置停车场有助于郊区转型。

毕晓普工业园（Bishop Ranch）和大庄园商业园（Hacienda Business Park）是旧金山湾区两个最大的郊区就业园区，由于市场趋势和精明增长带来的压力，这两个园区正在转型为多功能综合中心。在1989年出版的《美国郊区中心》（America's Suburban Centers）一书中，这两个项目都被描述为典型的以汽车为导向、校园风格的工作场所。它们能否在21世纪生存下去，将取决于其能否成为更加完善、连通性更好的场所。本节回顾的第三个湾区办公园区改造项目位于圣克拉拉郡（Santa Clara County）蔓延式扩张的硅谷（Silicon Valley），靠近城市的三个轨道交通站点，因此无论是在地理位置的邻近性上还是在设计形式上，都呈现出多功能混合的郊区公交导向开发特点。图6-2所示为本章讨论的三个湾区项目的位置。

加利福尼亚州圣拉蒙市毕晓普工业园

毕晓普工业园是旧金山湾区最大的郊区就业集中地之一，位于康特拉科斯塔县（Contra Costa County）圣拉蒙市的680号州际公路（Interstate 680）旁。毕晓普工业园于1978年开业，当时正值旧金山湾区郊区办公市场的繁荣时期。毕晓普工业园最初是一个不折不扣的以汽车为中心的项目，几乎所有的建筑楼面空间都专门用于安置白领办公人士。建筑物孤立而内向，四周环绕着铺装地面的停车场。在过去的30年里，项目通过战略性功能植入方式，缓慢而稳步地实现土地利用多样化、活动集约化，其中大部分植入功能都位于以前的停车场上。20世纪70年代末，这里基本上还是一片空地，只有几栋孤零零的低矮办公楼，30年后，这里已经是人行道交错的办公和商业活动综合区，基本上实施了图6-1所示的郊区办公园区的修复模式。

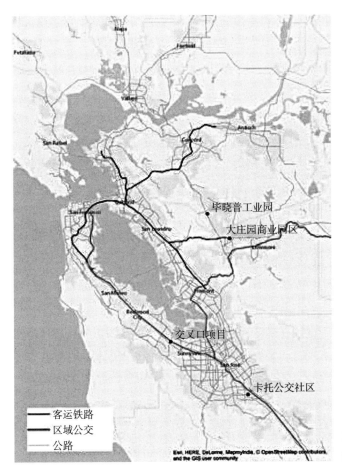

图6-2　旧金山湾区案例的位置分布图

客运铁路
区域公交
公路

毕晓普工业园
大庄园商业园区
交叉口项目
卡托公交社区

　　指导毕晓普工业园改造的是圣拉蒙市的城市中心项目规划（San Ramon's City Center Project plan）。规划依靠广泛的社区投入，要求大多数郊区城镇的许多活动都要集中设置在彼此步行可达的距离范围之内。秉承这一简单而重要的理念，毕晓普工业园正在成为一个多功能综合的城市中心，其特色是拥有大量新的零售业开发、酒店空间、不同收入阶层混合的住房、灵活的办公空间、市民公园，以及新的市政厅和城镇中心。在规划中，公共空间和连接通道被确定为提高项目步行友好性的关键。

　　毕晓普工业园从单一的就业中心转变为工作—居住—购物—学习—娱乐一体化的完整社区，标志着郊区办公设计范式的转变。这意味着那种公司间相互隔离、每1000平方英尺办公空间配置5个停车位的设计模式已遭到摒弃。商业放款人、保险承包商、消防局以及其他与20世纪郊区工作场所设计模式相关的人，都必须在改造项目获批之前参与进来。

　　具有讽刺意味的是，毕晓普工业园原本设想为郊区居民提供可以居住和工作的社区。然而，最初规划的牧场式住宅单元开发方案引发了市民的抗议。这导致圣拉蒙成立了自治市，以控制这样的开发活动，并启用了邻避原则（NIMBY，即别建在我家后院）。改变当地居民和金融机构的观念花费了四分之一个世纪的时间。这个曾经朝九晚五的大型就业中心新增了500套住房、多间零售商店、娱乐设施和住宿服务等，这是一个里程碑式的成就，因为当地居民几乎不愿接受任何形式的新增长。但是，具有前瞻性、包容性的规划过程，加上对以汽车为导向开发的日益不满，为当地人对毕晓普工业园未来的态度发生翻天覆地的变化铺平了道路。

2015年，毕晓普工业园的第一阶段改造开始了，项目中增建了一个14屏的电影院、多家餐馆和商店、一家高档酒店、数百套住宅，以及4栋办公楼，总面积达80万平方尺。毕晓普工业园标志性建筑的改造最为引人注目，这座建筑面积达180万平方英尺的前美国电话电报公司总部大楼（AT&T），被改造成一个现代化的高科技办公园区，周围有零售广场和临近住宅，从而创造了一个具有吸引力的工作—居住—购物—娱乐一体化的企业环境。设计师们希望，在这个曾经以汽车为主导的东部湾区办公园区中，也可以引入谷歌、苹果和脸书等公司总部大楼那样的以人为本、高度舒适、生态友好的工作环境，这些公司就位于毕晓普工业园以南约30英里处的硅谷。

毕晓普工业园的业主们除了试图在郊区营造出一种更强烈的场所感外，还试图吸引员工具有生态意识的租户加入项目，采取的手段包括推出电动汽车和自行车共享项目，以及运营公共汽车往返于6英里外最近的旧金山湾区捷运（Bay Area Rapid Transit，BART）车站之间。对许多像毕晓普工业园这样的蔓延式企业园区来说，衔接"开始一英里/最后一英里"的公交连接缺口是致命弱点。在这方面，毕晓普工业园有望成为名副其实的领跑者。2017年3月，名为EasyMile的两辆可载客12人的自动驾驶穿梭车开始试运行，希望最终能在无人驾驶的情况下，将毕晓普工业园和湾区捷运系统连接起来。如果这两辆无人驾驶穿梭车能够运行下去，那么这些自主技术就会像在任何地方一样，也在郊区办公园区环境中产生变革性的作用。第10章将讨论这种自主技术。

加利福尼亚州普莱森顿大庄园商业园项目

大庄园商业项目位于毕晓普工业园以南10英里处，地处阿拉梅达县（Alameda County）东部的普莱森顿（Pleasanton）镇。与毕晓普工业园一样，大庄园项目主要形成于20世纪80年代旧金山湾区兴起的办公楼建设热潮中。当时，旧金山的办公楼租金已经高得让人望而却步，但市场对办公空间的需求依然旺盛。大庄园项目成为迁移中心城市工作岗位的主要汇集地之一。

在有关大庄园项目的建筑设计与布局、景观设计和场地组织等的最初决策中，融合的愿望尤为突出。大庄园商业园区的设计指南尤为鲜明地体现了建筑与自然环境之间的微妙关系，指南明确指出，综合体的内部区域应该使人联想到"典型的加州农场社区的果园或树林特征"[32]。当然，这就意味着项目要分散布置，以汽车为导向。大庄园项目

860英亩的场地被认为是理想之选，因为它邻近两条主要快速路的交汇处，而且还计划在附近开设一个旧金山湾区轨道公交站。

20世纪90年代末，随着办公楼热潮的消退，大庄园项目的土地用途出现了第一次重大转变。由于人们认识到，工作—居住地点就近这种生活方式的市场需求在日益增长，长途通勤也令人厌恶，曾经只提供工作岗位的大庄园办公园区在10年内增加了1550多套住房。尽管工作岗位仍然远远超过居民数量，但大庄园项目已经成为那些被"高效地段"逻辑所吸引的人的家园，也就是说，他们愿意以较高的公寓和复式公寓价格换取较低的交通成本。对许多人而言，这在经济上是合理的。在旧金山湾区等饭桶的房地产市场中，住房价值会不断上升。相比之下，很少有商品比汽车贬值得更快。

自1983年成立到20年后（图6-3），大庄园项目的土地覆盖率（建筑物）从5%跃升至近70%。增建的住房、公司办公空间、住宿和零售服务等，不仅丰富了土地用途，还使建筑物（以及潜在的出行起始点和目的地）更紧密地联系在一起。这反过来又缩短了

图6-3　大庄园项目场地开发。从1984年时疏于开发的办公园区（上图），到20年后植入式多功能综合中心（下图）。图片来源：大庄园商业园区协会（Hacienda Business Park Association）。

出行距离，减少了开车出行的比例。

　　大庄园项目由以汽车为导向的商业园区发生蜕变，体现在其内部路网密度和连通性的增加。最值得注意的是，项目东侧增加了细密化的道路格局，服务新的住宅飞地。这有助于打破项目的超级街区设计，还与一些额外的联系共同形成一个更像是网格状的道路布局。大庄园项目的连通性指数（联系/节点）从1990年的1.96，增至2007年的2.10，表明项目的连通性得到了改善。开发部分的道路密度（道路的直线距离除以土地面积）也有类似幅度的增长。作为一个吸引人们选择替代私人汽车出行方式的目的地，连通性增加是大庄园项目馈赠后世的组成部分。这个商业园区曾经是美国首批积极推行交通需求管理（Transportation Demand Management，TDM）的大型就业中心之一[33]。目前，交通需求管理为大庄园项目员工提供的服务包括：免费往返于附近的捷运车站，有保障的乘车回家计划，以及乘车匹配服务。还提供了自行车共享和汽车共享服务。

加利福尼亚州圣何塞卡托公交社区

　　圣何塞（San Jose）是湾区人口最多的城市。然而，尽管轻轨公交已经运营了20多年，也实施了一系列支持公交导向开发的政策，但大多数增长还是在公交站点之外实现的。在世界科技之都的硅谷，情况尤其如此，时至今日，那里大部分办公园区仍包围在沥青停车场之中。硅谷的一些办公大楼虽然也毗邻轻轨站点，但并不完全是公交导向型或公交吸引型的布局和设计形式（图6-4）。

　　这种情况现在正在改变，部分原因是城市领导者和硅谷的科技巨头们都要求如此。除了硅谷糟糕的交通状况和可负担性住房严重短缺外，预期中的气候变化引起海平面上升问题，也威胁着世界上一些科技强国的生计，除非进行一次突如其来的路线修正（图6-5）。

图6-4　车厢与沥青：加利福尼亚州圣克拉拉县塔斯曼东部轻轨走廊沿线的公交邻近型开发项目。如果凝神观看，可以看到右图中有一列轻轨列车正驶近十字路口，四周是一片沥青之海。图片来源：左图，埃里克·哈斯（Erick Haas）；右图，思科公司（Cisco Corporation）。

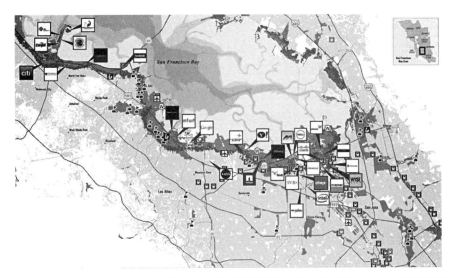

图6-5　南部湾区到2067年时的气候变化和预测的海岸线变化情况。在一切照旧的情况下，不断上升的海平面有可能淹没全球许多科技巨头的总部。如果在未来半个世纪内，海湾沿岸地区的海平面上升55英寸，那么红色区域内的公司都将被淹没。图片来源：GreenInfo Network。

图6-6　卡托公交社区。这是一个改造过的多功能公交主导开发项目，周围有两个轻轨站和一个加利福尼亚州火车通勤铁路站。图片来源：城市土地学会。

圣何塞地区最引人注目的城市重新校准规划之一，是对轨道交通站点附近的办公园区进行植入式改造，使之成为紧凑、多功能混合的公交社区。其中最大的一个是卡托公交社区（Cottle Transit Village），那里公共交通异常便利，位于两个轻轨站和一座加州火车通勤班车站的步行距离范围内（图6-6）。这个三角形地块占地172英亩，曾经是美国国际商用公司（IBM）的园区，现在为一家数据存储技术公司——日立环球存储公司（HGST）

所有，已经"调整了规模"，并实现了多样化。日立环球存储公司决定拆除场地上横向延伸的130万平方英尺办公楼，代之以中高层的办公和商业大厦。释放出来的土地将植入零售、绿色基础设施、公共空间，以及大约3000套住房，其中最靠近公交站点的地方密度最高（每英亩居住用地60套住房）。《圣何塞2040年远景总体规划》（*Envision San Jose 2040 General Plan*）倡导建设70多个"活跃、适合步行、自行车友好、公交导向、多功能综合的城市环境"，卡托公交社区是其中最突出的一个[34]。公共政策并不是这种路线修正的唯一原因。市场现实也发挥了一定作用。卡托公交社区项目的总规划师评论道，"雇主和员工都想要更密集、更城市化、整合了多种功能的环境，而不希望待在商业园区中[35]。"

边缘城市的郊区公交导向开发：弗吉尼亚州泰森斯

弗吉尼亚州北部的泰森斯是美国最重要的郊区改造项目之一，长期以来一直被认为是"所有边缘城市之母"[36]。泰森斯郊区集中体现了在城市边缘仓促建造以汽车为导向的大型就业中心时可能出现的所有问题：噩梦般的交通状况、恶劣的步行环境，以及除了购物中心以外周末基本无人光顾的地方。50年前，这里还是两条县级公路形成的精巧的交叉路口，到了20世纪末，却变成了拥堵不堪的双层立交桥，有10条车道，通向美国第12大就业中心。到21世纪初，整个办公建筑群空无一人，沦为过度投机和企业寻求更好工作环境的牺牲品。如今，这个4.3平方英里的"混乱的停车场和办公园区"拥有16万个停车位，可供12万名员工使用，令人瞠目[37]！

21世纪初，政府宣布计划将华盛顿地铁系统延伸至杜勒斯国际机场（Dulles International Airport），并在泰森斯选址新建四个车站，这为泰森斯郊区改变方向带来了前所未有的机会。著名城市问题专家克里斯托弗·林伯格（Christopher Leinberger）指出，"泰森斯再开发……可能是美国乃至世界上最重要的城市再开发项目。如果他们做得好，就会成为典范。这个项目将成为郊区城市化的典范，就像它曾经是边缘城市的典范一样。就是这么重要[38]。"

由当地规划人员和公民活动家设计的方案，是将一个庞大的以汽车为导向的就业中心，转变为一个均衡的、多功能混合的高密度社区，优先考虑步行和公交出行，而不是私人汽车出行。获批规划如图6-7所示，要求把泰森斯未来95%的增长，都集中布置在规划中的4个地铁站和三条电车环线的3分钟步行距离范围内。泰森斯项目占地1700英亩，将建造的住房数量是目前的六倍，其中大部分都位于轨道车站的步行可达范围内，住房总数达到五万套左右。公交走廊附近还将新增约20万个新工作岗位。在车站四分之一英里以外，密度将呈婚礼蛋糕状急剧下降，从而使泰森斯4个公交导向开发区的边界和范围更加明显。自2009年费尔法克斯郡规划委员会（Fairfax County planning board）批

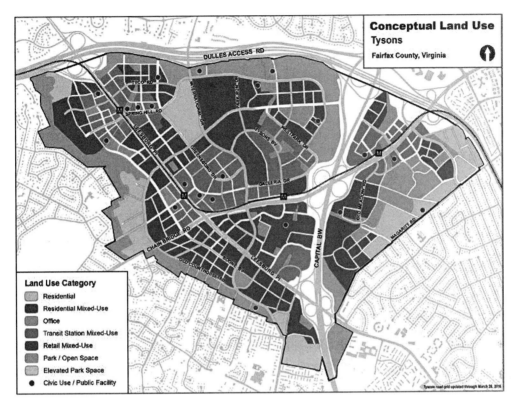

图6-7　改造后的泰森斯概念性土地利用规划。资料来源：费尔法克斯郡分区与规划部。

准规划以来，耗资26亿美元的地铁扩建工程已经投入使用，开发商已投资4亿美元用于新的商业和住宅开发，三家新财富500强企业已经入驻泰森斯。新开发项目都充分利用邻近地铁的优势。巅峰大厦（Ascent）是一座26层高的豪华公寓楼，有一个接入了无线网络的大厅，居民可以在大厅里观看大型平板电视屏幕，查看3分钟步行距离外的地铁站可能出现的延误情况。

　　泰森斯改造规划的一个主要组成部分，是通过创建新的地方街道、自行车道和内部步道来打破当前的超级街区结构，从而形成一个更加细密化、经过改进的网格状街道格局，如图6-7所示。规划人员希望，路面透水、路线连贯的巷道模式，将鼓励人们采取非机动交通方式（即步行和骑自行车）进出车站，从而增加内部机会（即提高居民和工人在泰森斯边界内的出行比例）。传统的郊区停车换乘方式也将被摒弃，同时提倡步行换乘、骑自行车换乘和公交换乘等模式。规划在许多方面都模仿了一个非常成功的公交导向开发项目，那个项目位于阿灵顿县罗斯林—巴尔斯顿（Rosslyn–Ballston）走廊沿线，从泰森斯向内约10英里处[39]。然而，与罗斯林—巴尔斯顿走廊不同的是，泰森斯项目为了节省建设成本，决定在地面上修建地铁线路。这一决定遭到当地倡导精明增长的人士的谴责，因为这样做可能会妨碍在阿灵顿通过地铁线路实现的那种公交与开发的无缝融合[40]。

图6-8   泰森斯地铁站附近高楼林立。道路基础设施主导着紧邻车站的区域。图片来源：比尔·O·利里（Bill O'Leary）。

泰森斯的铁路车站周围开始逐渐出现高层建筑，然而，正如郊区车站区域通常发生的情况一样，道路基础设施仍然占主导地位（图6-8）。为了帮助扭转这一局面，费尔法克斯县规划部门多年来召开了无数次的设计研讨会，向当地居民、员工和企业就城市环境类型偏好征询意见。一个共同的观点是要创造一个更以人为本的环境，使私人汽车的机动性作用边缘化。像麦克莱恩市（McLean）康芒斯（Commons）这样的中高层多功能项目，本身就以四周环绕着"公园空间而不是停车空间"作为市场定位进行营销。

人们一致认为，泰森斯的转型改造尚需假以时日才能形成规模。一位开发人员指出，"达到现在的程度已经用了40年的时间，要产生显著变化，还需要几十年的时间[41]。"在一个没有规划的边缘城市插入车站和公交导向开发项目是一个巨大的挑战，因而改造无疑会随着时间的推移而改变路线。尽管如此，制定周密、有说服力的规划将确保每次规划修订都不会从根本上改变目标，即创造更加以公交为导向、更加步行友好的泰森斯未来。

当然，泰森斯是超级复杂转型的一个极端案例。大多数以办公为主的边缘城市都没有铁路服务。扩建现有铁路线是帮助快速转型的一种方式。不过，更有可能引起共鸣并获得政治上认可的，是基于道路的解决方案。其中可能包括沿主要干道插入专用车道快速公交系统，为改造后的中心提供服务。毕竟，高密度和多功能综合活动才是维持快速公交服务成功运营所需的土地利用模式[42]。另外，创建多向林荫道也是一种解决方案，即将高速交通与较慢的本地交通分开，提供方便的场地出入通道和高质量的步行环境。正如第8章将要讨论的，缩减道路容量和交通稳静化处理在创造连通性更好且宜居的场所中也可能发挥作用。土地用途改变与高质量的多模式交通选择的协同开发，为大规模郊区开发（无论规模是否有泰森斯那样大）走上更加可持续发展的道路提供了最有利的条件。

购物休闲广场与购物中心改造

郊区景观的另一个突出的、格外以汽车为中心的特征是购物休闲广场和购物中心。停车场的面积通常相当于郊区中心或购物休闲广场的两到三倍。这些停车场都是为满足圣诞节前的周末停车需求而建的，在一年中的大部分时间里都处于半空置状态。宽阔的沥青地面被主干道环绕着，将购物休闲广场与郊区的其他部分隔离开，拉长了出行距离，也几乎无法步行出入。令人啼笑皆非的是，驾车者为了寻找尽可能靠近购物广场入口的停车位，会在停车场的通道上来回逡巡。要找到一个距离入口50英尺的空车位，可能要花上三四分钟的时间。然后，他们进入休闲广场，再步行一英里或更长的距离。这种行为已经说明了场所营造的价值所在。购物休闲广场的停车场和其他任何地方一样，都是最不适合步行的地方。而如果是徜徉在光线充足、温控适宜、高度舒适的购物综合体中，每5秒就能经过一个不同的店面，这样的地方才会带来种种感官刺激，提供丰富多样、以人为本的美好场所。

购物中心和购物休闲广场经常会滋扰周围的邻里街区。除了形成超级街区、打破街道格局外，这些地方还常常形成单调的建筑立面，交通出入不便或根本没有交通通道，对毗邻物业也造成噪声和空气污染。濒临倒闭的购物休闲广场往往会使周边环境失去活力、功能失调。

就像办公园区和边缘城市一样，开发商也在试图重新定义和改造购物中心和购物休闲广场，以满足对适合步行、类似城市邻里街区的日益增长的需求，甚至在郊区也是如此。购物中心曾经是这种生活的对立面，现在却充满吸引力，原因在于它们都是大型物业，拥有庞大且易于建造的停车场，而且常常伴有良好的高速公路出入通道，有时还靠近轨道交通站点[43]。

为了吸引21世纪的租赁客户和他们的顾客，美国和加拿大各地都在对20世纪70年代的以汽车为主导的建筑群进行彻底改造。整体拆除、重建购物休闲广场的情况也时有发生。拥有露天设计形式以及流行店铺、餐馆和办公空间的迷你小社区，如今占据了十年前停满汽车的土地。其中最早被拆除的项目之一，是硅谷附近加利福尼亚州山景城（Mountain View）的一个过时、未被充分利用的带状购物中心（图6-2），取而代之的是一个多功能、步行友好的社区，被称作"交叉口"（Crossings），靠近加州铁路通勤站（图6-9）。项目共

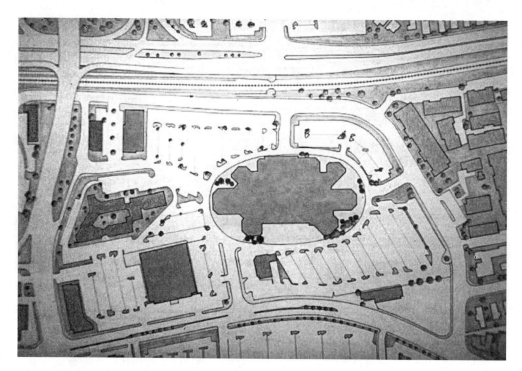

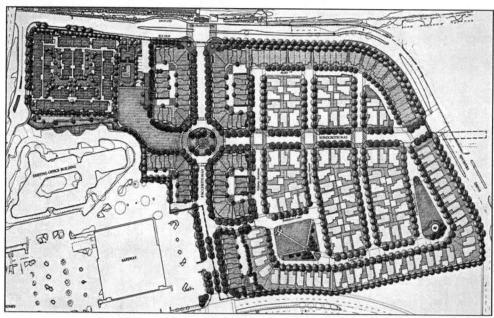

图6-9 加利福尼亚州山景城的交叉口项目。以前的购物中心（上图）被改造为紧凑型、多功能的可步行社区，有调整过的网格状街道模式（下图）。资料来源：考尔索普联合公司（Calthorpe and Associates Calthorpe and Associates）。

有835套高档公寓单元，其中部分位于底层零售空间上方的醒目位置。在华盛顿特区以外的马里兰州罗克维尔市（Rockville）和弗吉尼亚州亚历山大市等地，也在进行着其他由购物休闲广场向可步行社区转型的改造项目。

甚至有些运营尚可的购物休闲广场也在进行重新定位，并改造成多功能混合的目的地。北门购物广场（Northgate Mall）就是这样一个例子，自1950年开业以来，这个购物广场一直是西雅图北部的零售活动中心。2001年，购物广场进行了更新和扩建，增加了新的地面停车场。为了营造一个不那么依赖汽车的场所和更像市中心的环境，土地所有者和西雅图市后来达成了一项协议，在8英亩停车场上插建500套住房和3英亩的开放空间，被称为桑顿广场（Thornton Place，图6-10）。这种由停车场转型为高档公寓的改造项目之所以成为可能，是因为在购物广场附近和桑顿广场西侧增建了一个新的公交枢纽。公共汽车服务逐步增加，连同规划中的轻轨服务向整个区域延伸，都使停车需求减少。靠近交通枢纽还有一个额外好处：根据城市土地研究所的统计，公交中心是市中心区以外最有前途的零售业扩张机会之一[44]。除了桑顿广场，附近的几个多功能综合项目最近也已经开业，为新兴的城镇中心增添了居住-购物-娱乐一体化品质。

桑顿广场附近以前有一条暗渠蜿蜒流过，在重见天日沐浴阳光之后，已经成为当地特别受欢迎的地方。公园般的生态湿地改善了水质，恢复了这一地区的自然栖息地环境，减少了热岛效应。一条颇受欢迎的步行道紧邻开阔的小溪，为傍晚散步提供了令人愉悦的曲线路径（图6-10）。作为绿色植物价值的证明，桑顿广场的"溪畔"两卧两卫公寓套房的每月租金，比该项目"广场侧"（即面向购物中心）同等大小的公寓套房高出25%[45]。

其他成功的购物广场也不满足于现状，纷纷效仿北门购物中心的做法，通过停车场植入式改造来实现土地用途的多样化。其中最大的一个是位于丹佛郊区的贝尔玛尔（Belmar）项目，这是一个集零售-办公-居住一体化的多功能综合开发项目，占地115万平方英尺，其前身是维拉意大利购物广场（Villa Italia mall）[46]。丹佛郊区的恩格尔伍德市（Englewood）将日趋衰败的辛格瑞拉城市购物广场（Cinderella City mall）改造成一个生机勃勃的多功能、有公交服务的综合体，被称为恩格尔伍德城市中心（CityCenter Englewood），其中包括商店、住房、城市办公室、图书馆和室外博物馆。在明尼苏达州的伊代纳市（Edina），最近在南谷购物广场（Southdale Mall）停车场的东南角建造了三座大楼，共有232套豪华公寓。南谷购物广场曾是美国历史最悠久的全封闭温控购物广场。在气温通常低于零度的冬季，温控购物广场内的人们可以漫步在附近的餐馆和商店，这一性能颇具吸引力。最近，凤凰城、罗利市（Raleigh）和亚特兰大市等地也出现了在购物广场的停车场上增建公寓的类似情况。在其他地方，已经关闭的购物广场也正在被重新利用，比如在奥斯丁市（Austin），占地81英亩的高地购物广场（Highland

图6-10　购物广场植入式改造：西雅图北部的北门购物中心桑顿广场。从购物广场的停车场（上图）到公寓和一个光照充足的公园（下图）。通过使以前的暗渠重新获得光照，绿色社区认证体系（LEEDS-ND）试点项目中的重新绿化已经出现。图片来源：上图：《景观设计基础》（*Landscape Architecture Foundation*）；下图：西雅图步行客网站（walkingseattle.blogspot）。

Mall）成为奥斯丁社区大学新校区所在地，新的公寓、办公空间和零售店就建在超过100万平方英尺的地面停车场上。在纳什维尔市（Nashville），范德比尔特医疗中心（Vanderbilt Medical Center）已经接管了100橡树购物广场（100 Oaks Mall）的大部分区域，这一做法提振了购物广场内剩余零售店的销售业绩，也给100橡树鼓舞中心周围的社区注入了活力。要想使一个区域充满活力，并形成7天24小时的营业环境，学院和大学研究中心差不多是最合适的选择了。

其他郊区改造项目

在市场和人口结构变化的推动下，其他各种长期存在的郊区土地用途也正在进行改造、植入式插建，变得多样化。伴随着商业园区和购物广场的转型，许多其他郊区目的地也被重新设计，包括高尔夫球场、汽车经销店、赛道、花园公寓综合体以及整条商业走廊[47]。

在佛罗里达州，州税收抵免政策允许在使用率低、失草严重的郊区高尔夫球场上进行建设，并转型为多功能综合中心。人口结构和生活方式的变化是主要原因之一，年轻人远不及他们的父母那么愿意挥舞高尔夫球杆。佛罗里达州的棕地清理基金（brownfield cleanup funds）帮助资助了迪兰乡村俱乐部（DeLand Country Club），使其改造成为步行友好的购物广场，并使帕布里斯杂货店（Publix grocery）入驻其中。赛马场是又一种巨大的体育设施，也在进行改造。旧金山和硅谷之间的房地产市场炙手可热，见证了湾区草甸（Bay Meadows）赛马道向多功能城市村庄的转变，其中包括高档住房、五座新办公综合体、一个零售广场和一所私立高中。

以前的多厅电影院也在进行改造，比如弗吉尼亚州的费尔法克斯县（Fairfax County）。在那里，一个坐落于停车场海洋中的老旧电影院最近被夷为平地，重新开发为马赛克区（Mosaic District），其中有50多万平方英尺的高档精品店、餐馆、社区活动的公共区域以及办公空间，还增加了近1000套住房和联排别墅，还有一座148间套房的酒店[48]。

整条商业带也在进行改造。在西雅图北部海岸线上，5公里长的奥罗拉市（Aurora）汽车导向型商业带正在转变为步行友好的完整街道，其采取的手段是：加宽人行道，增加景观和街景美化，敷设地下公用设施线路，开设与道路平行的多模式游径，中心转弯车道改为绿树成荫的中央隔离带，设置公共广场和街道艺术等。重新开发封闭式汽车经销店是一项艰巨的任务，为了指导这一活动，非营利组织可持续长岛（Sustainable Long Island）为纽约市东部的四个郊区社区制定了设计方案和实施指南。在大伦敦地区，位于城市边缘地带的老旧花园公寓正在被密度更高、拥有社区零售服务的住宅所取代。这主要是对租金飞涨做出的反应，同时也改变了家庭的偏好。可以肯定地说，在相当繁荣的房地产市场中，任何与其他活动隔离且依赖汽车出入的郊区活动，无论是购物广场、高尔夫球场，还是汽车经销店，都已具备成熟的转型条件。市场越来越需要这样做。

结语

在2012年关于《郊区变迁》（*Shifting Suburbs*）的报告中，城市土地学会明确指出了过时郊区开发成功转型的几个先决条件[49]。其中包括：建立公私伙伴关系（分散风险和回报），投资快速公交系统这样的支助性基础设施，强调场所管理（即增加节日、音乐会和农贸市场等），前瞻性的规划，利益相关方的参与，以及通过投资步道和游径网络改善连通性等。本章回顾的郊区改造和转型案例中，这些先决条件都已具备，并发挥了不同程度的作用。

连通性对于任何成功的郊区转型项目都尤为重要。许多郊区地处偏远，交通联系不畅。一个非常适宜步行的多功能综合社区可以建造出来，但如果它相当孤立，并受困于最后一英里的交通问题，那么在经济上将是难以生存的。只有转型充分，形成数量众多的紧凑型多功能社区，最后一英里的问题才会消失。因此，随着郊区转型规模的扩大和普及，城市化地区几乎就会自然而然地吸引人们以慢速、生态友好的方式进行短途出行。

从历史上看，郊区开发的巨大环境足迹一直是一把双刃剑，一方面增加了对汽车的依赖，另一方面又提供了相当容易建设的地块，可以在日后进行植入式改造和再开发。因此，稀疏分布的开发、建筑物之间宽阔的草地山丘和地面停车场等，一直都是一种秘密的土地储备形式，如果市场需要，就可以提供大片土地用以建设有意义的植入式项目。停车场的改造已经在火车站、购物广场、汽车电影院和汽车经销店等附近出现，大多数都在美国，其他地方也日渐增多。宽阔的郊区干道为重新向更可持续的交通模式分配道路空间带来可能，比如自行车道和快速公交的专用车道等。就像郊区社区正在变得多样化（即完整社区）一样，郊区街道（即完整街道）也是如此。前工业场址、购物中心或道路走廊的适应性再利用可能面临着隐性成本，比如要修复受污染的场地。然而，与蔓延式扩张、依赖汽车的增长所带来的高昂长期成本相比，这些一次性支出就显得微不足道了。公共政策必须提供各种必需的税收抵免和财政支持，以实现理想且合理的土地转型，如有需要，资金可以来自高影响的开发和出行（例如，通过扩张税和碳排放收费等提供资金）。这些手段还应致力于确保郊区转型具有社会包容性。如果转型的最终结果只是高端精品零售业和装腔作势地开发（集集开发），而大部分的服务行业都被高价挤出市场，那么，这样的转型就不会成为完整社区。

可以预料，与任何大规模的变革一样，郊区转型也会遇到阻力，那些受益于现状的人（比如，郊区住宅的开发商），或是将郊区转型与更拥堵的道路、更拥挤的学校和杂货店排队更长等联系起来的人（比如，现有居民），都可能持反对态度。许多郊区居民可能会欢迎修建通往附近目的地的自行车道和步道，但会反对在购物广场或办公楼停车场进行植入式改造的规划。如果郊区转型经过设计，并提供了交通出行服务，从而明显缩短了出行时间、促进了骑自行车、步行、拼车和利用公共交通等方式，那么就可以减轻人们对交通流量增加的担忧。如果具有包容性、参与性的规划过程到位，允许那种缓和邻避阻力通常需要的种种妥协和意见分享，那么当地的支持也就更有可能。当地的投入也增加了在郊区改造项目中纳入当地居民想要的种种场所营造元素的可能性。

第 7 章

公交导向开发

公共交通在全世界都受到青睐，因为其不仅能够缓解交通拥堵、减少能源消耗和净化空气，而且还能够支持可持续的城市发展模式[1]。如今，人们很难找到一份有关气候变化、精明增长或社会包容的政策文件，不热衷于支持扩大公共交通的作用。

公共交通投资与城市开发相结合，即可以广义地定义为公交导向开发（TOD），产生了最有效且可持续的城市景观类型[2]。公交导向开发项目拥有许多相同的城市设计特征，所有旨在促进更多的步行和搭乘公共交通出行、减少开车的场所都有这样的特征：步行友好的设计形式，如安全而有吸引力的人行道；小尺度的城市街区和高度连通的网格状街道网络；土地综合利用，使许多目的地彼此靠近，包括商业区中的小型临街底层零售店面；足够高的密度，足以提供优质、频繁的公共交通服务；以及能促进社交互动和归属感的社区中心和市民场所等。因此，公交导向开发项目都是紧凑的、多功能的、高度适合步行的场所，充分利用了靠近主要公共交通接入点的优势。社区内的出行活动主要靠步行。对于去往社区以外的出行活动，常常距离太远不适合步行，又不一定便于骑自行车，那么搭乘公共交通就成为首选的出行方式。这样，公交站点起到连接高度适合步行、活跃的城区及其腹地的作用。因此，从很多方面来看，公交导向开发就是步行导向开发，即POD。优质、高容量的公共交通将五分钟步行距离的公交站点衔接起来。

精心设计的公交导向开发项目不仅可以通过吸引更多的出行者放弃汽车、搭乘火车和公共汽车来增加客流量，还可以作为组织社区发展、振兴衰败城区的枢纽[3]。在世界范围内，最好的公交导向开发项目都成为使当地社区再生、富足和活跃起来的焦点，这些地方不仅是人们去往车站的必经之路，而且还是人们驻足停留的场所，不论是为了购物、社交、参加公共庆典、集会示威、户外音乐会、农贸市场，还是任何其他构成社区的活动[4]。

公交导向开发模式越来越受到青睐，部分原因在于其广泛的吸引力。如果说在城市地图上有一个地方，几乎所有人都认为那里城市集中增长是合理的，那么这个地方一定是火车站和主要公交站点的内部及其周围。每个人，无论是政治家、环保倡导者、房地产开发商还是普通市民，都认同这样一种观点：把出行的起点和终点设置在车站步行距离以内，对环境、社会和经济都是有益的。许多雇主也知晓公共交通出入便利的重要性：美国州立农业保险公司（State Farm Insurance）最近选择了三个大都市区（亚特兰大、凤凰城和达拉斯），作为新的公交服务型办公枢纽所在地，主要是因为这三个地方都有城市轨道系统，并计划进一步扩展[5]。然而对于大多数公交走廊来说，公交导向开发项目与其说是规则，还不如说是例外情况。如果宽阔的地面停车场（一些房地产开发商称之为"表现不佳的沥青地面"）和许多铁路站点附近的边缘社区能说明某些问题的话，那么从公交导向开发理论走向现实世界的实施，往往是一场艰巨的斗争。

公交导向开发算不上是新理念。在19世纪末20世纪初的前汽车时代，大多数城市发展都集中在有轨电车和城际铁路沿线。现代的公交导向开发创造了类似于100多年前出现在公交车站附近的那种邻里街区。在《回归城市：城市复兴时代的历史性呈现与公共交通》（*The Returning City*：*Historic Presentation and Transit in the Age of Civic Revival*）一书中，作者提到了早期公交导向开发的步行友好设计形式和区域连通性："19世纪末出现的公交社区，展现了现代公交导向开发倡议者所描述的现今理想之选的所有特征，包括连贯的交通模式，这种交通模式在每个公交社区的步行距离范围内运行，并在整个沿线和区域使通行效率成倍提高，通过公共交通把邻里街区和郊区城镇与城市核心联系起来[6]。"

本章将探讨公共交通站点及其周边邻里街区作为建设社区的平台，帮助我们摆脱机动性。介绍的公交导向开发国际案例，既是公共交通的接入点，也是社区的枢纽。在回顾这些经验之前，当务之急是研究一下公共交通在21世纪城市中的作用，特别是公交站点如何跨越机动性与场所营造枢纽的范畴，或是成为二者的某种结合。

公交导向开发过程：规划与类型

公交导向开发不会自发地在公交车站周围形成，大多是市场力量和认真尽责的战略性规划活动的产物，以便引导和培育公交支持型的增长。围绕火车和公共汽车站点的大规模集群式开发的经济驱动因素，往往是受益于集聚效应和空间集群化的就业领域增长受到压抑的市场需求（如知识型产业和服务等）。金融、法律、房地产和建筑设计等领域的就业增长促进了中高层项目开发，从而促进了面对面的互动、知识转化和交易决策[7]。公共交通枢纽正是这类企业的天然聚集地。基础就业岗位反过来又催生了商务服务的次级集群，以及对住房的第三级需求，其中一些可能会在公交车站附近得到解决。要确保上述过程，就意味着要编制车站区域的公共交通规划，明确车站聚集区的功能角色和城市设计质量，以吸引潜在租户，并辅以有效的实施手段。

确定公交车站区域的未来角色通常从公交导向开发类型入手。公交导向开发类型可以依据以下方面确定：土地用途（例如，主要就业区、主要居住区或均衡/混合用途）；市场聚集区（例如，区域、分区/地区，或社区/邻里街区）；开发强度（例如，高密度、中等密度、低层），以及市场活跃度（例如，强劲的、新兴的或静态的）。要想成功地打造公交导向开发，每个车站及其周围环境都可以而且也应该依据这四个特征进行分类。

以美国最成功的公交导向开发地区——俄勒冈州波特兰市为例，在过去的十年中，这种构建公交导向开发类型的方法已经形成。正如稍后将要讨论的，土地价格趋势与建筑密度以及城市设计特色（例如，街区的平均大小和街道连通性指数）等因素，已被用来对现有或规划中的波特兰地铁车站进行分类。兼有强劲的房地产市场趋势和公交支持型建筑环境的车站区域，正是前瞻性公交导向开发规划和公共部门杠杆作用的目标。这意味着要制定特定的站区公交导向开发规划，引入支持性的土地利用分区和配套基础设施投资（例如，改善人行道，扩大污水管道容量）。在当地房地产市场不景气、又由于社会或环境原因而需要公交导向开发的邻里街区，还可以引入财产税减免和低息贷款等财政激励措施，以便吸引私人投资者。

节点与场所

如果一个公交车站不仅仅是搭乘某趟飞驰而过的火车或公共汽车的出发点，那么它的功能角色就应该根据节点与场所的范畴来确定。世界上许多地方都没有公交导向开发项目，这往往反映了车站在场所营造与后勤作用之间的内在矛盾[8]。一方面，车站是后勤节点，汽车、公共汽车、小型公共汽车、出租车、货车、行人和骑自行车的人都汇聚在此。另一方面，多模式联运本来就是混乱的，混杂着各种交通流的交叉、合并和冲突。这样的地方几乎算不上是人们想要逗留的、以人为本的场所；相反，我们大多数人都想尽可能快速、安全、高效地离开车站，前往预定目的地。因此，在车站及其周围环境的设计中，功能优先于形式。工程原则胜过建筑师和规划师的愿景和目标。安全与高效的考量优先于其他一切因素。

范畴的另一端则是要成为场所的车站及其紧邻的周边地区。作为场所，一个公交导向开发项目在功能和象征上都可以作为社区的中心。在这个意义上，形式优先于功能。就物理设计而言，建筑与城市规划都属于工程范畴。以场所为导向的公交导向开发项目，既强调所有引人入胜、尺度宜人的开发设计品质，即舒适、令人难忘、易辨认、畅通、迷人并以舒适性为导向的场所，同时又通过自然监视作用和简·雅各布斯式的"街道眼"注入了安全性。这种以场所为本和以人为本的公交导向开发项目不仅旨在提高公共交通客流量，而且还旨在活跃社区生活，打造社会资本，通过提供多收入阶层混居的住房和服务，实现包容性和多样性，为步行和沉思提供整洁安全的无车环境，刺激商业和经济活动。要使以场所为导向的公交导向开发具有可负担性和包容性是一个特别的挑战，因为城市设施和高端设计都会不可避免地增加项目成本。开发激励措施，如密度奖励和包含多收入阶层混居住房和零售的税收抵免等，是促进以场所为导向的公交导向开发具有可负担性的一种方式。实际上，高质量的公交邻近型开发所带来的收益，最终会对低于市场水平的住房和零售进行交叉补贴。只有地方政府积极主动地致力于社会包容和可持续性交通，这一目标才能实现。

由于法定设计规范以及保险责任与赔偿问题等因素，如果不致力于构建公交导向开发类型，也不按照场所—节点的范畴来确定车站的作用，那么功能几乎总是优先于形式。只要优先考虑车站多模式联运的连通性和后勤需求，那么产生的道路设计和停车布局就会严重影响步行、憩坐、等候和交谈等活动的质量。而确实发生在车站附近的开发项目，也很可能只是公交邻近型开发（即TAD，公交导向开发的"邪恶孪生兄弟"），而不是公交导向型开发。公交邻近型开发指的是建筑物在主要公交站点附近聚集。公交导向型开发也有聚集的建筑，但通过周到的设计和对细节的关注，开发项目本身也是一个社区，注入了场所感和认同感，提供了高品质的步行环境，建筑互相融合，还提供了引人入胜的城市空间。

在开展战略性规划的机构能力和资源都有限情况下，许多城市在设计和建设公交导向开发时，很少考虑到具体车站的功能作用。确定作用应该既权衡市场现实，也权衡邻里街区的物质、历史和文化资产。社区的价值观和偏好也很重要。以居住为定位的车站可能是发挥场所营造作用的理想之选。那些具有更多商业定位的车站，则可能更适合作为多模式联运的衔接和换乘点。不明确车站的功能作用，也不构建公交导向开发的类型，就意味着车站要试图同时发挥场所营造和后勤节点两个作用，结果就会顾此失彼，两方面都做不好。

出入节点

靠近公交站点虽然不是公交导向开发的充分条件，却是一个先决条件。紧凑的城市让许多居民和工人处于主要站点的步行距离之内。交通发展和政策研究所（Institute for Transportation Development and Policy，ITDP）最近的一项研究表明，城市密度越高，居住在优质公交系统（即城市轨道和快速公交系统）1公里范围以内的居民比例就越高[9]。与12个非经合组织都市区相比，这种关系在研究中考察的13个经合组织（Organisation for Economic Co-operation and Development，OECD）都市区中更为明显（图7-1）。这在

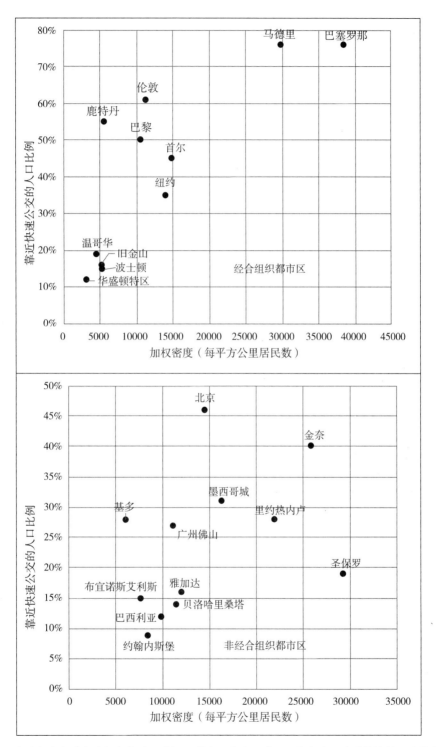

图7-1　经合组织与非经合组织都市区靠近公共交通的人口（PNT）与人口密度的比较。改绘自交通
与政策发展研究所，《靠近公交的人们：改善大城市的易达性与快速公交覆盖》(*People Near Transit:
Improving Accessibility and Rapid Transit Coverage in Large Cities*)，2016年。

一定程度反映了发展历史：在前汽车时代，大多数欧洲和北美城市都出现了快速的城市化和现代化，创造了更多的公交便利的建筑形式；而在其他地方，快速增长主要发生在汽车时代。其他因素，比如欧洲和北美更具影响力的城市规划传统，以及许多发展中城市的地铁布局更有利于富裕人口等，也可以解释这种差异性。

作为场所的公交导向开发项目

利用火车站作为社区建设和复兴的焦点，这种做法可以追溯到第二次世界大战后的斯堪的纳维亚城市规划[10]。在斯德哥尔摩和哥本哈根的郊区，火车站在实体形式、功能和象征意义等方面都堪称社区的中心。在斯德哥尔摩周边的经过总体规划的新城，如魏林比（Vällingby）和凯尔岛（Skarholmen）等，火车站都正好坐落于城镇中心[11]。人们一出车站，便会步入一个没有汽车的公共广场，周围有商店、餐馆、学校和社区设施。市民广场通常装饰有长凳、喷泉和绿色植物，是社区的主要聚集地，既是人们休闲和社交的地方，也是举办特殊活动的场所，无论是国家假日、公共庆典、游行，还是社会示威活动。有时，广场还有双重作用，兼作农民出售产品或街头艺人表演的场所，像变色龙一样，今天还是露天市场，明天就变成了音乐会场地。广场上各式各样的花卉摊位、路边咖啡馆、报摊和晃悠的户外摊贩，再加上居民坐在广场上沉思或交谈，退休者下着棋，以及朋友间的日常相遇，这些都为社区增添了色彩，注入了活力。因此，一个社区的火车站及其周围环境不只是一趟出行的起点。作为富有吸引力、充满活力的区域，这些地方也成为人们自然向往的场所。在顺利竣工后，斯堪的纳维亚的公交导向开发成为值得去的场所，而不仅仅是路过之地[12]。

1997年出版的《21世纪公交社区》（*Transit Villages in the 21st Century*）一书重点阐述了铁路车站的场所营造潜力。社区（Village）一词让人联想到联系紧密的场所，人们在那里见面、社交，了解当地时事。公交社区被定义为以火车站为焦点的场所，具体如下：

> "公交社区的核心是公交车站本身及其周围的市政和公共空间。公交车站是联系公交社区居民和工人与这一地区其他部分的纽带，为前往市中心、体育场馆等主要活动中心和其他热门目的地提供方便快捷的通道。周围的公共空间或开放场地起到了重要的作用，可以作为社区聚会的场所、特殊活动的场地和庆典的场所，相当于现代版的希腊集市"（Greek agora）[13]。

波特兰的公交导向开发规划与类型

处于推进精明增长前沿的城市为公交导向开发规划奠定了基础。毫不奇怪，俄勒冈州的波特兰就是这样一个城市。波特兰以其积极遏制蔓延式扩张、促进公共交通发展而闻名，其突出表现是严格控制城市增长边界，对轻轨和公共交通走廊沿线一度停滞不前的区域进行再开发。城市还因形成了一套考虑周密、对市场敏感的方法来优化公交导向开发规划活动而赢得赞誉[14]。波特兰市意识到公交导向开发并不适用于所有区域，并坚持认为有限数量的成功公交导向开发项目要比大量良莠不齐的开发更可取，因此，为汇聚公交导向开发活力制定了一套引人注目的标准。

在波特兰，用于构建公交导向开发场所类型的两个关键标准是：市场实力和公交导向开发评分（评分反映了城市形式和活动对公共交通使用的影响）。这两个标准都适用于车站周围的邻里街区（距离车站约半英里距离），可以衡量现有和规划中的开发和活动。市场影响力衡量一个邻里街区的房地产市场状况，依据的因素包括：每平方英尺住宅和商业的销售价格，净可出租空间的承租率和空置率等。市场特征在很大程度上决定了车站区域的未来土地利用规划，以及在密度覆盖和城市设计特色方面被认为是可实现的开发类型。公交导向开发评分反映了一个邻里街区的基本要素，依据现在或将来影响乘客量的物理因素，尤其是城市密度（例如，每英亩用地的居民和雇员数）、平均街区大小、城市生活基础设施的可用性与质量、自行车道与人行道的出入条件和连通性，以及公交服务的发车频率等。由于这些因素相互依存，因此存在循环性（例如，密度越高，就会导致公交服务越频繁，反之亦然）。图7-2显示了截至2010年，波特兰市地铁57个车站区域的公交导向开发评分，深色阴影表示在公交客流量潜力方面得分较高的街区和分区。

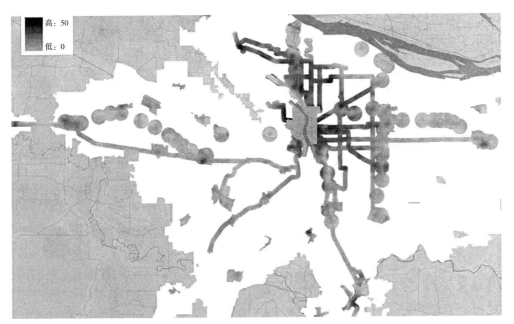

高: 50

低: 0

图7-2　波特兰都市区57个车站区域的公交导向开发评分。按照1~50分进行评分，车站周围0.5英里范围内的深色区域是公交导向开发在产生客流量方面最具潜力的子分区和街区。资料来源：波特兰地铁公司。

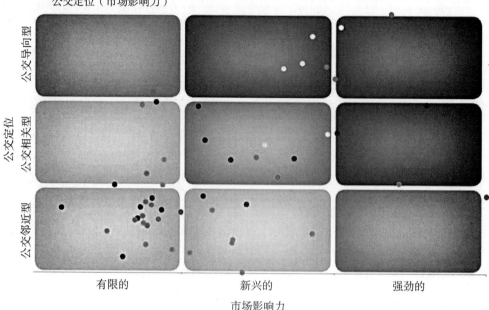

图7-3　城市形式和活动与市场活动双向图。图中右上角为最有潜力的公交导向开发。资料来源：波特兰地铁公司。

　　根据这两个标准的三个顺序等级，波特兰市规划人员提出了9种公交导向开发类型。图7-3利用一个车站评分的双向图显示了这些类型，横轴为市场影响力，纵轴为城市形式和活动。市场要么是静态的，要么是新兴的，要么是表现强劲的。客流量潜力的公交导向开发评分范围从低（公交邻近型）到中等（公交相关型）到高（公交导向型）变化。每个车站都沿两个轴进行定位，分属于9种类型之一。（在图7-3中，车站的圆点颜色代表了波特兰市的五条轻轨走廊）。位于图片右上角的公交导向开发类型和车站，利用公交导向开发的潜力最大。它们都是最容易实现目标的地方，意味着要尽快让公交导向开发落地实施。因此，这些地方是规划措施的重中之重。在这些车站周围，要尽快进行分区变更和当地基础设施改善，因为这是吸引私人投资的必要条件。随着项目成功实施，波特兰的规划人员希望，这些项目也能成为其他邻里街区可以借鉴并适应当地情况的良好案例。

　　由于9这个数字很大，波特兰地铁规划人员选择了更简便的三组类型：植入+增强、催化+连接，以及规划+合作。植入+增强区是最为"具备公交导向开发条件"区域。有些项目几乎不需要公共支持，有些则转型速度较为缓慢，可以从推动开发的积极措施中受益。好莱坞轻轨站（Hollywood light-rail station）就是这样一个例子[15]。好莱坞邻里街区具备一个充满活力城区的人口密度、土地利用多样性、步行基础设施以及交通资产。尽管目前与轻轨站还没有直接相连，但高密度、多功能的植入式建设正逐渐在好莱坞轻轨站周围出现。因此，城市的目标是改善步行和骑自行车与车站本身的连接，作为好莱坞植入式公交导向开发的强化措施。第二个集群是催化+连接，其区域特征是要么公交导向性强但市场支持有限，要么城市形式与公交有关，同时有新兴市场支持。这些区域都为支持公交导向开发提供了一定的物质或市场基础，但还需要公共部门的协助，如针对生活基础设施的定向投资，才能促进私人投资。最后，规划+合作式社区是优先级最低的区域，因为这些区域缺少公交导向开发成功所需的关键性的市场和实体特征。尽管如此，波特兰地区已经在这样的区域也进行了重要的公交投资，并继续监测其需求，以便有朝一日能够捕获这些投资的全部价值。

在波特兰，公交导向开发从规划到实施通常要经历一个过程，即：对有限数量的公交导向开发项目进行试点测试，制定具体车站的区域规划，形成公交导向开发实施策略，以及持续进行监测、评估和调整。随着新机遇的出现和环境不断变化，波特兰公交导向开发的规划、设计和实施是一个永无止境的过程。根据波特兰地铁公司的研究，在21世纪的头十年，积极主动的公交导向开发规划和实施带来的好处包括：私人汽车出行减少了，表现为人均车辆行驶里程减少20%；交通费用节省了11亿美元；出行时间成本节省15亿美元；而且，作为公交导向开发场所营造带来溢价的体现，25～34岁人口的迁入速度是整个美国的5倍[16]。

波特兰市还让我们深刻理解了规划和建设公交导向开发项目作为连接场所所面临的挑战。连通性和场所营造一直是城市追求高度宜居、空气清新和具有可负担性的关键。本章后面部分将回顾两个公交导向开发的场所营造案例，其中一个案例是成功的（珍珠区项目），另一个则不太成功（比弗顿圆环项目）。

公交导向开发的设计与导则

除了在波特兰进行的那种战略性规划，设计也是一个有用的手段，可以将公交导向设计原则转化为落地实施的项目。在过去的25年里，为了推动公交导向开发的发展，人们制定了数以百计的公交支持性设计导则。这些导则主要由公共交通部门编制，目的在于制定标准，并说明项目设计如何促进公交搭乘、便于公交运营。北美的公交机构最早引入了公交导向开发设计导则。1993年，美国和加拿大的26个公交机构发布了设计导则[17]。到21世纪初，这一数字翻了一番还多[18]。

对过去公交支持性导则的回顾表明，这些导则找出了已知影响公交客流量和运营的关键因素，并制定了标准，这些因素包括：土地使用密度、车辆停放、人行道设施、土地综合利用、自行车设施和步行连通性等[19]。轨道交通机构往往强调低成本服务所需的最低居住密度。例如，旧金山湾区捷运系统要求，对于独立式多户住宅项目，每英亩土地至少要有40套住房，而整个车站区域总体平均为每英亩20套住房。美国的一些铁路部门，如芝加哥交通管理局（Chicago Transit Authority），已经创建了类似于波特兰地铁的车站类型，为每种公交导向开发场所类型推荐不同的城市设计方法和标准（如最低居住密度和停车水平等）。

　　大多数公交机构所采用的设计标准，往往与新城市主义规划专家和其他倡导减少汽车主导的建筑环境的人士所制定的标准没有多大区别[20]。通常情况下，都要求城市街区网格规模小且畅通，兼有完整而互相连通的人行道和自行车道网络。还提倡土地利用综合化和多样化，这不仅是为了活跃和激活城市景观，就像新城市主义者所倡导的那样，也是为了创造"7天24小时营业"的场所，在夜间和周末也产生公交出行。例如，亚特兰大城市快速公交管理局（Metropolitan Atlanta Rapid Transit Authority，MARTA）的《公交导向发展指南（2010年）》（*Transit-Oriented Development Guidelines*，*2010*）指出，多功能综合项目有助于在非高峰时段增加火车和公共汽车的载客量，从而提高公交系统的日载客率和票箱回收率。亚特兰大城市快速公交管理局鼓励使用公交导向开发覆盖区（TOD Overlay Districts）来实现土地综合利用，以便在公交服务走廊产生整周、全天候的公交出行。

　　当然，郊区公交机构在创造有利于公交出行的建筑环境方面面临的挑战最为严峻。一些公司已经开始迎接挑战，比如在芝加哥大都市区的郊区运营200多条公交线路的佩斯公交公司（Pace Transit）。佩斯公司是美国第一批积极推广公交导向开发的郊区公交运营商之一，早在1993年就编制了设计导则，既可以提供硬拷贝报告，也可以提供录像带[21]。这个机构最近又以用户友好的互动网站更新发布了设计导则[22]。佩斯公司新修订的在线导则独特之处在于，它将信息和插图打包，面向不同的受众，特别是民选官员、市政工作人员、开发商、建筑师与工程师、交通专业人士以及居民与企业。导则中有一个部分详细说明了典型公交出行的所有组成部分，强调了乘客、开发项目、公交车站、公交车辆以及"大众步行"等各方面的需求。"公共领域"一节提出了良好设计实践的所有方面，包括从道路布局、街景设计到城市街区的缩放与装饰等方面（图7-4）。在对应的"私人领域"部分，展示了公交支持性实例的项目用地、密度、停车管理和建筑设计等，强调了郊区的环境背景。

　　直到最近，公交导向设计手册才开始处理比较微妙的场所营造问题。这在一定程度上是因为公交机构（而不是设计公司）大多已经制定了导则，将公共汽车转弯操作和进出公共汽车站的便捷性等运营问题置于首位，凌驾于其他问题之上。对这些问题的重视又将我们带回到车站作为场所与节点的矛盾关系上。到底是应该缩窄通往公交车站区域以及处于公交车站区域范围内的道路，以创造出宜人尺度、方便行人的环境，还是应该大幅拓宽，以适应50英尺长公共汽车的转弯半径要求？出于安全的考虑在很大程度上主

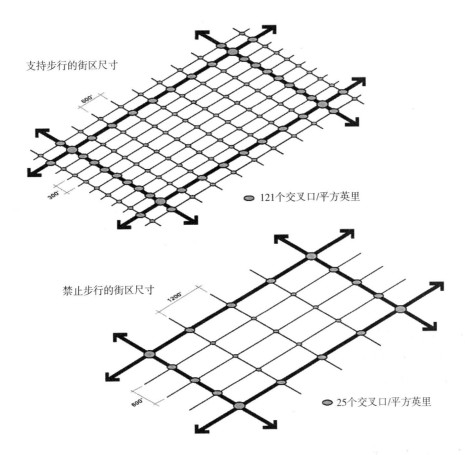

图7-4 缩放和设计街区和建筑沿街面的选择。资料来源：佩斯公共汽车公司，《大芝加哥都市区公交支持性导则》（*Transit Supportive Guidelines for the Chicagoland Region*），2013年。

导着此类设计决策，这是可以理解的。对于许多公交设施来说，这意味着即使给行人和骑自行车的人带来了不便，也要满足公共汽车、运货卡车和停车转乘者的需求。然而，设计方面的考虑正在发生变化。最近在芝加哥、旧金山、丹佛和奥斯汀等地，公交导向设计导则都提高了一些车站环境中场所营造的重要性。对于试图成为周边社区的中心和社会参与中心的车站来说，一切都要强调高质量、人性化设计的重要性，这样的设计才能使公交车站成为"特殊场所的核心"，成为街区景观的"标志性元素"。

公交导向开发标准

交通与发展政策研究所是活跃在全球舞台上、极具影响力的非政府组织，致力于推动可持续的交通与发展。多年来，在国际开发银行向发展中国家提供数百万美元贷款的项目中，交通与发展政策研究所作为代表骑自行车者、步行者和公交使用者利益的诚实中间人而赢得了声誉。

2014年，交通与发展政策研究所发布了《公交导向开发标准》（*The TOD Standard*），这是一个基于案例的说明性文件，旨在推广高度适宜步行、有效地将车站区域与周围环境结合起来的公交导向开发。实际上，这个文件是针对全球受众的公交导向开发设计导则。一个由公交导向开发专家组成的团队在整个项目中为研究所的工作人员出谋划策。《公交导向开发标准》明确了有利于环境可持续发展的公交导向开发的8个关键目标，每个目标都根据专家们认为的相对重要性进行加权：

- 步行方面：公共领域安全、完整、充满活力、舒适，以及富有生机（15分）；
- 骑行方面：骑行路网安全、完整，有数量充足且有安全保障的自行车停放和储存空间（5分）；
- 连通性：步行和骑行路线短而直接，富于变化，远优于驾车路线（15分）；
- 公共交通服务：高质量公交，步行可达（0分，因为这是先决条件）；
- 土地综合利用：土地用途多样化且互补，缩短出行距离（15分）；
- 密度：居住密度和就业密度足以支持高质量公共交通（15分）；
- 紧凑性：开发项目在建成区进行植入式建设，并改善与其他公交枢纽的联系（15分）；
- 转换：减少专门用于路外停车和路边停车以及私人车道的土地（20分）。

根据这些标准，交通与发展政策研究所对全球范围内31个公交导向开发项目进行评分。得分最高的是中央圣吉尔斯公交导向开发（Central Saint Giles TOD）项目，在满分100中得到了99分。这个项目位于伦敦市中心，毗邻托特纳姆法院路地铁站（Tottenham Court Road tube station），是一个多功能植入式项目（图7–5）。中央圣吉尔斯项目包括：一栋11层的办公楼，里面设有谷歌公司、美国国家广播环球公司（NBC Universal）和其他新经济租户，底层还有高档商店和餐馆；一栋15层的住宅楼，有109套住房，其中约有一半住房的售价低于市场价格（作为回报，开发商可以在项目中多建两层）；还有一个开放的、方便到达的公共步行广场，位于场地上的两个主要建筑之间，周围是底层零售和餐厅空间。作为建成区的植入式项目，中央圣吉尔斯项目为高质量的都市生活提供了不受干扰的广阔空间。项目也有一种场所感：有一个室内庭院，在天气允许的情况下会吸引人们闲坐、聊天，欣赏周围的环境。项目尽管在数量上实现了就业、住房和零售之间的良好平衡，但从质量上来说，尚未达到完美匹配。例如，餐馆和商店迎合了高收入的高新技术产业工人，而工薪阶层居民很难负担得起。这凸显了对开发项目进行评分的重要性，不仅要按照量化指标评分，还要对定性和解释性指标进行评分。2017年年中发布的第二版《公交导向开发标准》，在公交导向开发评分体系中增加了可负担性和不同收入阶层混合开发的重要性。

图7-5　伦敦市中央圣吉尔斯项目。这个色彩丰富的多功能公交导向开发项目位于伦敦市中心，植入式建于建成区中，在交通与发展政策研究所的2013年《公交导向开发标准》评分中，被评为"最佳公交导向开发项目"。图片由交通与发展政策研究所提供。图片版权所有：奥马尔·恰武什奥卢（Ömer Çavusogul）。

场所识别性：奥克兰弗鲁特韦尔车站

　　场所识别性对美国的许多公交导向开发项目都非常重要，尤其是那些曾经遭受重创、如今已重新焕发活力的社区。奥克兰的弗鲁特韦尔区（Fruitvale）就是这种情况。在旧金山湾区捷运系统地铁服务的最初30年里，弗鲁特韦尔邻里街区一直处于停滞状态，几乎没有吸引到商业投资或街区升级。与许多捷运系统车站一样，弗鲁特韦尔车站周围也是大片的地面停车场，抑制了轨道交通产生紧凑、多功能公交导向开发的能力，而这原本是系统最初规划时的设想[23]。由于公共部门、私营部门和慈善机构的广泛合作和资金支持，在过去十年里，一个围绕着弗鲁特韦尔车站的紧凑型、多功能村庄开始逐渐形成[24]。遵循成功的公交导向场所的设计原则，弗鲁特韦尔公交村的标志性特色之一是活跃的公共区域，对步行者和骑行者都很友好[25]。

图7-6   弗鲁特韦尔车站的场所识别性。底层零售和退台式建筑采取了弗鲁特韦尔邻里街区的拉丁裔传统。图片来源：卡依德·本菲尔德（Kaid Benfield）。

　　弗鲁特韦尔转型的启动始于地面停车场的重新开发。占地面积5.9英亩的地面停车场被重新开发为零售、商业办公和社区服务空间，建筑面积逾14万平方英尺。项目中设计了一条贯穿两个街区的步行主街，将旧金山湾区捷运系统车站与附近历史悠久的国际大道（International Boulevard）商业街连接起来，步行街两侧为底层零售店，零售店上面为办公空间和阁楼式空间（图7-6）。当然，人们不会像盘旋在天空中的鸟儿那样，以倾斜的角度或从平面图上体验社区，而是在街道上体验。因此，当地规划人员依靠一系列的设计专家研讨会生成街景图像，来说明国际大道随着时间的推移将如何被改造成一个令人流连忘返的场所。图7-7利用图像处理软件（Photoshop），以街景视角形象地显示出国际大道沿线可能发生的变化。当然，这只是一个简单的效果图，尚未经过严格的财务分析验证，而且可以肯定地说，国际大道30年后看起来也不会是这个样子。尽管如此，代表性街景图像确实激发了人们关于街区将如何随着时间的推移而发生变化的讨论和争辩。这些图像是社区参与的有效手段，有助于提高场所营造在当地居民和商人心目中的重要性。其贡献在于优化了公交导向开发规划的过程，而不一定是最终结果。

　　弗鲁特韦尔的部分场所改造已使其成为美国最适合骑自行车的公交车站之一。在过

图7-7　弗鲁特韦尔车站项目主要商业街国际大道改造的可视化表现。作为社区参与过程的信息资源，图像展示了如何结合店面改善措施、景观美化（包括中间绿化带）和中高层植入式住宅等手段，将外观单调、以汽车为导向的主要街道（上图），改造成一个更加以步行为主导的区域（下图）。从长远来看，有轨电车和自行车道可能会共用国际大道，那里还有成熟的遮阴树。资料来源：弗鲁特韦尔联合委员会（Fruitvale Unity Council）。

去的15年里，弗鲁特韦尔车站周围已建造了大量的自行车基础设施，1998~2008年间，车站周围方圆一英里范围内的自行车道和保护路径的长度增加了8倍。在公交社区内部和车站入口附近，有一个200个车位的高质量自行车服务站，为自行车提供安全的停放、维修和短期自行车租赁服务。这些投资显然都得到了回报。2008年，前往弗鲁特韦尔车站的交通出行中，有十分之一是骑自行车，而10年前这一比例还不到5%。这是美国大学校园外自行车交通模式最为普及的一个地方[26]。

俄勒冈州波特兰市珍珠区项目：电车导向开发

珍珠区曾经是仓储区，位于波特兰市中心以北，在过去的20年里，这里已经变成一个时尚、充满活力、有电车服务的邻里街区。有轨电车还是过去年代的技术，使用有百年历史的翻新车厢在混合交通中穿行，频繁地停车、上下乘客，与步行者和骑行者共用街道。电车的主要功能是作为城市中心的环路公交，连接步行5分钟以上的目的地。电车行驶速度缓慢，正好适合步行活跃的城市景观节奏。有轨电车是在城市街道上运行的，比地铁造价更低、对环境干扰也更少，因此建设速度快，中断少[27]。正如许多欧洲城市所见证的那样，"有轨电车代表了城市和公交机构在思考和规划方式上的范式转变：它们既关乎交通，也关乎重建开发，因此土地利用规划起着至关重要的作用[28]。"

在波特兰，有轨电车是引领城市再开发的主要交通工具。为这个曾经作为仓储区和铁路站区的长期衰败区域注入活力，挖掘其发展潜力，这一愿景为项目提供了驱动力。以高密度进行多功能植入式开发，提供高质量的街道绿化和景观美化，则是推动投资计划的愿景。为了回报位置优越的40英亩地块的土地所有者，密度从每英亩15套住房提高至125套，城市和私营部门的合作伙伴投资了一条有轨电车线路，试图效仿慕尼黑和墨尔本等地利用有轨电车驱动市中心区再生的成功做法。这是一个冒险的提议，因为在20世纪90年代初做出投资决定时，美国尚无先例可循。波特兰当时对精明增长做出的坚定承诺，如形成城市增长边界和投资轻轨交通系统等，无疑推动了珍珠区项目的成功。但是，对高品质城市生活的迫切需求也起到了同样的作用，人们希望居住的邻里街区有特色、有传统、有小尺度的步行景观，还要有伴随旧仓库阁楼空间和高天花板的改造而来的某些前卫品质。波特兰市充分利用了社区资产与新兴市场利益的结合，通过大力投资改善街道景观，比如更新人行道、美化绿化袖珍公园、设置街道家具、翻新路灯以及更新建筑立面等，赋予珍珠区远非郊区的独特面貌（图7-8）。从方方面面来看，2001年开通的2.4英里长有轨电车启动线，加上配套的街景改善措施，共同加速了私人资本向这一街区的流入。

如今，珍珠区是波特兰市人口最密集、大概也是最受欢迎的街区。到2008年，超过1万多套住房已经建成，其中四分之一是经济适用房。在7年的时间里，城市完成了原计划20年的住房建设目标，用地也仅占原计划的十分之一。2006年，有轨电车线路向第二大空置地带——南岸区（South Waterfront）延伸，系统长度达4英里。南岸区正在进行另一项雄心勃勃的再开发活动。在有轨电车沿线的两个街区内，已增建了近500万平方

图7-8 以轨道交通为导向的珍珠区场所营造。这个地区的总体规划在有轨电车走廊沿线布置了无数个独立的小地块植入式项目，通常是上层为阁楼、底层为零售的形式。图片来源：上图：埃克特和埃克特（Eckert and Eckert）；下图：琳达·杰弗斯（Lynda Jeffers）。

英尺的商业建筑空间。改善交通条件与高质量城市开发相结合，为利用走廊沿线的开发机遇释放了强烈的市场需求。轨道沿线的城市街区显然对开发具有吸引力。在第一个十年里，距离有轨电车线路最近的地产开发密度达到了允许密度的90%，相比之下，三个或更多个街区以外的地块开发密度则仅为允许密度的43%[29]。而在这项投资之前的情况正好相反。总的来说，波特兰市的有轨电车为珍珠区孵化出23亿美元的私人投资。迁入这一地区的人们利用有轨电车出行。2008年，58%的珍珠区居民报告说，他们上下班都利用开车以外的交通方式[30]。通过在区域内开发鼓励人员流动而不是汽车流动的空间，珍珠区已经成为一个有吸引力、高需求的居住地。事实证明，位于市中心交通便利的中高层住宅，加上点缀着公园和广场的高品质城市街道，正是成功的法宝。珍珠区项目的成功促使约60个美国城市效仿波特兰的做法，规划自己城市的有轨电车系统，以期成为城市再生的催化剂[31]。

俄勒冈州波特兰市比弗顿圆环项目：公交导向开发的市场局限性

波特兰地铁公司围绕轨道车站创建有吸引力功能区的努力并没有都取得成功。比弗顿圆环项目是一个雄心勃勃的倡议，要在波特兰西部比弗顿镇（Beaverton）的轻轨车站周围建一个主要枢纽，以一座标志性建筑和突出的市民空间为焦点。项目借鉴了斯堪的纳维亚郊区以人为本的铁路枢纽设计形式。然而，创建一个充满活力、可行的轨道交通中心的无限热情，并不能克服市场需求疲软的现实[32]。

在一座新月形建筑建成投入使用后，这个项目被称为比弗顿"环带"。这座建筑围绕着一个欧洲风格的大广场，一座轻轨车站坐落在广场上（图7-9）。原来预计项目可以与波特兰市中心蓬勃发展的公寓市场相呼应，包括办公和零售空间、高档餐厅和一座电影院。设计采取了新城市主义规划原则：公交导向、公共空间和步行友好的街道网络。项目还包括一座在车站就可以看到的多层停车场，这破坏了项目的视觉吸引力。

比弗顿圆环项目从一开始就遭遇了许多不利因素，尽管有最好的设计和场所营造意图，但还是无法克服那些不利因素。车站位于一个依赖汽车的低密度郊区的中心地带。场地因以前有轻工业和污水处理设施而污名在身。附近还有二手车停车场和废弃的货运轨道。由主干道提供服务的商业走廊还比较有活力，但比弗顿圆环又与之完全分开。由于接触不到主干道，加上项目的孤立感，新企业都望而却步。邻近的汽车经销商和空置的建筑工地又吓跑了许多有可能购买独立产权公寓的人。此外，由于没有安全直接的停车场，高端零售和办公租户也不愿在此安家落户（图7-10）。

如今存在的只是当初设想开发的一部分。规划人员当时认为，通过标志性建筑和区域轻轨车站，可以克服汽车销售场、废弃的农业区和"表现不佳的沥青地面"等问

图7-9　**比弗顿圆环项目。**图片来源：《俄勒冈人报》(*The Oregonian*)。

图7-10　**比弗顿圆环项目周围的建筑各自独立，停车场空荡荡。**图片来源：《俄勒冈人报》。

题，最终吸引高端住宅和商业租户。然而事与愿违。棕地修复的高成本进一步破坏了项目的发展。不良地基又使建筑基础造价昂贵，限制了建筑的占地面积和布局。正如比弗顿圆环项目中所发现的，一旦建筑商开始挖掘前工业场址，那么，拆除和改造各种管道、净化土壤以及处理其他突发事件的成本，就会大幅推高原本预期良好的再开发项目的成本。

比弗顿圆环项目给我们的教训是：公交导向开发即使有最好的场所营造意图，也无法克服当地疲软的房地产市场。也不可能神奇般地使一个地方的污点形象扭转过来。最初关于这种次级市场有能力支持欧洲风格公交导向开发的种种预测，都远未实现。规划人员希望在比弗顿圆环项目重现珍珠区项目的高档公寓景象，在这样一个交通不便、形象不佳的郊区飞地是行不通的，尽管也有轨道交通服务。前工业场址的郊区公交导向开发尚有待于探索。在这种情况下，规划人员最好谨慎行事。

中国香港：铁路开发、场所营造与盈利

如果以场所为导向的公交导向开发是有价值的，那么在房地产市场上就应该有所体现。香港这块生机勃勃、充满活力的土地，正是考察这种情况是否属实的最佳地点之一。

任何到访香港的游客都会立即意识到，公共交通是这座城市的命脉。香港拥有丰富的公共交通服务，其中包括高容量的铁路网、地面有轨电车、轮渡，以及各式各样的公共汽车和小型公共汽车。2007年末，香港主要的客运铁路运营商——港铁公司（MTR Corporation），与前九广铁路公司（Kowloon–Canton Railway Corporation）合并，形成长达168公里的高容量、立体互通的服务网络，遍布香港岛、九龙半岛、北部领土（至中国大陆边界），而且，最近又通过扩建，延伸到香港新国际机场。随着香港继续向外发展，这一体系还在继续延伸。在香港，超过90%的机动化出行是搭乘公共交通工具，是公交出行在全球占比最高[33]。

香港是世界上为数不多的公共交通盈利的地方之一，这要归功于港铁公司的铁路+房地产（R+P）项目。铁路+房地产项目是公共交通价值获取最彻底的案例之一。在香港这样一个人口稠密、交通拥挤的城市，由于快速、高效和可靠的公共交通服务价格很高，铁路车站附近的土地价格通常高于其他地方，有时甚至高出几个数量级。港铁公司利用自己的优势，以优惠价格获得车站周边土地的开发权，收回投资轨道交通的成本，并实现盈利。

港铁公司与铁路+房地产模式（R+P）

作为一家在香港股票市场发售股票的私营公司，港铁公司以商业原则运作、融资及营运铁路服务，这些服务不仅可以自给自足，还可以产生净投资回报。实际上，公共交通投资、运营和维护的全负荷成本，都通过补充票价和其他来自辅助性房地产开发的收入来支付，诸如：出售开发权，与私营房地产开发商合资经营，以及在地铁站内和地铁站附近经营零售店等。

在20世纪80年代和90年代，香港特别行政区政府（Hong Kong Special Administrative Region，HKSAR）是港铁公司的唯一所有者。2000年，港铁公司23%的股份在港交所出售给私人投资者。私人股东的参与对港铁公司施加了严格的市场纪律，促使公司管理者更具企业家精神和商业头脑。不过，香港特区的大股东身份确保了港铁公司在其日常决策中，会考虑权衡更广泛的公众利益，其中包括推广公交导向开发。

香港特别行政区给予香港地铁的特权地位，使其可以从出售发展权中获得巨大的收益。地铁公司以"折算前"的价格从香港特别行政区购买开发权，然后以"折算后"的价格将这些权利出售给选定的开发商（在合格投标人名单中）。土地价值（作为绿地）与铁路服务站点之间的差异在土地受限的地方（例如香港）可能是巨大的，产生的费用足以支付铁路投资的费用，然后还包括一些费用。

香港特区政府赋予港铁公司的特权地位，使其可以通过出售开发权获得巨大收益。港铁公司以"轨道交通修建前"的价格向香港特区购买开发权，然后以"轨道交通修建后"的价格将开发权出售给选定的开发商（这些开发商都在合格竞标人名单中）。在香港这样一个寸土寸金的地方，新开发用地与轨道交通服务用地之间的地价差异可能会很大，产生的收益足以支付轨道交通投资的成本，可能还富富有余。

铁路+房地产模式与公交导向开发

21世纪初，人们对生活质量和香港的全球竞争力日益感到担忧，这促使香港地方官员采取了一项政策，将高质量基础设施投资与土地开发结合起来。长期以来，香港铁路车站周围以及车站上方都高楼林立，但仅凭密度本身并不能营造高品质的场所。车站内和车站周边往往缺少迷人的城市景观，也没有宜人而实用的步行环境。

港铁公司建造的第一代铁路+房地产项目，几乎算不上步行友好的公交导向开发项目。大多数的特点都是公寓楼千篇一律，行人拥挤在繁忙的街道上，又几乎没有提供任何寻找地铁出入口的引导措施。车站区域的环境死气沉沉，令公众日益不满，老旧建筑在房地产市场上又表现欠佳，这些都促使港铁公司官员更加关注良好的城市规划原则。也许最值得注意的是，公司内部设立了一个城市设计与规划部门，负责推行符合公司财务目标的土地开发策略，同时也促进当地的土地利用目标和更好的步行环境。20世纪80年代初期的铁路+房地产项目只是对开发的响应，而不是预期中的开发。到世纪之交的时候，情况正好相反。为了配合香港特区政府的《区域发展战略》（Regional Development Strategy），即以轨道交通投资来塑造城市增长并改善步行环境，近期的轨道交通投资及其相关的铁路+房地产项目已经超出了市场需求。

最近建成的港铁车站及其相关的铁路+房地产项目，都采用了斯堪的纳维亚模式的公交导向开发设计，力求赋予其作为社区枢纽的场所感和功能，尽管其密度要高得多。

图7-11　东涌站区。东涌项目占地21.7公顷，是按照总体规划的新城概念进行构思和建造的，主要由住宅、零售店铺、办公空间和毗邻车站的酒店组成。图片来源：港铁公司。

这些主要是通过在车站外创建一个点缀着公共艺术的大型公共空间来实现的。东涌车站（Tung Chung station）便是这样一个例子。东涌站及其毗邻的市民广场如今已是东涌新镇的枢纽。社区将自己视为通往香港国际机场的地标性门户。与早期的铁路+房地产项目相比，东涌站的设计更具人性化尺度，有明亮的夜灯、开放的空间（这在人口稠密的城市中很受欢迎）、生动而协调的城市设计，还有通过活跃的步行活动而产生的那种自然监视作用，给人一种轻松舒适之感（图7-11）。一项城市设计审核发现，在连通性、舒适度、美观、公共设施、易识别性和自然监视等方面，东涌站等新型铁路+房地产项目的得分均远高于早期的高层建筑项目[34]。

　　如果把铁路+房地产项目建设成步行友好的公交导向开发模式是有益的，那么这在客流量统计数据和房地产市场表现上应该有所反映。一项统计分析发现，在港铁车站500米范围内，每增加一户居民，每个工作日就会增加1.75次交通出行[35]。如果设计中融合了场所营造要素（例如，立体互通的人行天桥；步行走廊沿线含有零售店铺的土地综合利用；建筑一体化；以及提供袖珍公园和水景艺术等公共设施），那么每个新住房单位每天就会增加2.84次轨道交通出行。港铁公司管理层也注意到了这种关系：以公交为导向的设计和高质量的步行环境，可以增加票箱收入，产生临时客流，即人们可以在火车站内及周边的港铁自由店铺购买零售商品和服务。

同样重要的，还有根据公交导向开发原则设计的铁路+房地产住房项目的溢价记录。一个明显例子是港铁坑口站（Hang Hau MTR station），这是沿将军澳棕地再开发走廊兴建的"新城中城"。项目非常强调场所营造。业主自住的公寓与风景优美的花园和位于车站上方的私人会所直接相连。居民还可以乘坐电梯直达车站大厅和低层的购物中心。一排2层人行天桥将购物中心和车站与周边邻里街区连接起来。坑口站的铁路+房地产项目有一种舒适、尺度宜人之感，设计不仅注入了场所感，还保护了租户的财务投资。这些好处已经转化为土地价格。最近一项以建筑类型和距地铁口距离为控制变量的特征价格模型（hedonic price model）研究发现，坑口公寓以铁路+房地产模式建造，采用公交导向设计形式，其平均租金溢价为22%[36]。总而言之，分析发现，建在港铁车站上方或毗邻港铁车站的住宅房产，每平方英尺建筑面积的价格溢价在12～36美元之间。正是由于这些原因，高质量的城市设计和步行环境现在已经成为所有新的铁路+房地产项目的必要条件。

随着香港回归中国，人们可能会认为，铁路+房地产这样的项目也会被吸引到北京、上海和广州这样的大都市。无疑全球都应该从中受益。然而，如第9章所述，情况并非如此。

其他公交导向开发场所类型中的连接场所

本节将要回顾特殊类型公交导向开发项目的经验。这些都是特殊的公交导向开发项目，规划人员、工程师和设计师们在这些项目中必须全力以赴地应对场所、机动性和连通性等方面的设计挑战。将要讨论的三种特殊公交导向开发场所类型分别为：绿色公交导向开发项目、儿童友好型公交导向开发项目，以及适应性再利用公交导向开发项目。

绿色公交导向开发项目

有几个城市正在形成一种超级环境友好型的公交导向开发模式，即绿色公交导向开发[37]。绿色公交导向开发模式是公交导向开发与绿色城市主义的结合。这种结合可以产生协同效应，所产生的环境效益超过了公交导向开发和绿色城市主义各自效益的总和。车辆行驶里程是与能源消耗和尾气排放直接关联的指标，公交导向开发就是致力于通过减少车辆行驶里程，来缩小城市的环境足迹。减少车辆行驶里程不仅可以借助于由汽车出行向公共交通出行的模式转变，还可以借助于多功能综合的方式来实现就地步行和骑自行车出行，从而代替原来开车去外地目的地的行程。绿色城市主义以绿色建筑和可持续社区设计的形式，来减少能源消耗、排放、水污染和来自固定污染源的废物[38]。随着绿色城市主义的兴起，袖珍公园和社区花园取代了地面停车场。可再生能源可能来自太阳能和风能，以及由有机废物和废水污泥产生的生物燃料。隔热材料、3层玻璃窗、密闭结构、生物调节种植沟、材料的回收再利用、土地再利用和低影响建筑材料等，都进一步缩小了绿色公交导向开发的环境足迹。土地综合利用是绿色公交导向开发项目尤为重要的特征，提供了范围经济（例如，商业用途产生的余热远超过商业热水的需求，然而，附近的住宅用途则可以使较高比例的商业余热得到再利用）。通过二者结合，公交导向开发和绿色城市主义的协同效益就可以实现能源自给自足、零浪费的生活方式和可持续的出行。与传统开发模式相比，居住在绿色公交导向开发项目中的居民，人均二氧化碳年排放量估计减少了24%～29%[39]。

哈马碧湖城项目是最著名的绿色公交导向开发项目之一，这是斯德哥尔摩市的一个棕地改造项目[40]，标志着斯德哥尔摩城市规划实践的突然转变。在数十年致力于在周边新开发用地上建设新城后，斯德哥尔摩在1999年的城市规划（1999 City Plan）中提出了"向内建设城市"的愿景，哈马碧湖城是其后建造的几个"新城中城"之一。这是斯德哥尔摩迄今为止最大的城市更新项目，由约160公顷的棕地再开发项目组成。表7-1概述了哈马碧湖城的绿色公交导向开发特征。

哈马碧湖城项目的绿色公交导向开发属性   表7-1

建成环境	绿色交通		绿色城市主义	
	基础设施	计划与政策	能源	开放空间、水体与雨水

• 棕地
• 植入式
• 前军营
• 轻轨林荫道沿线，高密度
• 公交导向开发：综合利用，有底层零售
	• 瓦巴南（Tvärbanan）轻轨线：区内有3站
	• 其他公共交通：
	  –公共汽车线路
	  –轮渡服务
	• 自行车道与自行车和行人过街桥：
	  –每栋楼都有充足的自行车停车场
	• 共享汽车
	• 靠近拥堵收费边界
	• 步行友好的设计、完整街道、交通稳静化
		• 公交林荫道是活动与商业的焦点
		• 网格状街道增加了连通性，使交通更稳静
		• 每栋楼都方便自行车停放和存储
		• 进入城市核心区的汽车征收拥堵费
			• 废物转化为能源：
			  –厨余与废水污泥转化为沼气，并用于供暖
			  –可燃废物燃烧产生能量和热量
			  –纸回收
			• 热电厂：
			  –余热回收再利用
			• 低能耗建筑与节能措施：
			  –节能电器
			  –最大限度地装玻璃和隔热
				• 雨水处理：
				  –雨水收集
				  –最大渗透表面
				  –通过土壤过滤净化径流
				• 足够的开放空间：
				  –内部庭院
				  –公园
				  –操场
				  –绿化隔离带
				  –毗邻大型自然保护区和滑雪场
				• 保护现有树木和开放空间
				• 减少水流失和节水马桶

绿色交通

一条有轨电车线路（瓦巴南，Tvärbanan）沿着3公里长林荫大道穿过哈马碧湖城的中心地带。较高的建筑物（多为6～8层）沿公交干线两侧排列，建筑高度随着与铁路服务走廊距离的增加而逐渐降低。轨道车站设计良好，有全天候防护，并提供实时到站信息。公园、人行道和绿地空间在整个哈马碧湖城项目也很突出。自然景观得到了尽可能的保护。自行车道沿着主要的林荫大道延伸，每座建筑物附近都有充足的自行车停放处，自行车和行人有步行桥横跨水面。公交导向开发必须具备的设计特征，如建筑一直延伸至人行道（即不退后）等，都提供了舒适而安全的步行走廊，视线清晰。这些做法也将目的地聚集在一起，并借助侧摩阻力最终减慢了交通速度。

汽车共享和停车位有限使哈马碧湖城居民的汽车拥有率相当低。此外，邻里街区正好位于斯德哥尔摩的拥堵收费边界之外，这进一步鼓励人们利用公共交通、步行或骑自行车前往市中心。

绿色城市主义

哈马碧湖城项目的绿色城市主义体现在能源生产、废物和水资源管理以及建筑设计等方面。项目使用了最高的能源效率标准。区域供暖网络可满足居民80%的供暖需求，大大减少了供暖系统的能源损失。80%的热能来自可再生能源。在斯德哥尔摩，采用区域制冷系统每年可减少5万吨的二氧化碳排放量。从温热的净化废水中提取热量后，剩余的冷水用于区域制冷，如替代高能耗的办公楼空调系统。

哈马碧湖城最受关注的生态特征是其全集成闭环生态循环模型。这一系统可回收废物，最大限度地对废弃能源和材料进行再利用，用于供暖、交通、烹饪和发电。废物也以沼气和可燃废物焚化的形式转化为能源，用于区域供暖和制冷。沼气是由处理过的废水（废水处理厂通过消化有机废物污泥产生）产生的。此外，沼气还被用作当地公共汽车的运行燃料，大约有1000套公寓安装了沼气炊具。太阳能电池板可满足许多建筑所需热水的50%。

影响

根据哈马碧湖城项目在大约建造一半时的初步评估，项目当时已经实现了总体排放和污染（空气、土壤和水）减少32%～39%，不可再生能源使用减少28%～42%，与家庭收入相似的对照社区相比，地面臭氧减少33%～38%。建筑和交通是减少环境影响的主要原因[41]。哈马碧湖城非机动化出行比例很高，而汽车拥有率较低，因此交通带来的环境效益得到了体现。研究表明，2002年，居民的交通碳足迹远低于对照社区：每套公寓每年的二氧化碳当量为438公斤，而对照社区为913公斤[42]。由于汽车拥有率相对较低，公共交通使用率相对较高，最近的数据显示，哈马碧湖城居民与交通相关的平均总排放量，不到斯德哥尔摩居民平均水平的一半，也不到普通瑞典人的三分之一[43]。随着时间的推移，这些百分比很可能还会增加，因为斯德哥尔摩的目标是在21世纪中叶实现碳中和和完全无化石燃料。

自2000年以来，土地价格和租金的上涨速度比大多数其他地区都要快斯德哥尔摩地区的一部分。如今，相对于内城区和其他"城镇新城镇"，哈马碧湖城被认为是一个理想的居住地，因此价格更高。

反映哈马碧湖城环境效益的另一个晴雨表，是当地经济的繁荣发展（例如，与整个城市相比，家庭收入中位数更高，失业率更低）[44]。此外，自2000年以来，土地价格和租金的上涨速度超过了斯德哥尔摩地区的其他大部分区域。如今，哈马碧湖城被认为是一个令人向往的地方，因此相对于内城和其他"新城中城"，那里的居住成本也更高。

儿童友好型公交导向开发项目

传统观念认为，公交导向开发项目对处于成人生命周期早期和晚期的家庭最有吸引力，即年轻的专业人士、无子女夫妇、退休人员和空巢老人等。人们认为，公交导向开发项目对有孩子的家庭不那么有吸引力。然而，一些欧洲社区表明，公交导向开发项目也可以是儿童友好型的[45]。利用公共花园、操场、小型儿童游乐场和开放空间取代地面停车场，就可以创建儿童友好型的公交导向开发项目。

减少停车的环境足迹可以减少热岛效应和流入河流的油污径流造成的水污染，还有助于地下水补给，使花园和娱乐区更加绿意盎然、健康卫生。这样的限车设置不仅让孩子们玩得更安全，而且也更有安全保障，因为有"自然监视"，即居民监视社区空间使用者的能力。下面简要介绍几个欧洲的儿童友好型公交导向开发项目：

- 阿姆斯特丹市GWL自来水厂改造项目（GWL-Terrain，Amsterdam）。作为一个以大麻商店和红灯区闻名的自由城市的限车项目，人们可能会认为GWL自来水厂改造项目会迎合波西米亚人和反文化主义者的口味。项目有花园、绿地、运动场，以及通往阿姆斯特丹众多文化设施的有轨电车畅通服务，非常适合家庭居住：42%的家庭有18岁以下的孩子，这一比例高于周围邻里街区，也远高于整个阿姆斯特丹的24%[46]。只有20%的家庭拥有汽车。
- 德国弗莱堡的里瑟菲尔德与沃邦区（Rieselfeld and Vauban districts，Freiburg，Germany）。在堪称德国最绿色城市的弗莱堡郊区，这两个生态社区都有充足的游乐区和自行车道，有狭窄的、具有减缓交通作用的共享"游戏街道"，还有贯穿其间的有轨电车干线。在这两个社区，超过40%的家庭都有孩子，骑自行车和搭乘公共交通工具占了非步行出行的大部分[47]。在里瑟菲尔德，停车面积的减少为内部花园和游乐场腾出了土地（图7-12）。

图7-12　德国里斯菲尔德儿童友好型公交导向开发项目。花园和游戏区取代了
地面停车场。图片来源：克劳斯·西格尔（Klaus Siegl）。

作为适应性再利用的公交导向开发模式：达拉斯市的经验

前工业场址、铁路站场和仓储区的适应性再利用是另一种新兴的公交导向开发场
所类型。前面提到的珍珠区项目就是一个例子。另一个例子是得克萨斯州达拉斯市
（Dallas）的知更鸟车站（Mockingbird Station），这是一个多功能综合的城市时尚村庄，
建在达拉斯市中心以北4英里处的前工业场址和废弃的沥青停车场上[48]。开发项目通过
一座人行天桥与知更鸟轻轨站直接相连（图7-13）。车站所在位置的土地曾经是电话配
线厂用地和几个小规模的工业用地。聚集在车站附近的办公空间、商店、餐馆和阁楼式
住宅等，形成了一个7天24小时营业的全天候场所。许多居民经常光顾知更鸟车站的优
惠零售店和娱乐设施，使这个项目一直到晚上都很活跃。

开发商肯·休斯（Ken Hughes）年轻时曾到过纽约和欧洲，对那段旅程的回忆使他
有意识地寻求利用公交系统，把其他世俗场所的氛围和活力带到达拉斯。休斯说，"如
果您观察一下伦敦、巴黎、墨西哥城或任何有公共交通之处的人际情感，就会发现公交
车站所产生的动态活力。这里的火车也会发生这样的事情[49]。"在知更鸟车站，场所营
造已列为项目设计考虑的首要因素。

达拉斯大都市区（Dallas Metroplex）适应性再利用公交导向开发的另一个例子，是
位于达拉斯市远郊边缘的普莱诺车站（Plano station）项目。普莱诺位于达拉斯市中心
以北约40分钟车程的达拉斯地区快速公交（Dallas Area Rapid Transit，DART）红线（Red
Line）上。在20世纪80年代的经济繁荣时期，普莱诺各地建造了数百万平方英尺的校园

图7-13   达拉斯市知更鸟车站。图片来源：达拉斯地区快速公交公司（Dallas Area Rapid Transit）。

式办公空间。为了应对城市日益拥堵的街道，普莱诺市议会在20世纪90年代末批准了一项愿景规划。规划的首要目标是创建一个紧凑、具有独特认同感的城镇中心，以轻轨站为焦点，既接受其过去的历史，又致力于创建一个高度适合步行、尺度宜人的环境。达拉斯市出台了一项具有历史意义的免税政策，以鼓励修复旧建筑，还出台了基于形式的法规。与普莱诺市中心复兴相呼应的是东区村（Eastside Village），这是一个中等密度的多功能综合项目，正对着达拉斯轻轨车站广场。从普莱诺车站区域前后变化（图7-14）中可以看出，项目与一座停车场建筑出色地融为一体，没有在空间上被淹没。图7-14中的下图显示了一个三四层的建筑，环绕在多层停车场的三个侧面，停车场只能从后巷进入。在这个被称为"达拉斯甜甜圈"（Dallas Donut）的设计中，停车场被赋予了第三级机动性作用，排在轨道交通和步行之后。如今，在普莱诺车站方圆四分之一英里的范围内，有1000多套住房，其中有的位于历史建筑内，有的位于多功能建筑综合体内[50]。曾经死气沉沉的城镇中心，如今又变成了7天24小时营业的全天候场所。

前工业用地适应性再利用的第三个成功例子，是达拉斯轻轨系统南线雪松站（Cedars Station）项目。南侧是一个10层、多功能的"居住与工作"中心，重新利用了1913年建造的西尔斯·罗巴克公司（Sears Roebuck & Co.）废弃的目录商品中心（Catalogue Merchandise Center）。项目占地140多万平方英尺，包括455间阁楼、零售空间（如咖啡馆、

图7-14　普莱诺市中心的适应性再利用与改造项目。绿树成荫的底层零售商店开向轻轨站。"达拉斯甜甜圈"的设计将室内停车场结构降为次要角色。图片来源：达拉斯地区捷运公交公司。

小杂货店、干洗店）、办公空间和现场表演空间等。阁楼套房已全部住满，主要是年轻的职业夫妇和受艺术中心吸引的空巢老人。项目的商业空间还将不断扩大。

结语

公共交通走廊是改善通行条件和场所营造的天然之所。车站及其周围环境是集中住宅和商业增长的理想聚集地，在适当的条件下，这些地方可以作为社区枢纽。由于所有的公交出行都需要一定程度的步行，高质量步行环境对于任何成功的公交导向开发都是必不可少的。从定义上说，公交导向开发必须同时也是步行导向的开发。

正如本章所讨论的，创造有吸引力且成功的公交导向开发项目所面临的挑战，远不止在几个街区的公交站点范围内堆叠建筑高度那么简单。引入有效的规划程序，使社区能够集中于数量有限、公交导向开发潜力最大的车站，这一点尤为重要。正如俄勒冈州波特兰的案例以及交通与发展政策研究所的《公交导向开发标准》在全球范围内的应用一样，公交导向开发类型是一种有效的手段，可以用来阐明最适合特定公交导向开发类型的独特设计、连通性和机动性等元素。此外，香港和哈马碧湖城等地的经验表明，在适当的条件下，良好的公交导向设计可以增加土地价值，刺激地方经济。因此，可持续的城市主义和可持续的金融可以成为完全兼容的目标和结果，从而形成第4章中讨论的那种"更美好的经济"。

鉴于未来20年城市人口增长的大部分将来自发展中国家，成功地将第三世界国家的城市发展与公共交通联系起来的机遇是前所未有的。这种增长将主要发生在人口不足50万的中等城市，这些地方更有可能负担得起、并因此建造起来的，是快速公交系统，而不是地铁。以公共汽车为基础的小规模公交导向开发，与为步行者和骑自行车者提供的高质量基础设施交织在一起，可能适合许多新兴城市。我们非常需要更多成功的快速公交与土地利用一体化的例子，如巴西库里蒂巴（Curitiba）那样详实记录的经验。紧凑型开发是公交导向开发模式的基本特征，但一些作者也指出，由于许多发展中城市已经非常密集，在快速公交系统和城市轨道交通节点中，高质量的可步行和多功能环境尤为缺乏[51]，第9章将对这些问题进行反思。

第8章

道路收缩

　　我们选择以比较宽泛的词"收缩"作为本章标题，是因为这个词最能抓住本章讨论的重点：缩小用于私人汽车和卡车通行的用地面积，将这些空间重新分配给其他破坏性较小、更以人为本的用途，如绿道、步行区、自行车道和公园等。更为常见的术语是"交通稳静化"和"道路瘦身"，不过这两类措施与回收土地关系不大，更多的是为了减缓车流速度，使之与骑行者和步行者的节奏一致或基本接近。为了控制车辆对路面的占用，甚至还采取了更极端的措施，尤为突出的是拆除高架快速路，代之以林荫大道、绿道和线形公园。每一种措施都是不同形式的回退，因为人们认识到，过去半个世纪以来，世界上许多地方的交通政策和投资都严重偏向于汽车通行，而牺牲了社区质量和场所营造。我们认为，"收缩"一词可以恰如其分地描述一系列从交叉路口的瓶颈化处理到快速公路的拆除等措施，这些措施都旨在重新安排机动性的优先事项次序，支持更可持续的交通模式，并对场所营造和机动性给予同样的关注。道路收缩是土地回收的一种形式，正如本章所讨论的，它涉及重新分配土地，以达到场所营造和绿色交通的目的。

　　安全、活跃的步行环境是一个充满活力的宜居社区的基本特征。在社交以及与朋友和邻居互动方面没有障碍或阻碍也是如此。通过清除不必要的交通基础设施，创建新的步行区和人行横道以及精细化的自行车道和人行道网络，道路收缩可以增强绿色连通性。这样做还能增加身体活动，帮助建立社会资本。道路收缩可以打造更加人性化的城市。

交通稳静化

在过去的半个世纪里，许多欧洲城市都在试图控制和减慢车速，减少对私人汽车的依赖[1]。荷兰的规划师和工程师们率先推行了交通稳静化，他们引入了减速带，重新规划了道路，在交叉路口进行瓶颈化处理，还在街道中间种植树木、布置花盆，以减缓交通。正如第2章所讨论的，交通稳静化是城市交通领域促进宜居性和场所营造的第一种形式，也堪称最纯粹的形式之一。由于实施了交通稳静化，街道成为邻里街区宜居空间的延伸，成为人们散步、聊天、社交和玩耍的地方。汽车通道的作用已退居其后。居民意愿优先于通行（尤其是由非居民驾驶汽车的通行）。交通稳静化几乎完全适用于地方性街道系统，无论是在邻里街区内的进出道路上，还是在有数百年历史的老城中心的狭窄通道上，都同样可以分流过境交通，并使交通流重新转向更宽、速度更快的道路设施。这样做，也有助于减少事故[2]。

一些欧洲社区已经选择利用单元式街区（cellular neighborhood）设计来保持交通稳静化，这要求驾车者沿环形路线行驶，同时为骑行者和步行者提供从一个单元到另一个单元的直接连接。瑞典中央哥德堡市是最早使用单元式设计来阻断过境交通的地方之一，迫使交通转入内环道路。最近的一个例子是荷兰乌得勒支（Utrecht）南部的豪登（Houten），这是一个总体规划的社区，在设计和建造时都优先考虑骑自行车和步行出行。豪登社区的布局像一只蝴蝶，一条环形公路环绕着16个单元式住区，每个住区距离中央火车站不超过2公里（图8-1）[3]。绿色通行（自行车和步行）廊道遍布豪登社区内

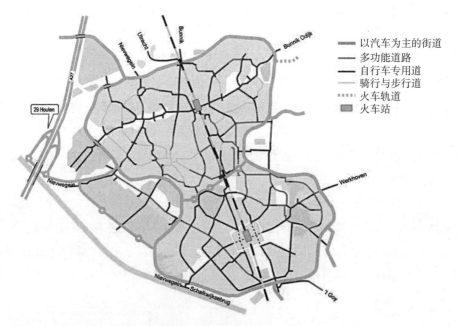

图8-1　荷兰豪登社区的街道布局和单元式设计。

部，提供了高度的连通性，而且由于有地下通道、桥梁和优先级方案，交通通常是连贯的。另一方面，驾车者从一个住区开车到另一个住区时，则必须走环路。许多自行车道的入口处都设有伸缩式护柱作为障碍物，因此，汽车无法进入这些通道，除非配备了护柱降落设施。这种单元式、绿色通行方案对环境和安全的影响令人印象深刻：豪登居民超过一半的出行方式是步行或骑自行车，汽车使用率比荷兰同级别城市低25%，交通事故是全国平均水平的三分之一，并且所有购物出行中有一半距离不到1公里[4]。

无车区

一个更为大胆的城市设计和交通管理策略，是直接禁止汽车进入传统街区和地区的核心地带，同时辅以步行空间的升级和美化。这种做法在许多较古老的欧洲城市已经很普遍，那些城市狭窄曲折的内城街道从来就不是为机动化交通设计的。今天，许多地方都盛行在历史街区禁车的做法，其中包括：希腊的雅典、西班牙的塞维利亚、德国的吕贝克和不莱梅、意大利的博洛尼亚和锡耶纳，以及比利时的布鲁日等，另外还有一些大学城的大部分区域，如荷兰的格罗宁根（Gröningen）和代尔夫特（Delft）、英国的牛津和剑桥、德国的弗莱堡（Freiburg）和明斯特（Münster）等[5]。折叠式护柱已被证明在控制车辆进入方面特别有效，可以从根本上禁止汽车进入无车区，而允许居民、出租车、紧急车辆和运货卡车自由进入。不过，物理障碍正在让位于现代技术。在英国剑桥，车牌识别摄像头最近取代了护柱，用于控制进入城市历史核心区的车辆（图8–2）。

扩展行人专用购物街和步行区也在欧洲流行起来，如哥本哈根的斯特罗里那（Strøget）、里斯本的拜莎（Baixa）和斯德哥尔摩旧城区的格姆拉斯坦老城（Gamla Stan）等。发展中国家的城市也有多街区无车街道和改善的步行区，包括库里蒂巴（20个城市街区）、布宜诺斯艾利斯（佛罗里达街的12个街区和几个无车滨水重建项目）、瓜达拉哈拉（15条市中心街道）和贝鲁特（历史核心区的大部分）。甚至少数新建或再开发的居住区也限制汽车进入，如弗莱堡的沃邦和里斯菲尔德、阿姆斯特丹的GWL水厂改造棕地再开发项目、维也纳的马瑟西德林·弗洛里兹多夫（Mustersiedling Floridsdorf）住房项目、慕尼黑的哥伦布广场（Kolumbusplatz）街区、爱丁堡市中心的斯莱特福德绿色（Slateford Green）项目、科隆的斯特勒韦克60号（Stellwerk 60）项目，以及阿布扎比城外的马斯达尔（Masdar）城等。前一章简要提到过的沃邦社区，是一个占地40公顷的郊区社区，约有5000名居民，大多数街道上都没有汽车，住宅单元也大多没有车道或车库。每10名沃邦居民中，只有2.2人拥有汽车，而在附近的弗莱堡（号称德国最环保的城市），这一数字为4.3[6]。此外，57%的成年居民在搬到沃邦后都不再用汽车[7]。

图8-2　摄像机监控着公共汽车、出租车和自行车进入英国剑桥历史中心的通道。图片来源：史蒂夫·丹曼（Steve Denman）。

　　巴塞罗那目前在城市传统核心地带的建成居住区限制车辆进入应急车辆区。在超级街区的倡议下，非本地的过境交通必须在街区外部沿着较宽的商业街道行驶（图8-3）。居民的汽车、送货卡车和应急车辆只能在少数几个入口进入，入口由伸缩式护柱控制，行人优先，其次是骑行者。交通稳静化处理措施，包括在以前的街道交叉口辟设袖珍公园，迫使服务车辆和居民的汽车缓慢行驶。巴塞罗那的超级街区计划旨在打破直线网格在路网中均匀分散交通的趋势（图2-3）。随着过境交通转向更宽的外部街道，住区内部的街道变得更安全、更宜居。在超级街区内，车流速度已降至每小时10公里以下。表明居民喜欢限车区的一个迹象，是他们会定期组织活动。他们还向巴塞罗那官员施压，要求增加树木种植，增设长椅和操场等。到2018年，城市希望将一半的住区道路改造成适于步行的空间。巴塞罗那的超级街区是小规模城市重新校准的一个很好的例子，城市对方案的描述体现了这一点："这是一种改变汽车在公共空间分配中占主导地位、以人为本的城市组织方式，改善了环境条件，提高了人们的生活质量[8]。"

　　尽管一开始商人、居民和政界人士都有些不安，但只要高质量和频繁的公共交通服

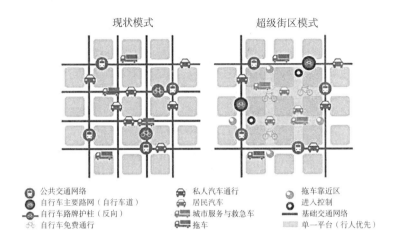

■ 超级街区模式

图8-3　巴塞罗那超级街区模型与当前交通均匀分散模型的比较。

资料来源：巴塞罗那城市生态研究所（Agencia de Ecologia Urbana de Barcelona）。

务到位，可以吸收被取代的汽车交通，建立无车区、机动车限行邻里街区和步行专用街道的全球经验总体来说都是积极的。一项针对德国城市步行区和无车区的研究显示，行人流量、公共交通客流量、土地价值、零售交易以及房地产向更集约化土地用途转化等都有显著增长，同时交通事故和死亡人数则相应减少[9]。一项针对100多个道路通行能力下降案例（如设置无车区、步行街改造以及街道与桥梁封闭等）进行的国际评估发现，甚至在控制了平行路线可能增加的出行量之后，机动车流量总体平均减少了25%，这种交通量的"蒸发"现象意味着人们放弃了低价值、随意的出行，转而选择了其他交通方式，包括搭乘公共交通工具、步行和骑自行车等[10]。

道路瘦身

道路瘦身相当于交通领域的"勒紧腰带"，即减少车道的数量或宽度。释放出来的空间用于增加或拓宽人行道、自行车道，甚至在道路中间增设电车轨道。其目的不是改变或禁止交通，而是降低交通速度，使其更接近行人和骑行者的节奏，同时提倡绿色交通模式。道路瘦身与完整街道运动紧密相连，目的是为各种形式出行提供充足、安全、便捷的通道，无论是机动化出行，还是非机动出行。

旧金山市一直是道路瘦身运动的领导者，自20世纪70年代末以来已经完成了40多个项目[11]。1999年，旧金山市主要南北干道之一的巴伦西亚街（Valencia Street）由四条车道缩减为两条车道，并在原来的车道上增设了一条中间转弯车道和自行车道[12]。自那以后，自行车交通显著增加，汽车平均速度下降。交通工程师们曾担心，交通事故率会随着时间的推移而上升，但这种情况并没有在巴伦西亚街或许多其他瘦身道路走廊上出现过。研究人员对美国8个城市的30个道路瘦身项目进行了前后对照研究，结果发现，缩窄了的道路比其他类似管控地点的交通事故少6%[13]。

田纳西州查塔努加市（Chattanooga）为了将市中心与河滨区重新连接起来，推出了一项迄今为止最引人注目的道路瘦身计划。规划人员试图改变滨河公园大道（Riverfront Parkway）的形象和功能，从一条高速通道转变为更适合步行、慢节奏的走廊。公园大道于2005年竣工，由原来的五车道、限制进入的交通设施，改造为两车道的地面街道，有连续的人行道、4米宽的滨河步行街，以及通往主要旅游景点的步行通道（图8-4）。支持者们希望项目能帮助重新提振查塔努加市中心的活力，这一点俨然已经实现。当地消息证实，滨河公园大道的改造帮助紧邻市中心的区域吸引了数百万美元的投资，使一度奄奄一息的滨河区成为查塔努加市的热门地区之一[14]。在过去的十年里，沿着这条狭窄、适宜步行的公园大道，已经建成了各种新的住宅和商业开发项目，其中大部分是高端住宅和商业。"在重新设计之前，这个设施感觉就像是一条公路，但现在感觉像是一条穿过公园的路，"查塔努加-汉密尔顿县区域规划署（Chattanooga–Hamilton County Regional Planning Agency）的规划设计工作室（Planning and Design Studio）主任凯伦·洪特（Karen Hundt）这样评论道。这一机构为项目提供了资金[15]。支持者认为，瘦身后的滨河公园大道是当地规划政策的一个重大转变，表明这座城市重新重视宜居性和场所营造，甚至不惜以减缓过境交通速度为代价。

绿色连接通道

绿色连接通道虽然不一定会减少道路通行能力，却是一种土地回收形式，因为这些通道可以将稀缺的城市房地产重新分配给生态友好型的交通模式。在欧洲和拉丁美洲，绿色连接通道采取了垂直且受保护的自行车道和步行小路的形式，直接将周围的居民区与铁路和快速公交站点连接起来[16]。在哥本哈根、波哥大和其他世界级公交城市的市区和郊区，步行路网提供了公交枢纽周围5分钟步行范围内的直接联系，而自行车连接通道则延伸得更远。绿色连接通道在无车区或限车区也已经出现。即使是在依赖汽车的美国郊区，绿色连接通道也以直通路的形式将尽端式胡同衔接起来，形成更直接、顺畅的步行路线。

人们正在建设绿色连接通道，用以改善进入公交站点和孤立的尽端式胡同之外的地方。德国汉堡（Hamburg）已经开始在城市的所有主要公园、社区花园和游乐场之间建立无车的"公园连接通道"网络。由此形成的绿色交通网络预计将于2030年建成，覆盖城市40%的面积，使人们可以完全可以通过骑自行车或步行在城市中通勤[17]。除了改善

图8-4　田纳西州查塔努加滨河公园大道的道路瘦身项目，改善了河流与市中心之间的交通。

资料来源：上图：美国交通部联邦公路管理局；下图：查塔努加市查塔努加规划设计工作室。

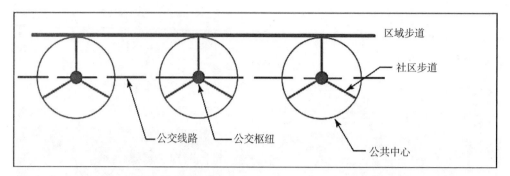

图8-5　瑞士苏黎世的绿色连接通道网络示意图。区域步行路连接绿色区域，步行小路连接公交线路、公交枢纽和其他重要目的地。

健康和减少二氧化碳排放之外，绿色空间网络也通过限制城市不透水表面的面积，使城市保持凉爽，并在强降雨期间减轻洪水危害。

　　瑞士苏黎世也在建设一个城市内部的绿色连通综合网络，不仅连接公园与开放空间，还连接各个交通枢纽。图8-5是系统示意图。多年来，苏黎世一直在有条不紊地增加区域步行网络联系，将公园与"绿色的土地"、历史文化保护区、开放空间、地标性建筑、主要广场以及公共设施等连接起来。这些通道反过来又通过垂直连接通道与主要目的地相连，包括火车站、购物中心、电影院和歌剧院等。在公交枢纽和公共中心的步行范围内，是次级社区步行路。有轨电车和专用公交车道连接着这些枢纽，形成区域性网络，为那些寻求长距离悠闲步行的人提供了连续的步行路线，也为那些希望快速到达城市其他地方的人提供了良好的公交联系。

道路拆除与重新分配

　　最激进的道路收缩形式是彻底拆除高架快速路和高速公路。在美国，波特兰、旧金山、西雅图、密尔沃基和波士顿等城市的领导者已选择拆除存在已久的高架快速路，代之以线形公园大道或不那么突兀、更人性化的地面林荫大道。许多美国其他城市也打算效仿。在过去的十年里，新城市主义大会（Congress for New Urbanism）一直在维护一个关于"没有未来的快速路"（freeways without futures）的网站，目前确定了10条注定要被拆除的道路[18]。拆除快速路是城市重新校准实例中最大胆、最明显的一种方式：从注重汽车机动性转向了注重宜居性，从强调加快郊区高薪居民到中心城市的通勤出行，转向了强调改善中心城市的居住与工作质量。

　　收缩道路空间和拆除以道路为导向的基础设施在国际上也势头劲猛。斯德哥尔摩市拆除了市中心滨水区迷宫般的道路基础设施，取而代之的是步行天桥和步行区，正是这样一个例子。里约热内卢也是如此，为了迎接2016年夏季奥运会，一座将里约热内卢市中心和海滨区分隔开的气势雄伟的高架桥被拆除，代之以步行广场和有轨电车（第1章）。到目前位置，可以说韩国首尔在回收土地和减少汽车生态足迹方面举措最为大胆，我们接下来对此进行讨论。

首尔快速路拆除与城市再生

在过去的15年里，韩国的首都和主要城市首尔开始了一项雄心勃勃的城市土地回收和再生计划。为了提升首尔对外部投资者的吸引力，提高首尔相对于其他东亚特大城市的竞争力和吸引力，城市积极投资改善公共交通设施，同时还通过回收被街道和公路占用的城市空间，来减少私人汽车的生态足迹。本节将介绍首尔案例的经验。

城市改造

在20世纪80年代和90年代，首尔在其周边地区建设了26个新城，其中大都以保护性绿化带与城市核心区分开。新城是中央政府"200万套住房建设计划"的产物，旨在增加住房供应，以满足韩国新兴中产阶级的消费需求。不管怎样，这些新城应该是功能齐全、自成体系的完整社区，居民可以在其中居住、工作、购物和娱乐，而不是住宿社区。然而，在过去的25年里，大首尔地区的就业增长主要集中在中心城市，造成新城工人早上进城上班、晚上出城下班的潮汐式通勤模式。结果交通拥堵和空气质量严重恶化。到21世纪初，将首尔市中心区重新城市化为"新城中城"的想法开始浮出水面。

领导中心城市进行再投资和重振活力的人是李明博（Myung-Bak Lee）。2001年，李明博竞选首尔市长，其竞选纲领的一部分就是重建城市核心区，打造一个更可持续、更具生产力的城市。李明博竞选活动的前提是，首尔可以通过重新安排公共事务的优先次序，来实现功能与环境之间的更好平衡，从而强调场所质量。在成为市长之前，李明博创建并领导了韩国最大的公共工程和基础设施建设公司，即现代集团（Hyundai）。他有个绰号，叫作"推土机"李，部分原因是这家公司在全国各地修建了大量道路，但也有传言称，是因为他拆卸了一台推土机，研究其工作原理，以帮助找出防止发生故障的方法。

李明博在首尔市长竞选中赢得了决定性的胜利，并在2002年初就任后迅速兑现了竞选承诺。他对首尔未来的城市交通做了设想，不仅要求扩大公共交通服务，还要求回收被道路和公路占用的城市空间，特别是用于新城居民进出市中心的道路空间。汇聚在首尔市中心的高架快速路网带来了高昂的成本：长期存在的社区被割裂，产生了障碍和视觉影响，投射出阴影，还增加了噪声、烟雾以及影响周边地区的振动。虽然快速路在机动性方面大有成效，但李明博也意识到，必须将这些益处与其产生的有害影响进行权衡，尤其是在当今注重舒适性的工作场所中。

李明博对首尔未来的愿景受到了当时几个拉丁美洲城市所发生的情况的影响。他接受了城市空想主义者的观点，如巴西库里蒂巴的杰米·雷勒（Jaime Lerner）和哥伦比亚波哥大的恩里克·潘纳罗萨（Enrique Penalosa），这两个人都以自己的政治生涯做赌注，尽力限制汽车在他们坐在的中心城市出现。李明博市长为道路清理项目做了解释，其理由是：“我们要建设一个以人为本的城市，而不是首先考虑汽车[19]。”用李明博的话来说，从汽车的空间向人的空间的转变，代表了“新世纪城市管理的新范式[20]”。

李明博的标志性公共工程项目是：拆除首尔市中心6公里长的高架快速路清溪川（Cheong Gye Cheon，CGC），并对城市溪流进行了采光处理，还辟设了一条适合步行的绿道（图8-6）[21]。那条高架快速路由于数十年来一直位于涵洞河上而受到腐蚀，需要重建或完全拆除[22]。李明博选择了后者。拆除带来的变化是迅速的。2003年2月，拆除快速路的规划完成，5个月后，快速路被完全拆除。约两年后的2005年9月，经过修复的清溪川溪流和线形绿道向公众开放[23]。快速路拆除和溪流修复的全部费用为3.13亿美元。相比之下，波士顿耗资150亿美元修建的“大隧道”（Big Dig）地下快速路大型工程，则耗时25年才完成。

清溪川溪流的修复不仅仅意味着对首尔中心城市进行了绿化。对许多当地居民而言，这标志着城市过去历史的重现。快速路旁隐藏着许多早已被遗忘的珍宝，其中包括22座横跨河流、具有历史意义的人行桥，以及无数的石刻和文物。如今，清溪川溪流和绿道是首尔最受欢迎的第二大旅游景点。在周末和夏夜，可以看到成千上万的居民和游客漫步在川流不息的溪流两岸，在这个人口稠密、熙熙攘攘的都市里享受着片刻的宁静。

还有一个重要的道路收缩项目，尽管规模不大、成本也不高，却具有象征性意义，那就是将首尔市重要机构——市政厅前占地1.3公顷、位置突出的路面交叉口，改造成一个椭圆形公园（图8-7）。市政厅是城市的标志性建筑，也是这座城市最繁忙的地段之一，其前面的大片区域专门用于汽车行驶，形成了不利于步行的环境。许多居民在前往市政厅的路上不得不绕道而行，以躲避如织的车流。昔日的交通环岛，如今已经变成一个颇受欢迎的休闲场所，与市政厅直接相连，可以用于公共庆典活动、文化表演和学生游行等。在冬季，椭圆形区域又是一个大型室外溜冰场。首尔市政厅前面的街道曾经车水马龙，挤满了快速行驶的汽车，而现在的门口台阶上却整天都挤满了人。

首尔一直致力于向汽车回收土地，创建更适于步行的城市，这一承诺至今仍在继续。在“步行友好的首尔”（Walk-Friendly Seoul）计划下，光京路（Gwangjingyo Road）由四车道改为两车道，并创建了一些无车区，包括弘益大学（Hongik University）的大部分区域，这些都帮助首尔在2016年获得了“最酷社区之一”的称号[24]。首尔还重新规

图8-6 清溪川改造，从（上图）一条高架快速路（2002年），改造为（下图）城市绿道（2003年）。
图片来源：Na young wan，首尔市政府。

图8-7　首尔市政厅前的改造，将交通交叉口改造成椭圆形公园。

图片来源：Na young wan，首尔市政府。

划了高速公路。最近开放的空中花园（Skygarden）是一个0.5英里长的露天公共空间，位于城市街道上方55英尺处，沿着一条废弃公路展开，让人联想起纽约高线公园（第5章讨论过）。空中花园将汽车占用的路面重新分配给人，将咖啡馆、展览空间、蹦床甚至还有一个足浴池引入废弃的老立交桥上。过去曾经术语汽车、卡车和公共汽车专用的高架通道，现在则装点着200多种树木、灌木和鲜花。

改善公共交通的连通性

在首尔这个汽车拥有率飙升的世界第二大都市圈，道路通行能力的降低不太可能改善城市生活。值得赞扬的是，李明博市长很清楚，必须大幅扩张和升级公共交通系统，才能消化因道路运力大规模削减而带来的交通流量（清溪川快速路每天有16.9万辆汽车）。这主要是通过延长首尔地铁7号线（长度28公里）和开通地铁6号线（长度35公里）完成的。同样重要的是，2004年，新开通了七条公共汽车中央专用车道（全长84公里，后延长至162公里），以及294公里的路侧公共汽车专用道。从2002～2004年，共计74公里长的道路被征用，以容纳首尔的快速公交网络，其时恰逢快速公路圈地之际。此外，许多常规公交线路也进行了重新配置，以更好地为庞大的城市地铁系统提供服务，还引入了公共汽车与地铁网络之间的集成票价和转乘系统[25]。

首尔对快速公交系统的投资已经在交通出行方面获得回报。在快速公交走廊沿线，公共汽车的运营速度在一年内从平均每小时11公里，提高至每小时超过21公里，甚至在客运车道上也是如此[26]。此外，快速公交系统的公共汽车每小时载客量是常规混合车道上运营的公共汽车的六倍多。而且，由于快速公交系统较少受周围交通流量变化的影响，在专用车道上运营的公交车变得更加可靠：平均而言，首尔快速公交系统公共汽车的运行时间变化，平均只有非专用车道公共汽车的五分之一[27]。此外，保护性车道也减少了交通事故，在引入快速公交服务1年后，交通事故减少了27%。由于这些服务的改善和安全性的提高，在运营的前3年，快速公交系统公共汽车的乘客数量比非快速公交增加了60%[28]。

在城市中心场所营造过程中，为增加连通性而需要做的远不止扩展公交服务。首尔市推出了一套设有留言板和车载导航系统的实时交通资讯系统，以引导交通流量，提醒驾驶者留意后续行程的热点区域。比外，还创建了几条单向干路，大幅削减了路边停车位，以帮助快速疏导交通流量。还有一项更严厉的措施，是实行按车牌号码限行制度，根据车牌上的最后一个号码，要求驾车者每10天停开一天车。

清溪川绿道优势资本转化

第4章以"让经济更美好"为题，讨论了绿色开放空间对土地价格的益处。首尔经

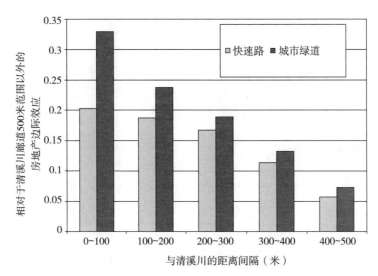

图8-8　2001~2006年，清溪川快速路和城市绿道对非住宅物业价值产生的边际效应（按距离间隔计算）。资料来源：Chang-Doek Kang、Robert Cervero，《从高架快速路到城市绿道：韩国首尔清溪川项目的土地价值影响》(*From Elevated Freeway to Urban Greenway: Land Value Impacts of Seoul, Korea's CGC Project*)，载于《城市研究》(*Urban Studies*)，第46卷第13期（2009年）：第2786页。

验进一步证实了这些益处。首尔发展研究所（Seoul Development Institute）的研究发现，将清溪川改造为绿道，提高了房地产的价值[29]。自2003~2005年，写字楼租金平均上涨了10%，而在清溪川影响区内（清溪川沿线两个方向约2公里范围）的土地价格上涨了近40%。区域内的企业和多功能综合建筑的数量也有所增加。这意味着公寓价格也在上涨。

最近的一项研究对首尔高速公路转型为绿道的空间范围进行了评估[30]。在距离前高速公路和现今城市绿道走廊的500米范围内，商业地块的地价都出现溢价（图8-8）。然而，距离城市绿道入口500米以内的地块，其溢价明显高于以前高速公路匝道范围的地块。对于住宅地产，高架快速路3公里范围内的房屋价值较低，反映出地段的不舒适性，但走廊被改造为绿道后，情况正好相反：2公里以内的房屋价值最高增加了8%。显然，首尔独特的快速路撤资和绿道投资计划，为住宅和非住宅业主都带来了净收益。

从土地市场表现的角度来看，有理由相信，首尔市中心的城市舒适性，尤其是城市空间的质量，比城市基础设施的重要组成部分（即快速路）更受重视。也就是说，场所质量作为一种令人满意的城市属性，已经远胜于汽车机动性。

根据理查德·佛罗里达（Richard Florida）和爱德华·格莱泽等人的观点，"创意阶层工人"推动了经济增长，提升了21世纪城市的全球竞争力。有理论认为，绿道等城市舒适性设施对广受青睐的"创意阶层工人"极具吸引力。那么，首尔的经验是否证实了这一观点呢？首尔中央大学（chung ang university）城市规划项目主任张德康（Chang-Deok Kang）领导的研究表明，确实如此[31]。图8-9利用区位商法（location quotients）[32]来衡量

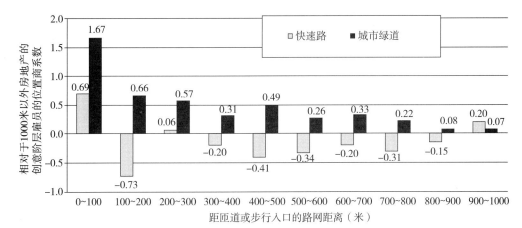

图8-9　绿道与高速公路对创意阶层就业的影响对比。距匝道或步行入口1000米（1公里）外地块的缓冲区（水平轴）区位商数的边际差异。资料来源：张德康，《绿色、公交导向城市的土地市场影响和企业地理位置：以韩国首尔市为例》（*Land Market Impacts and Firm Geography in a Green and Transit-Oriented City: The Case of Seoul, Korea*），博士论文，伯克利：费舍尔不动产与都市经济中心（Fischer Center for Real Estate and Urban Economics），2009年；罗伯特·瑟夫洛、张德康，《从高架快速路到线形公园：韩国首尔清溪川项目对土地价值的影响》（*From Elevated Freeway to Linear Park: Land Price Impacts of Seoul, Korea's CGC Project*），VWP–2008–7［伯克利：交通研究所，加利福尼亚州大学伯克利分校未来城市交通中心（UC Berkeley Center for Future Urban Transportation），2008年］。

空间聚集的程度，图示表明，创意阶层工人更有可能集中在绿道沿线，而不是高速公路走廊沿线。所谓创意阶层工人，即那些在科学、数学、工程、教育、金融、商业、法律、建筑、媒体、设计以及类似的高价值、知识型领域的人员。相对于清溪川绿道走廊1公里外的土地相比，在绿道入口100米范围内的商业地块，创意阶层工人的区位商数高出1.5倍，而以前在距快速路入口匝道100米范围内的地块，创意阶层工人的区位商数仅高出1.25倍。而且，虽然创意阶层工人在距快速路入口匝道100～1000米范围内的集中度往往较低，但是对于绿道而言却恰恰相反：在距离绿道100～200米范围内的地块，其区位商数高出50%（相比1公里外或更远的其他类似地块，并且聚集程度随着远离步行入口点而降低）。

　　首尔将高速公路改造为绿道也带来了环境效益。首先，空气污染水平下降。在改造前，清溪川走廊沿线的细颗粒物浓度比首尔地区平均水平高出13%，改造后，则比首尔地区平均水平降低了4%[33]。二氧化氮浓度是形成光化学烟雾的前驱体，在快速路运营时，这一指标比区域平均水平高出2%，而绿道建成后，这一指标下降比区域平均水平低17%。

　　许多城市中心都受到热岛效应的影响，由于地表覆盖面积较大，其温度高于周围的郊区和农村地区，首尔市也不例外。一项热岛效应研究反映了清溪川改造的降温效果，研究发现，与五个街区以外的一条平行干道的地面温度相比，中心城区的溪流和绿道沿线的环境温度分别低3.3℃和5.9℃[34]。

迄今为止的证据表明，首尔的土地回收利用和道路收缩计划取得了真正的成功。土地价格上涨，交通状况却没有发生实质性改变，这在很大程度上是由于公共交通服务的大幅扩张，吸收了一些以前的汽车交通流量。李明博对可持续城市发展的承诺在他个人身上也得到了回报。2007年，李明博与美国前副总统阿尔·戈尔（Al Gore）一起，被《时代》杂志评选为"环保英雄"。清溪川溪流修复工程使李明博在韩国声名鹊起，一些当地观察人士认为，这一点帮助他赢得了2007年的韩国总统大选。

旧金山快速路改造为林荫大道

旧金山是20世纪60年代美国快速路反抗运动的先驱，基层激进人士叫停了两条大型双层快速路的修建计划：一条是滨海高速公路（Embarcadero Freeway）全路段，连接金门大桥（Golden Gate Bridge）与海湾大桥（Bay Bridge），另一条是位于城市核心地带的中央快速路（Central Freeway）[35]。不过，这些高架快速路的部分路段还是在公众强烈反对进一步扩建之前已经建成。两条路都是机动车进出城市的重要交通要道，但也因切断邻里街区联系、扰乱居民区而受到指责。

1989年10月17日，里氏7.1级的洛马-普列塔地震（Loma Prieta earthquake）袭击了旧金山湾区。滨海高速公路和中央快速路均受到严重毁坏，但仍没有倒塌。地震造成的破坏迫使市政府官员不得不考虑：是投入资金建造新设施，并对现有设施进行抗震改造，还是以地面慢速交通设施取代现有设施，同时开放通往滨水区通道，清除物理障碍物。事实证明，拆除的成本效益更高，而且还带来了经济振兴的机会。在旧金山东湾滨水区濒临停滞的情况下，当地的一位专栏作家注意到了场所营造的潜力："洛马-普列塔地震对滨海高速公路造成的破坏，反而展现出一片引人注目的风景，同时也为沿滨水区的大型公共空间提供了难得的机遇——这原本是一个布满砂砾、鲜为人知的工业区[36]。"滨海林荫大道取代了被拆除的高架高速公路，并于2000年年中竣工。改造前后的照片对比显示了旧金山海滨的巨大变化（图8-10）。以前被双层高速公路占据的交通走廊，现在已经变成了多车道的林荫大道，两侧有宽阔的人行道、带状的路灯、成熟的棕榈树、历史悠久的有轨电车、滨水广场，还有世界上最大的公共艺术作品[37]。

旧金山的前中央快速路向多车道林荫道的转型也同样引人注目。取代双层公路结构的，是一条133英尺宽的巴黎风格林荫道，有四条中央直行车道，两侧各一条外围车道，用于当地交通和停车[38]。中央隔离带和路边分隔带为步行者和骑车者提供了安全空间，这是一个重要的考虑因素，因为许多开车的人以前都会以较快的速度在快速路上行驶。图8-11展示了中央快速路廊道改造前后的变化情况。

图8-10　从滨海高速公路向电车友好型滨海林荫大道的转型。

图片来源：上图：《让城镇更美好》（*Better Cities & Towns*）；下图：Pikappal Dreamtimes.com。

图8-11　从中央快速路向奥克塔维亚林荫大道（Octavia Boulevard）的转变。图片来源：上图：《旧金山纪事报》（*San Francisco Chronicle*）/迈克尔·马尔科（Michael Macor）；下图：伊丽莎白·麦克唐纳（Elizabeth Macdonald）。

邻里街区影响

以内河码头区（Embarcadero district）为例，从住房建设、就业增长和土地价格上涨等方面来看，在从高速公路向林荫大道的转型中，沿线周边邻里街区的经济状况普遍好于远离走廊的其他类似街区[39]。毫无疑问，旧金山的东部海滨比过去要好得多。这一转变催生了一系列私人投资项目，这些投资使城市东部重新焕发了活力，其中包括1号码头（Pier 1，现为办公空间）和渡轮大厦（Ferry Building，一个市场大厅和办公空间）的改造，以及新太平洋贝尔棒球公园（Pacific Bell baseball park）的建设[40]。有几个内陆街区曾经是市场街（Market Street）以南的工业区，现在很快变成了繁荣、高密度的多功能邻里街区。有一种说法认为，"市场南部（SoMa）地区的出现，尤其是作为互联网革命中心的'多媒体峡谷'（Multimedia Gulch）的兴起，肯定是受到了拆除附近街区被地震破坏的高速公路匝道的影响[41]。"

在以前的中央快速路沿线，拆除一处碍眼设施也引发了对这一地区的私人再投资，而且，正如一些人所担心的，这也使周边地区出现中产阶级化现象。随着白人搬入社区，黑人则搬走了。吸引创意阶层的餐馆、酒吧和娱乐场所，取代了林荫大道改造前存在的商业类型店铺。值得称道的是，城市预见到了这种中产阶级化，并对此做出了回应，要求新的投资者向托管基金捐款，以便帮助为低于市场利率的住房提供资金。

交通与安全影响

许多交通官员和商业领袖反对拆除滨海高速公路和中央快速路，理由是交通拥堵和人车事故将会增加。1989年，洛马－普列塔地震一年后，每年的交通伤害事故比地震前增加了24%，然而，地震后与行人有关的事故则下降了3%[42]。到20世纪90年代末，旧金山的行人伤亡率是加利福尼亚州所有城市中最高的[43]。批评人士称，这是拆除快速路的后果，尤其是将原本立体化交通的车流与行人混合在一起的后果。自那以后，城市推出了一系列改善步行和交通稳静化措施，包括前面提到的道路瘦身计划，以扭转这些趋势。

有很多关于快速公路拆除会导致种种交通噩梦的说法。1996年，加利福尼亚州交通部（California Department of Transportation）关闭中央快速路中部路段时，运营部主任曾预测，在向东跨越海湾大桥、向南进入旧金山半岛的约45英里范围内，将出现一辆车接一辆车的交通拥堵景象[44]。加州交通规划人员警告说，早晨的通勤时间将会增加多达2个小时。

这样的交通噩梦在现实中并未成真。人们调整了出行的时间、地点和方式，甚至对是否出行也做了调整。当局还采取了改善地面交通流量的多种措施。除了像首尔市那样扩大公共交通服务外，旧金山的交通工程师们还安装了一个动态信号系统，使以前在高架快速路上行驶的"绿波"车流，能够沿着行人和骑行者也使用的城市街道快速通行。有一项针对8000名驾驶者的邮件调查，这些驾驶者的车牌都有在这两条快速路关闭前行驶过的记录，调查显示，66%的驾车者已经改行另一条快速路，11%的驾车者全程使用城市街道，2.2%的驾车者改乘公共交通工具，还有2.8%的驾车者表示，他们以前在快速路上的出行已经不再进行了[45]。调查还发现，19.8%的受访者表示，自快速路关闭以来，他们的出行次数减少了。大多数的出行都是随意的，比如娱乐。

就像新的道路建设会诱发人们出行一样，道路收缩也会减少出行。1995年，中央快速路上记录的通行车辆为93100辆，在2005年9月，奥克塔维亚大道（Octavia Boulevard）通车约6个月后，通行车辆减少到44900辆，减少幅度达52%。如今，奥克塔维亚大道和与之相连的街道网络在高峰时段满负荷运转，但很少出现拥堵[46]。设计良好的林荫大道交通承载能力，是旧金山以前的快速路走廊沿线没有出现交通拥堵的部分原因。在道路用地范围相同、但既分开又紧密相连的道路上，一条多车道林荫大道能够容纳大量快速通过的过境交通（每小时每个方向超过6000辆车）和较慢的本地交通[47]。

结语

本章所审视的道路收缩和土地回收再利用项目都贯穿了一条始终如一的主线，那就是重新界定公共基础设施和社区生活的作用，并重新确定优先次序。长期以来，急需土地的快速路和路面交叉口一直被视为一种公共资产，随着时间的推移还可能会变成公共债务。城市领导者们正日益转向一种不同类型的公共资产来发展地方经济，即：公共设施、城市公园和其他能够提高审美、改善生活质量并提升场所连通性的城市功能。在竞争日益激烈、以知识为基础的全球市场中，改善城市空间、扩展艺术与文化娱乐产品，都吸引了极受欢迎的专业阶层人士。然而，这不仅仅是精英阶层的事。绿道和公共空间可以而且应该成为重要的社区聚集场所，向各行各业的人开放，就像首尔的清溪川一样。社会多样性对于具有包容性的连通性和场所营造都至关重要，无论是为了建立社会资本、促进体育活动，还是为更多的人提供绿色出行的选择，都是如此。

道路收缩和征用项目很可能预示着一个新时代的到来，在这个新时代里，人们已不再接受不加选择的大规模基础设施建设和盲目致力于基于机动性的规划。包括快速路、交叉路口、地面道路和停车场以及废弃的铁路站场和货运码头在内，城市交通领域的环境足迹巨大，消耗了高度机动化城市中一半的土地面积（从而使各种活动相互分离，对机动交通和道路基础设施都产生了较大的需求）。无论未来几年修建什么样的快速路和超大规模的基础设施项目，都必须进行战略性选址和精心设计，才能经得起更为严格的检验，促进其所服务的城市和社区实现更大的都市发展和场所营造目标。首尔、旧金山和欧洲城市的经验表明，提供高质量的公共交通服务、多车道林荫大道和绿色连接通道等，都减少了对高容量高架快速路建设的需求。鉴于过去的基础设施投资严重偏向于碳密集型的私人机动性，这些举措可以使城市规划和城市设计实践达到平衡。我们认为，这是成功地连接场所、实现可持续城市未来的标志性特征。

如前所述，欧洲城市在建立无车区和限车区方面已经走在了前列。美国、加拿大和澳大利亚的城市在专注于适应汽车出行的增长，与此同时，欧洲大部分地区面临的挑战则是如何在车道狭窄和土地限制严格的城市结构中应对日益增长的机动化问题[48]。这催生了欧洲一些比较进步城市的"3S"运动，即致力于利用智能技术（smart technologies）、采取慢速交通模式（slower modes，通过短途出行实现），来设计适合短途出行（short-distance travel）的城市。智能技术不一定是无人驾驶的自动汽车和复杂的实时交通控制网络这两个专属领域，还应该包括用于限制汽车通行的无线电控制的伸缩式护柱和车牌识别摄像系统、共享单车计划，以及骑行者和步行者优先的需求激活信号系统。这些措施本身尽管可能微不足道，但在改善场所与城市的机动性功能之间的平衡方面可以共同发挥巨大的作用。

第三部分
展望未来

在一个地理、技术、社会和人口都快速变化的世界里，超越机动性的规划究竟意味着什么？本书的最后三章将对此进行深入讨论。现在，居住在城市中的人口比居住在农村的人口多，而且越来越多的人居住在亚洲、拉丁美洲和非洲的人口稠密、增长迅速的城市。与此同时，智能手机和自动驾驶汽车等新兴技术正在改变人们生活、出行、休闲和购物的方式与地点。这些趋势以及老龄化社会和共享经济等其他趋势，将对可持续城市的未来产生深远影响，也将对城市重新校准如何带来更美好的社会、环境和经济成果产生深远影响。

第9章重点讨论人口增长的原点：第三世界国家的城市。联合国预测，未来20年，世界城市人口将再增加15亿。大多数人将居住在亚洲、非洲和拉丁美洲快速增长、人口稠密的城市郊区，而不是居住在更适合步行、更公交友好的城市中心。在这些城市中，提供晴朗的天空、洁净的水、高质量的住房、安全的街道以及充分的就业机会和公共服务，将是一项艰巨的挑战，但对规划一个更可持续的城市未来又至关重要。高步行率高、密集的邻里街区以及土地利用的有机组合，使许多这样的城市成为促进和推动可持续城市增长的理想之地。然而，如果重蹈覆辙，继续重复本书第一部分概述的注重机动性的城市建设方法，就会在生态和社会两个方面造成灾难性的后果。

新技术，尤其是自动驾驶汽车技术，为全球所有地方提供了一个彻底摒弃不可持续的交通实践的契机。第10章探讨了技术将如何开始改变机动性与场所之间的关系，以及如何可能减少局地污染和交通碰撞造成的伤害。新技术尽管可能会增加人们每天的出行量，但也为改善人们的日常生活体验、使人们享受城市生活创造了机会。

在第11章中，我们将反思老龄化社会和协作消费等极具影响力的大趋势与技术进步相结合带来的机遇和挑战。就像机动性与场所之间的相互作用决定了可达性一样，新兴趋势之间的相互作用也将决定城市如何发展，以及城市的社区是否繁荣、居民是否幸福。最后，我们在结论中呼吁，要对城市的成功进行更全面的衡量，并讨论了建设更具包容性城市的必要性，这样的城市应具有可持续性、宜人性，在经济上富有成效，同时又为所有居民提供机会，不论其收入、种族或社会阶层如何。一个真正宜居、可达的城市，就必须满足其最弱势公民的需求，而不仅仅是满足最富裕公民的需求。

第9章

第三世界国家

2016年10月，联合国住房与城市可持续发展会议（United Nations Conference on Housing and Sustainable Urban Development）在厄瓜多尔基多市（Quito，Ecuador）召开，发起了一项关于城市可持续发展的新的全球承诺。这个被简称为"人居三"（Habitat III）的大会通过了《新城市议程》（*New Urban Agenda*），提出要优先考虑城市化与可持续发展之间的关系，倡导人人享有公正、安全、健康、无障碍性、可负担得起、有弹性和可持续发展的城市的全球愿景。这些目标与超载机动性与场所，让社区、环境和经济更美好这一议题非常契合。然而，正如《新城市议程》所强调的，第三世界国家面临的可持续城市发展挑战可能令人生畏。贫困率高、就业和教育机会缺乏，都阻碍了经济和社会的发展机会。在那些对机动性和场所投资不足、更不用说投资教育或其他基础设施的地方，实现机动性与场所之间的良好平衡似乎没那么重要。然而，围绕新交通基础设施的糟糕设计增加了出行时间，降低了安全性，还促使人们转向私人汽车出行。地方政府忽视了步行者和骑行者的安全与舒适，不仅将贫困居民视为二等公民对待，而且实际上也使得这些人在变得比较富裕时，必然会转而使用汽车和摩托车。

联合国人口司（United Nations Population Division）估计，在未来20年里，全球将再增加15亿城市居民，这比预计的全球人口增长总量14亿还要多[1]。这些人口增长几乎都将发生在亚洲、非洲和拉丁美洲等欠发达国家的城市（图9-1）。第三世界国家的城市是未来城市增长的原点，在那里取得机动性与场所之间的平衡，对发展可持续的社区、环境和经济都至关重要。

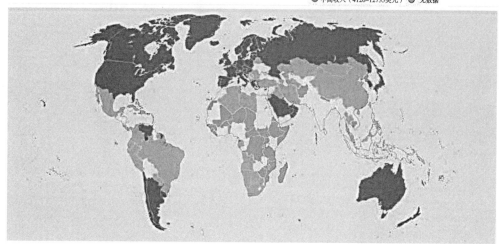

图9-1　高、中、低收入国家分布图。本章所介绍的统计数字均指中、低收入国家。
资料来源：《世界银行世界发展指标图册》（*World Bank World Development Indicator Maps*）。

　　从亚洲的特大城市到非洲快速发展的小型区域中心，第三世界国家的城市存在很大的多样性。城市间差异程度之大，使得对第三世界国家城市的概括变得复杂，甚至使基于规模、增长模式、形式或地理的城市类型划分也变得复杂。30亿人口，约占世界总人口的40%，生活在这成千上万的城市中。存在实质性差异并不令人惊奇。尽管如此，按城市类型呈现趋势，以及按城市形式进行分类，不仅可以阐明其中的一些差异，而且还可以为讨论第三世界国家的机动性与场所提供框架。由于占主导地位的交通技术在城市的形成和居民对城市的体验中扮演着如此重要的角色，我们还需要考虑大多数出行是通过公共交通工具、步行，还是骑摩托车进行的。

　　纵观全球第三世界国家，汽车虽然给个人消费者带来益处，但对社区、环境乃至经济都构成了严重的威胁。从2009~2010年，亚洲和拉丁美洲的注册汽车总数分别增长了8.7%和8.4%，相比之下，美国和西欧仅分别增长了0.2%和1.2%[2]。2009年，中国超过美国成为世界上最大的汽车市场[3]。私人汽车的增长极大地加剧了第三世界国家创建更美好社区的两大挑战：局地空气质量糟糕和街道不安全。这些不仅仅是小麻烦，更是公共卫生危机。正如第2章和第3章所讨论的，局地空气质量糟糕和交通事故是地球上的两个主要杀手，而在第三世界国家造成的影响尤为严重。要想改善第三世界国家的城市，不仅需要限制私人汽车的拥有和使用，更重要的是，要在各种各样的城市和社区提供有吸引力且便利的公共交通服务、步行空间和自行车网络。还需要着重减少汽车、卡车和摩托车造成的伤害，这些交通工具都将继续在城市交通中发挥重要作用。

除了与地方性和全球性排放的关系外，快速城市化和机动化带来的燃料消耗增加也会使许多预算紧张，造成社会动荡。现在和以前的天然气出口国经常对燃料实行补贴。这不仅反过来使消耗燃料最多的最富裕家庭受益，而且还扭曲了整体经济，使其燃料消耗更加密集，也鼓励了跨境走私补贴燃料的行为。即使一个国家从石油净出口国转变为石油净进口国，补贴也很难取消。印度尼西亚花了十多年时间成为石油净进口国，在选出一位受欢迎且有进取心的总统后，才结束了长期存在的燃油补贴。埃及的燃料补贴则一直经受着民众起义、军事政变和长达十年石油净进口的考验。

就业难和极度不平等也带来了巨大挑战。尽管经济和教育机会推动了过去半个世纪的城市化进程，但仍有数百万人失业或未充分就业。在许多城市，大多数家庭依靠非正规经济中的工作，工资不稳定，医疗或其他保险很少或根本没有。这往往限制了居民获得正规经济的其他部分，如小企业贷款、住房抵押贷款或教育贷款等。没有正式的健康保险，一场疾病或一次伤害就会使一个家庭耗尽积蓄，或者毁掉投资机会。妇女和青年尤其有可能处于未充分就业或失业状态，而且严重依赖非正规行业。

最后，场所营造与公共卫生和就业机会相比，尽管可能微不足道，但也很重要。多样化、高质量和有趣的邻里街区不仅吸引居民，还吸引就业岗位、旅游者和购物者。许多新建的、发展迅速的社区都缺乏独特的风格，而这种独特风格却可以造就良好的场所，并且在许多城市的古城区很常见。与地铁站、城市绿道和主干道等交通便利设施的连接更顺畅，可以帮助营造一种独特的场所感，使当地的商店和市场蓬勃发展。城市干道往往强调私人汽车和公共汽车的交通流量，却牺牲了邻里街区的质量。世界上重要的城市大道之所以闻名，是因为其周围有熙来攘往的步行活动，而不是其高峰时段每小时通行的车辆数量。

在这一章中，我们将概括介绍第三世界国家的一些城市类型，并阐述创造更可持续的社会、环境和经济成果所面临挑战的艰巨程度。然后，我们将通过改善第三世界国家快速发展的郊区社区这一视角来强调这些挑战。在缺乏足够的住房或基础设施的城市，机动性与场所之间实现更好的平衡似乎是一个小问题，甚至是庸人自扰。然而，无论是贫民区改造、规划中的非正式扩张，还是政府补贴的抵押贷款市场，都还没有做到将交通投资与郊区增长结合起来。此外，严格按照机动性来看待新的道路和公交投资的倾向，已经阻碍了第三世界国家的可持续发展。在本章的最后一节，我们列举了一些实例，来说明利用大容量公交项目投资来塑造城市形态、改善当地社区条件所面临的挑战、错失掉的机会以及潜在的收益。与其他交通技术相比，公共交通更有潜力重塑全球第三世界国家的城市形态，改善城市条件。

公交城市

在公共交通规划中有一种常见的说法，即大众公交需要大众。从经济和环境的角度来看，必须有足够多的人来往于公交走廊沿线，使公共汽车的座位坐满，这样才是合理的。地铁、轻轨和快速公交这样的高容量交通系统，需要更多的乘客，因而也就需要有更多的人居住在车站附近。就人口密度和规模而言，第三世界国家的大部分城市都很庞大。例如，在墨西哥城，即便是最偏远的郊区社区，其平均人口密度也足以支撑高容量的地铁[4]。事实上，许多郊区社区的人口密度与典型的市中心社区一样，甚至更加密集。

第三世界国家不乏人口稠密、发展迅速的大城市。事实上，一些大城市的人口增长最快，尤其是收入最低的城市，这些城市的人口每5年就会翻一番（表9-1）。到2030年，人口超过500万的城市将新增近3.5亿居民。拥有100万～500万居民的城市，其规模肯定足以支撑高质量的公共交通系统，这些城市预计还将再增加2.5亿居民。到2030年，第三世界国家总计有45%的城市居民将居住在人口超过100万的城市。这些地方通常是发展和加强公交利用的理想地点。当然，人口密度只是密度的一种形式。世界银行2017年的一份报告认为，非洲城市面临的最大挑战之一，是高人口密度与就业、建筑形式或城市设施等密度不匹配[5]。

即使是较小的城市也往往严重依赖公共交通。在墨西哥100个最大的城市中，43%的居民通勤需要依靠公共交通工具。这些城市中最小的三分之一拥有7.5万～20万的居民，其中37%的工人搭乘公共交通工具上班[6]。与世界上许多其他地方一样，居民主要依靠私人提供的小型货车和小型公共汽车公交服务，服务质量和官方监管水平良莠不齐（图9-2）。研究人员通常将这些统称为非正规公交或辅助公交服务，当地人则使用当地的名称，如angkots、mutatus或peseros，这些名称都描述了特定的车辆类型和服务。虽然这些非正规公交服务经常因车辆标准低和排放量高而饱受诟病，但它们却是第三世界国家公共交通服务的主力军。对于人口不足30万的中低收入国家12.5亿居民来说，非正规公交通常是唯一可用的公共交通工具，也是就业的主要来源。

不同城市规模的中低收入城市人口（按百万计）　　　　表9-1

收入群组	城市规模	2000年	2015年	2030年	AAGR	2030年总计（%）
中高收入（含中国）	500万或以上	165	315	453	5.8%	11.6%
中低收入（含印度）	500万或以上	117	202	345	6.5%	8.8%
低收入	500万或以上	16	34	109	18.8%	2.8%
小计	500万或以上	299	551	907	6.8%	23.2%

续表

收入群组	城市规模	2000年	2015年	2030年	AAGR	2030年总计（%）
中高收入	100万~500万	234	351	907	3.3%	12.0%
中低收入	100万~500万	7124	210	468	5.0%	8.1%
低收入	100万~500万	34	62	318	4.9%	2.1%
小计	100万~500万	395	624	83	4.0%	22.3%
中高收入	30万~100万	183	281	869	3.1%	9.1%
中低收入	30万~100万	98	142	354	3.8%	5.4%
低收入	30万~100万	22	37	210	7.3%	1.8%
小计	30万~100万	303	459	69	3.6%	16.2%
中高收入	低于30万	484	629	683	1.4%	17.5%
中低收入	低于30万	362	486	605	2.2%	15.5%
低收入	低于30万	88	145	207	4.5%	5.3%
小计	低于30万	934	1260	1495	2.0%	38.3%
总计	所有规模	1931	2894	3903	3.4%	100.0%

资料来源：《联合国人口司世界城市化展望》（*United Nations Population Division World Urbanization Prospects*），2014年修订。

注：AAGR为线性平均年增长率。

图9-2　印度尼西亚梭罗（Solo，Indonesia）的一辆angkot正在营运中。Angkot是印度尼西亚语"城市"与"交通"的合成词。图片来源：丹尼·雷蒙（Dennie Ramon）。

即使是在人口密集的大城市，拥有很棒的地铁或高容量的公共交通系统，非正规公交服务也仍然是交通景观的重要组成部分。在非洲的几十个大城市中，36%～100%的公交出行都是使用非正规的辅助交通服务。在这些城市中，有三分之二的城市超过80%的公共交通服务是非正规的辅助公交系统[7]。在墨西哥城和波哥大，分别有50%和43%的机动出行都要用到某种形式的辅助公交系统。

非机动化城市

尽管人们都重视汽车和公共交通，但步行仍是全球最重要的交通方式。几乎每个人都步行，哪怕只是从前门走到停在街上的汽车。尽管从小村庄到特大城市的步行率都很高，但在家庭收入较低、具有可步行历史核心地带的紧凑型小城市，步行率尤其高。这样的城市在非洲和南亚尤其普遍，在拉丁美洲和东亚较富裕的地区也很常见。在全球范围内，近40%的出行是步行完成的，而在许多较小和较贫穷的城市，这一数字接近90%[8]。到2030年，中低收入国家将有超过三分之一的城市居民居住在人口不足30万的城市。大多数人将严重依赖步行和其他非机动交通方式。即使是最大的城市，也有很高的步行率。在拥有1700万人口的孟加拉国首都达卡（Dhaka），超过一半的出行是步行、骑自行车或乘人力三轮车[9]。在波哥大这个富裕的大城市，居民步行占所有出行的43%[10]。即使在大规模都市圈的周边街区，人口密度高以及住房、商店和商业活动的合理搭配，也可以使步行成为一种有吸引力的选择。

步行几乎不会造成地方或全球性的污染，也不会造成交通事故死亡，消耗的只是居民供给腿部活动所需的食物，已被证明有益健康，并且相对于公路或公共交通而言，需要的基础设施投资较少，所以，保持较高步行率是第三世界国家的一个重要目标。当然，依靠步行的最大缺点是速度慢。随着家庭收入的增加，成员们经常转向机动化的交通形式，如汽车、公共交通工具或摩托车等，这样就能进入城市的更多地方。遗憾的是，许多城市和国家结果都忽视了步行基础设施，想当然地认为，居民只要负担得起，就会转向机动化交通模式。

自行车提供了另一个机会，在不增加污染、基础设施成本或交通事故死亡的情况下，增加去往城市各个部分的机会。第三世界国家的许多城市严重依赖自行车。然而，随着收入的增加以及汽车和摩托车成本的下降，世界上许多地方的自行车使用量已经减少。例如，在北京，自行车出行模式的市场份额急剧下降，从1986年的54%下降至2007年的23%[11]。尽管如此，收入的增加并不一定会减少自行车的使用。阿姆斯特丹和哥本哈根等城市证明，一个城市可以是现代化的、富裕的、全球联系紧密的，同时也依赖自行车。作家约翰·普彻（John Pucher）和拉尔夫·比勒（Ralph Buehler）认为，荷兰、丹麦和德国都采取了积极措施，使骑自行车变得方便、舒适和安全[12]。因此，女性和老年人可以和年轻男性一样骑自行车，而在美国和英国，年轻男性是自行车运动的主力军。这一点在第三世界国家较贫穷的城市中尤为重要，这些地方处于工作年龄的男性通常更容易使用机动交通工具[13]。由于对自行车道和自行车专用路径进行了投资，波哥大和布宜诺斯艾利斯等城市的自行车使用率都有所提高。

摩托车城市

在许多城市，摩托车、轻便摩托车和其他机动两轮车已经成为主要交通工具。目前，亚洲拥有的两轮车大约占全球的四分之三，在台北、胡志明市和河内等大城市，摩托车是主要的交通工具。亚洲中小型城市往往街道狭窄、停车位有限，交通状况不佳，而且出行距离较短，因此特别依赖两轮机动车[14]。拥有50万～60万居民的印尼城市梭罗，就是这样一个例子。在2009～2013年间，注册摩托车数量翻了一番多，从20.8万辆增加到42.4万辆，几乎男女老少都拥有一辆摩托车[15]。与印尼的其他城市一样，不断增加的收入、价格低廉的摩托车、宽松的信贷以及较低的燃料价格（2015年前得到补贴）等，都有助于鼓励摩托车拥有量和使用量的迅速增长（图9-3）。还有数以百万计的人

图9-3 印度尼西亚梭罗市骑摩托车的人们。图片来源：丹尼·雷蒙。

居住像梭罗这样的城市，那些地方公交服务差，公交利用率低，摩托车的成本和便利性使其成为人们选择的交通方式。居住在30万～100万人口的亚洲城市居民数量，预计将从2015年的5.5亿增加一倍，到2030年将超过10亿（表9–1）。摩托车城市的规模、数量和重要性正在迅速增长。

在亚洲以外的一些拉美和非洲城市，摩托车的拥有量和使用量也在不断增长[16]。在杜阿拉（Douala）、拉各斯（Lagos）和瓦加杜古（Ouagadougou）等非洲城市，摩托出租车是交通系统的重要组成部分。在雅加达，摩托车的车主可以使用智能手机应用程序Go–Jek来提供出租车服务，与汽车车主使用优步（Uber）或来福（Lyft）的方式一样。人们有时认为，摩托车的使用遵循库兹涅茨曲线（Kuznets curve），即摩托车的使用会随着收入的增加而增加，直到收入达到一定水平后，再随着越来越多的家庭改用汽车而减少。在20世纪60年代，许多较贫穷的欧洲国家拥有的摩托车数量比汽车还要多，就像今天的亚洲一样[17]。由于摩托车在占用道路空间和停车空间方面比汽车更高效，在亚洲城市，从摩托车向汽车的类似转变将带来高昂的社会成本和经济成本。尽管如此，我们还需要做更多的工作，来减少摩托车造成的局地污染以及对公共空间和步行安全的危害。摩托车经常侵犯公共空间，占用人行道超车，堵塞行人，还排放有毒气体，产生大量的噪声污染。

为郊区而设计

随着全球城市人口的增加，郊区化的进程也在加快。大多数大都市区的地理扩张速度超过了人口增长速度。尽管发展中城市的平均密度是发达国家城市的三倍，但人口密度却以每年1%～2%左右的速度下降[18]。根据较富裕国家的经验、人均国内生产总值的增长以及汽车数量的迅速增加，很容易得出一个假设：随着第三世界国家的城市居民变得越来越富裕，他们也将选择住在郊区较大地块的宽敞房子里，而且也会更加依赖汽车。然而，发展中城市的普通郊区扩张与典型的美国或欧洲郊区在物质或社会经济方面几乎没有相似之处。尽管也有许多高收入封闭式郊区社区的例子，但发展中国家的郊区普遍比较贫穷，且人口稠密。与大多数发展中城市相比，墨西哥城更富裕、更郊区化，也更依赖私人汽车，但是其汽车拥有量与郊区化并没有同步发展[19]。相反，富裕家庭选择拥有汽车，住在交通便利的市中心地带，而较贫穷的家庭往往居住在离市中心较远的地方，依赖公共交通工具，特别是长距离出行，比如通勤去市中心上班。

第三世界国家城市的郊区化对规划和设计以人为本的城市提出了更多的挑战。首先，郊区社区通常缺乏或只有有限的基础设施，如自来水、污水排放设施或铺好的道路等。高质量的郊区公共交通服务很少见，而且主要就业中心、医院和学校的可达性通常很差。处于这种状态的邻里街区有时也被称为非正规聚居区、贫民窟、平民窟、棚户区，或安置区等，这样的地方尽管有时存在于城市的中心地带，但在就业和服务机会普遍较低的城市边缘地带最为普遍，如果在靠近市中心的地方出现，往往是城市扩张的结果。例如，有时被称为世界上最大贫民窟的达拉维（Dharavi），就始于孟买的北部边缘地区。随着孟买从1950年300万人口的紧凑型半岛城市，向北扩张到2015年居民达2100万的人口稠密、蔓延式的大城市，达拉维已经占据了靠近大都市孟买的地理和人口中心的位置。

其次，第三世界国家的郊区往往都贫困集中，社会经济分化加剧。除了获得硬基础设施外，获得不太有形的社会经济的机会也很重要。贫困越隔离、越集中，就会收入越低、失业率越高、教育程度越低、犯罪率越高以及健康状况较差[20]。

第三，居民通常没有正式的财产所有权。缺乏正式的产权——或者拥有多重、相互冲突的产权——会使房屋使用没有保障，阻碍房产所有者进行投资，妨碍房屋或企业的转售，也影响业主利用房产价值或进入正规银行系统。相比之下，美国每个家庭的未偿抵押贷款债务约为11万美元，是普通家庭收入的两倍多[21]。尽管许多政府机构试图鼓励人们获得正式的土地业权，但土地业权法规有时与实际情况脱节，使之无法实现。例如，肯尼亚内罗毕（Nairobi，Kenya）的最小地块面积为500平方米，但其最大的贫民窟基贝拉（Kibera）人口密度高达每公顷2000人。在不违反地块面积规定、不包括任何道路或开放空间的情况下，家庭成员必须达到100人才能实现这一密度[22]。

改善郊区条件

快速发展的郊区在第三世界国家的城市景观中居于主导地位，在这样的地方规划更好的社区、环境和经济面临着一些明显的挑战。由于缺乏基本的基础设施，人们对提供更多的土地业权、给水和排水系统等极为重视，本节将对采用的三个整体性方法进行讨论。尽管有一些成功的计划和政策，但是在改善交通与周围土地利用一体化或提高步行环境质量方面的措施却很少。如果不进行改善，郊区居民在收入允许的情况下就会不可避免地转向私人汽车和摩托车。最终结果将是污染更厉害，交通死亡率更高，用于其他家庭用品上的钱也更少。尽管这些地方的环境与第6章讨论的泰森斯或大庄园商业园区等郊区办公综合体大不相同，但更需要良好的规划，风险也更高。

郊区升级改造

第一个整体性方法是升级改造现有的住区，特别是非正规聚居区，有时称为贫民窟改造或非正规聚居区改造。在巴西的里约热内卢等地，居住在非正规聚居区（贫民窟，favelas）的居民数量和比例随着城市人口的增加而迅速增加。到20世纪90年代，在居民人数超过100万的城市，四分之一的人口居住在遍布城市的数百个贫民窟中[23]。国际贫民窟居民组织（Slum Dwellers International）是一个基于社区的非政府机构跨国网络，重点关注住房和城市贫困问题。这一组织将升级改造描述为"一切改善住区物质条件的干预措施，进而提高居民生活水平[24]"。许多改造项目，比如里约热内卢的巴洛贫民窟计划（Favela Bairro program）和越南的城市改造工程（Urban Upgrading Project）等[25]，都是大规模的公共投资项目，由世界银行和美洲开发银行等国际贷款机构提供支持，用于提供基本的基础设施，如管道供水和铺设道路等，同时提供合法所有权，有时还包括软基础设施，如小额贷款和社区中心等。里约热内卢的巴洛贫民窟计划是最受欢迎并被纷纷模仿的升级改造项目之一，自1994年启动第一阶段以来，已经为数十万居民带来了新的供水、污水处理、垃圾收集、道路铺设、开放空间、社会服务和更有保障的使用权[26]。同样，越南的城市改造工程也为目标城市的数百万居民改善了当地的基础设施，其中包括：南定市（Nam Dinh）、海防市（Hai Phong）、胡志明市（Ho Chi Minh）和芹苴市（Can Tho）[27]。项目还强调了雨水管理和防洪控制，增加了500公里的排水沟、疏浚湖泊和运河，修建了240公里长的公路兼作防洪堤用，还重新安置了特别容易遭受洪水或生态危害的家庭。

这些大规模的升级改造项目是如何成功地实现了本书的目标呢？美洲开发银行进行了一项事后评估，将升级改造后的邻里街区与没有从巴洛贫民窟项目中受益的类似街区进行了比较[28]。项目尽管改善了获得基础设施的机会，也使房产价值提高了40%~75%，却未能改善就业率，或缩短通往公交站点的时间。非正规聚居区位于山坡上，为其提供高质量公交服务特别困难，需要有创新性的交通解决方案，如本章后面讨论的麦德林地铁缆车（Metrocable）。与里约热内卢不同，越南城市居民更依赖摩托车而不是公共交通工具。由于地形平坦低洼，铺设道路就可以使摩托车出行更快捷更方便。因此，升级改造工程有助于提高区域和当地的可达性。小额贷款与铺路和防洪保护一样，也帮助企业家扩展了业务，从而促进了商业走廊和非居住目的地的经济发展。

郊区规划

第二种方法是在住区出现之前，向快速发展的城市区域（通常是在郊区）提供土地业权、基础设施和其他服务。这种办法具有特殊的吸引力，因为非正规聚居区往往没有充足的空间用于高质量的公共交通，而在当代关于如何解决第三世界国家城市增长问题的讨论中又仍然颇受欢迎[29]。住房试点项目（Proyecto Experimental de Vivienda，PREVI）是最早且记录最完整的案例之一，这很可能是由于13位国际知名建筑师参与的缘故。项目寻求建立一个全国性的模式，以应对20世纪60年代后期秘鲁的快速城市化和日益严重的住房危机[30]。住房试点项目是秘鲁政府与联合国开发计划署（United Nations Development Program）的合作项目，虽然未能创造出全国性的模式，而只是在利马周边地区新建了1500套住房，但项目确实帮助推广了一种方法，即通过世界银行网站和服务项目进行广泛传播。

从1972~1990年，世界银行参与了100多个场地与服务（Sites and Services）工程，联合国开发计划署等其他援助机构也参与了更多的项目[31]。1972年，世界银行提供800万美元贷款，启动了地块清理（Parcelles Assainies，英语即"净化地块"）项目，这是世界银行最早也是最大的场地与服务项目之一[32]。与许多非洲国家的首都一样，达喀尔（Dakar）自独立以来发展迅速，居民人数从1960年的35万左右，发展到今天的350万。最初的规划要求建设14000个150平方米的地块，配有自来水、卫生设施、未铺设的道路和有限的服务。据估计，每个地块有10名居民，时间跨度长达6年，将容纳达喀尔当时近四分之一的城市人口。居民将偿还为这些前期投资提供资金的低息贷款。虽然项目启动缓慢，但住区迅速发展，到2006年已经安置了35~50万居民[33]。根据城市建设部（Ministry of Urbanism）2001年的城市规划，地块清理项目在仅占城市土地6%的面积上，容纳了15%的城市住房[34]。

地块清理项目和住房试点项目尽管都备受关注，但也各自面临着一系列的难题。在解决秘鲁利马或第三世界国家更普遍的住房问题方面，住房试点项目从未达到所需的规模。此外，在场所质量和利用基础设施方面，住房试点项目的邻里街区与周围随时间有机增长的非正式住区也几乎没有什么不同[35]。在地块清理项目中，基本服务的提供机制与住区的快速增长没有保持同步。2001年，只有12%的家庭有下水系统，90%的家庭有电，75%的家庭有饮用水，不过，这些设施已经是1980年的两倍，好于皮金（Pikine）项目。皮金是一个巨大的非正规聚居区，位于地块清理项目的东部，在20世纪50年代和60年代，政府在这里重新安置了更多的中心贫民窟居民[36]。

地块清理项目比皮金项目稍微靠近达喀尔市中心，但建在达喀尔半岛的北部边缘，几乎没有关注与当地或大都市的交通联系。达喀尔北部狭窄的街道上挤满了小型公共汽车、出租车、货车和一些私人汽车。交通拥堵随处可见，出行时间长，污染严重。因此，地块清理项目虽然提供了大量的住房，住房质量也高于周边社区，但是在改善就业、服务和城市便利设施方面面临的挑战在很大程度上仍然悬而未决。在规划郊区发展时，为行人创造一个安全、合理、有吸引力的公共空间应该成为优先考虑的事项。

建立抵押贷款市场

第三种方法是建立抵押贷款市场，鼓励私营机构在快速增长的郊区提供新住房。对世界银行来说，这是更大转变的一部分，即从资助个别项目转向改革住房领域，以发展正规的抵押贷款市场，鼓励私营机构参与低成本住房生产[37]。1981年，世界银行终止了塞内加尔场地与服务（Senegalese Sites and Services）项目，并于1988年向塞内加尔政

图9-4 达喀尔城外主要公路边上正在建设的住房。图片来源：埃里克·格拉。

府提供4600万美元贷款，用于加强塞内加尔国家住房银行（Senegalese National Housing Bank）的能力，支持建设和销售有产权和服务的地块[38]。国家住房银行参与向建筑商和购房者提供贷款，用于商业住房开发项目和达喀尔以东的主干道沿线的空地（图9-4）。特殊贷款产品支持非正式员工和许多居住在国外（特别是欧洲）的移徙工人购买[39]。虽然达喀尔的大多数住房产品仍然是非正规的，但正规住房产品已成为郊区景观中一个日益增长且引人注目的特征。

　　向正规抵押贷款市场的转变在墨西哥最为引人注目。在墨西哥，私人开发商购置大片外围地块，投机建造新住房，然后将大规模开发项目中的竣工住宅出售给有资格获得政府补贴抵押贷款的家庭[40]。在2000～2010年之间的某个时候，商品房的年产量超过了新的非正规住房数量[41]。包括公有农田出售合法化、住房建设法规简化以及与私人开发商的积极政治互动等在内的公共政策，都促进了住房生产的转变[42]。在这一住房转型期间，按价值计算，公共机构提供了接近四分之三的住房贷款，如果按数量计算，甚至更多[43]。这些对实地产生的影响是惊人的。在过去的一二十年里，数以万计密集开发的25～50平方米的排屋（图9-5）已经使许多城市郊区发生了彻底改变。

　　在墨西哥和塞内加尔等国，尽管商业化生产和政府补贴的住房帮助数十万中低收入

图9-5　克雷塔罗市圣罗莎（Santa Rosa，Queretaro）的政府补贴商业住房开发项目。像这样狭窄、单层的排屋，是墨西哥典型的低成本商品房开发项目。图片来源：埃里克·格拉。

家庭获得了具备基本基础设施的住房，但郊区住房转型一直难以打造可持续的、设计良好的邻里街区。新的开发项目往往功能单一，学校或公园等社区基础设施有限，社会经济处于隔离状态，又位于城市边缘地带，因为开发商只有在那里才可以获得大片土地。尽管居民的汽车拥有率很低，但这些住区都是围绕汽车设计的，停车位充足，公交基础设施却有限，而且与邻近的街道网络和公共汽车站有意分开。即使住区位于高容量公交枢纽附近（如本章后面图9-9所示的开发项目），也没有注意到如何将居民与其使用的公交服务联系起来。因此，居住在墨西哥郊区商业化住宅开发项目中的家庭拥有汽车的可能性，比邻近非正规聚居区的类似家庭高出约60%。他们每天还要多开两到四次车[44]。

有机的场所营造

尽管面临着一些明显的挑战，但第三世界国家的郊区邻里街区与发达国家的郊区邻里街区相比，也有一些优势。其人口密度足以支持当地的零售、公共交通和小型企业。这种密度再加上未强制执行或有限的土地利用法规，对住房、商店和企业的良好组合共同起到了支持作用，甚至在最初主要是住宅的邻里街区也是如此。例如，达拉维（Dharavi）就一直以其小规模制造业而闻名。最后，尽管通常缺乏高质量的公交服务，但当地居民和司机协会通过摩托车、汽车、小型货车或公共汽车等提供出租车和公共交通服务。在对食品、交通服务或当地企业有需求的地方，通常都会出现非正规供应商。

即使是在商品化住宅开发项目中，居民们也会重新建设他们的环境，使其更适合步行、具有更好的连通性，也更适合没有汽车的日常生活。许多房主将其住宅全部或部分转为商业用途。小型便利店是最常见、最明显的，但改造后的房屋也包括一系列的当地服务，如药店、诊所、牙医、兽医、网吧、餐馆和影印中心等。主干道上的商业改造已是司空见惯的事。

在墨西哥城的郊区，居民们已经将当地街道与路网的其余部分重新连接起来。例如，开发商Urbi修建了一条2公里长的公路，界定出圣芭芭的拉斯韦拉斯（Las Villas Santa Bárbara）和拉斯帕尔马斯（Las Palmas）的西部边缘，这是伊斯塔帕卢卡（Ixtapaluca）两个毗邻的商业开发项目，共有15000套住房[45]。这条路由中间的隔离栅栏隔开，全路段与市政公路平行，向西穿过非正式住区的35条垂直道路，没有一处规划好的实体连接。然而，随着时间的推移，居民们拆除了栅栏，挖了浅沟，甚至建造了完整的新交叉口，为行人和车辆建立了新的连接。这些接入点中最精巧的一处类似于非正式住区的没有铺砌的砾石路，而不是商业开发中的铺设好的正规道路。就像居民们尽力使住宅区里布满零售商店和便利店一样，他们也竭尽全力地确保道路畅通无阻。

为公交大都市而设计

在2012年里约热内卢+20峰会（2012 Rio + 20 Conference）上，世界银行、美洲开发银行、非洲开发银行（African Development Bank）和其他国际援助机构，宣布了一项"改变游戏规则"（game-changing）的可持续交通承诺，承诺在未来十年为实现这一目标提供大量资金支持，其中最大部分将用于公共交通[46]。世界银行最近发布的一份名为《公交改变城市》（Transforming Cities with Transit）的出版物主张，不应把高端公交系统的新投资视为仅仅是让人们在空间中移动的项目[47]。这些新投资也有可能成为塑造城市的强大力量。与其他任何类型的投资相比，公共交通最有可能在第三世界国家塑造城市化，鼓励更可持续的居住模式。

各国政府和开发机构已经接受了这一挑战，并在许多亚洲、拉丁美洲和非洲城市大力投资高容量公交系统。北京的地铁系统从2000年仅有两条线路，发展到如今成为世界上最大的地铁系统之一。每年，世界各地的城市都会有十几条新的快速公交线路开通。对经济竞争力、交通拥堵、城市蔓延式扩张、污染以及穷人和中产阶级的可达性等方面的担忧，激发了这些投资的积极性。如果以建造的里程长度或运送的乘客数量来衡量，这些投资都取得了巨大的成功。而如果以创造美好的场所、与大都市形态的融合或塑造城市增长的能力来衡量，目前的成绩还远未成功。

本书作者之一，罗伯特·瑟夫洛，在《公交大都市：全球调查》（*The Transit Metropolis: A Global Inquiry*）一书的开篇写道："公交大都市是指在公交服务和城市形态之间存在可行契合点的地区。在某些情况下，这意味着非常适合铁路服务的紧凑、多功能综合开发，而在另一些情况下，这意味着非常适合分散式开发的灵活、快速的公共汽车服务。重要的是公交与城市和谐共存[48]。"我们在本节讨论的所有情形和实例中都指出，在第三世界国家，公共交通与城市之间需要更好地互相融合，不仅在大都市层面如此，在地方层面也是如此。在很多情况下，新的公交投资往往被简单地视为运送人员的基础设施，而不是增长的框架和城市景观的一部分。考虑到巨大的机动性需求，这是可以理解的。然而，重视场所营造、土地综合利用和本土化设计，将提高公交投资塑造可持续城市发展的能力，只有那样的城市才能在未来几十年蓬勃发展，即使收入增加和汽车拥有量增加也是如此。

中国公共交通与公交导向开发面临的挑战

在可持续交通和城市化的世界里，中国堪称巨无霸。中国的街道上每天新增1万辆注册车辆，因而打造具有强大公交导向的中国城市具有全球性的重要意义。北美、欧洲和澳大利亚在推进可持续未来方面可能怎么做都可以。然而，如果中国继续效仿美国式的郊区化、汽车拥有量和出行模式，那么，中国城市无论在减少温室气体和燃料消耗方面取得怎样的进展，也都将很快黯然失色[49]。

研究表明，城市形态对中国的出行模式有很大的影响。从有机发展的多功能飞地（即许多人在同一区域居住、工作和购物），到以汽车为导向的大街区郊区的转变，已经极大地扩大了中国家庭的环境足迹。一项研究对900个家庭做了调查，这些家庭要么是自愿搬迁的，要么是被重新安置的，都从上海市核心城区的多功能、适宜步行的社区，搬到了外围孤立的超级街区和封闭式住宅单元。研究表明，他们的出行方式受到了严重影响。从非机动出行到机动出行的巨大转变，以及持续时间长得多的出行，导致被调查家庭的车辆行驶里程大约增加了50%[50]。

到目前为止，在中国的城市中，良好的公交导向设计并不是普遍现象。中国城市的公交投资与城市开发在很大程度上联系薄弱[51]。车站既是开发的重点区域，又是进入区域列车的起降点，二者之间的冲突已经破坏了培育实用性公交导向开发的种种努力。这可以从以下几个方面看出来：未能清晰地表述城市密度（如，建筑物高度随着距车站距离的增加而逐渐变小）；车站位于孤立的超级街区；步行通道欠佳；土地综合利用不足[52]。大型街区、宽阔的林荫大道和土地用途分离，这些都导致许多中国火车站处于孤立状态，形成了不利于步行的环境。2005年，从北京主要火车站出发步行20分钟可以到达的就业岗位数量为15.72万个。对于伦敦的主要火车站国王十字车站（King's Cross），这一数字是35.28万；对于纽约市，由于其精细化的路网和刺绣式的土地利用模式，大中央车站（Grand Central Station）的这一数字为170万多[53]。尽管车站数量迅速增加，但在鼓励以公交为中心的增长或营造宜人的步行环境方面，鲜有作为。

在中国，铁路尽管分散，但一直是吸引增长的磁石。北京地铁服务系统稳步扩张，伴随而来的是房地产的繁荣。住房建设项目紧随北京的铁路网而发展，但就业和商业却没有跟上[54]。许多沿着铁路走廊开发的新社区已经成为名副其实的卧室社区。这导致了不均衡的通勤模式。一项针对北京北部郊区三个由铁路服务的新建住宅区的研究发现，早高峰时段进站的铁路乘客数量，是出站乘客数量的9倍[55]。此外，车站设计与周边开发的融合程度不高，导致郊区车站出现行人流动模式混乱、乘客排长队现象，如北京地铁2号线的西直门站[56]。

缺少站区总体规划也导致开发不规范。北京地铁1号线和8号线在三环和四环之间的四惠换乘站是一个典型的例子[57]。在那里，车站旁40公顷的铁路段场址上修建了一块巨大的混凝土板，使北京市地铁公司（Beijing City Underground Railway Company）得以向开发商出租70万平方米的上空使用权。然而，租赁协议中却没有设定任何形式的设计或开发标准。为了节省在基地上方建造1000多套公寓的成本，四惠地铁站只建了一座人行天桥。结果车站入口处的人行道人满为患、拥挤不堪，人员要排长队进站，严重破坏了车站环境，降低了土地价格。四惠站周围的低质量环境凸显了总体规划的重要性，如果有总体规划，就可以监督项目的开发，确保车站环境的公共领域和私人领域之间的功能关系。

在中国的城市中，城市设计与场所营造的考虑因素开始变得越来越重要。在全力减少交通拥堵和空气污染的行动中，一些中国城市已欣然接受了公交导向开发思想，并在区域层面宣称自己是未来的公交大都市。重庆市最近发布了公交支持性设计导则，强调以精细化直线网格打破超级街区的重要性，以创造更具渗透性的街道景观，实现土地用途穿插，从而使许多功能都处于步行距离之内（图9-6）。北京和深圳在最近的长期总体规划中，也采用了公交导向开发作为设计指导原则[58]。铁路和土地利用一体化也是出于财政目的。2013年，香港港铁公司在大陆的首个铁路+房地产项目破土动工：在深圳的一个地铁站上方，建造了1700套公寓和一个购物中心（第7章）。未来的居民将可以全天候步行进入龙华线龙胜地铁站。尽管中国严格监管的土地市场限制了从铁路投资中完全重获价值的能力，但通过铁路+房地产模式，将私人开发与公共交通实际结合起来，可能会成为中国其他城市公交导向开发的范例[59]。

中国的公交导向开发也出现了场所营造方面的转变。深圳罗湖公交枢纽就是一个例子。作为城际快速列车的大型联运换乘站，罗湖站的规模和设计都以提高后勤保障效率

不鼓励：
主干路主导的超级街区网络
—汽车优先于人
—不利于行人活动

超级街区网格

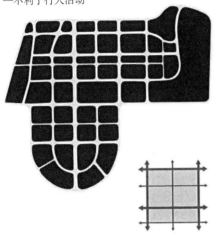

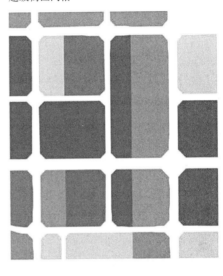

推荐：
小街区城市网络
—人优先于汽车
—支持行人与经营活动

城市路网网格

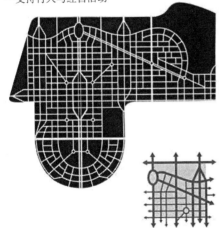

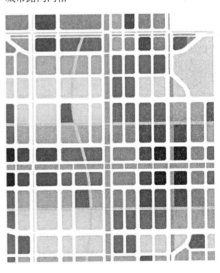

图9-6 打破超级街区：中国重庆的公交导向开发指南。左图建议采用精细化网格网络，增加行人的连通性；右图显示，较小街区使土地综合利用更加密切，如社区商店。
资料来源：卡尔索普联合公司（Calthorpe and Associates），公交导向区域规划（Transit Oriented Districts Plan），重庆市规划局两江新区（Liangjiang New District, Chongqing Planning Bureau），2013年。

图9-7　深圳罗湖站，从一个物流节点转变为行人专用的铁路服务场所。以前，占据站前空间的是成群的出租车、汽车和公共汽车，而不是行人。图片来源：克里斯·云克好（Chris Yunker），知识共享（Creative Commons）网络图片。

作为目标。图9-7所示为车站的主要出入口通道，以前是火车乘客与等候的公共汽车、出租车和汽车之间的冲突点。如今，这些功能已经被迁移至外围和一个下沉式的多模式联运点，取而代之的是一个风景优美、以人为本的室外广场。现在，进出罗湖站的乘客可以享受到通风良好、基本没有交通冲突的步行环境，车站大厅和周围环境融为一体。在中国不断扩张的城市铁路交通网络中，罗湖站很可能是在重要站点上以场所营造原则取代后勤保障原则的先行者。

快速公交系统

在所有当代城市交通策略中，快速公交系统可能最为著名。自从波哥大的新世纪快速公交系统（TransMilenio）证明，只要有足够的发车频率、通行权、车道优先权和驻车设施等，快速公交系统的性能几乎可以媲美除最广泛使用的高运力铁路系统之外的所有系统[60]，此后，全球快速公交线路的数量呈指数级增长[61]。由于兼具建设周期短、投资成本低两个优势，快速公交系统在第三世界国家尤其受到青睐，那里的公交需求往往很高，而投资资金又往往短缺。在21世纪初，波哥大、圣保罗和圣地亚哥等拉丁美洲城市，率先建设了高端快速公交系统（库里蒂巴甚至建得更早）。在过去8年里，中国增加快速公交专用车道长度的速度比其他任何地方都快，现在又以类似的速度在广州、厦门等地建设高端系统。

然而，与中国的铁路系统一样，过分强调机动性而非场所营造的做法已经限制了全球许多快速公交系统投资的有效性。在本节中，我们将探讨波哥大新世纪快速公交系统和艾哈迈达巴德（Ahmedabad）人民之路快速公交系统（Janmarg）在平衡机动性和场所营造作用中面临的挑战，这是迄今已经建成的两个最大快速公交系统。然后，我们将看看最近在中国广州和印尼梭罗的两个快速公交系统投资项目。在广州，公交投资与城市绿道及周边土地利用相结合，展示了快速公交系统在亚洲的最佳状态。在梭罗，较低的乘客量和糟糕的系统性能显示了在世界上摩托车快速增长的城市发展快速公交系统所面临的挑战。

新世纪快速公交系统的经验（哥伦比亚波哥大市）

波哥大的新世纪快速公交系统尽管是一项广受赞誉的快速公交投资，每小时每个方向可运送大约4.5万名乘客，还赢得了交通与发展政策研究所的黄金标准之称，但重塑城市形态和土地利用模式并不是其设计的首要目标。其真正的设计目标在于快速建立公交系统，增加穷人负担得起的交通手段。在经济大部分停滞的地区布局快速公交线路，而这些地区又大多已被扩建，这就抑制了土地开发。快速公交站点设在繁忙道路的中央隔离带上也是如此，既限制了联合开发的机会，还使车站周边的步行环境缺乏吸引力。站区规划缺乏前瞻性，又没有鼓励私人业主重新开发地块的激励措施，这些都抑制了公交导向开发活动。

2004～2010年间，波哥大全市住宅与商业开发的平均建筑面积比增长了7%，相比之下，而最初的42公里系统沿线车站1000米距离范围内，商业开发仅增长了5%[62]。事实上，密度更高的地方是通往市郊新世纪快速公交车站的地面公共汽车线路沿线，而不是快速公交车站周围。对快速公交车站周围1公里半径范围内和其他类似控制区在1998～2011年间建筑占地面积的变化进行了配对比较，进一步揭示了快速公交系统对城市增长的影响极其微弱。除了线路终点站以外，更多的新建筑出现在距离车站1000米以外，而不是1000米以内。

波哥大的经验与以往的公交投资经验是一致的，即：公交系统无法克服当地房地产市场的疲软状态[63]。车站选址也很重要。在活跃道路的中间隔离带设置站点，不可避免地会形成低质量的行人通道环境，因此车站附近的商业开发几乎没有。新世纪快速公交系统的设计几乎没有考虑步行体验。连接快速公交车站的人行天桥视觉效果突出，产生了漫长、迂回的步行路线，可能会产生嘈杂的噪声（有人说，在交通高峰时段会发出像钢鼓一样的共鸣），而且使老年人、残疾人和行动不便的人很难穿越。波哥大的经验进一步表明，规划很重要。

无论是城市还是邻近区域（这些地方都规定和实施了土地利用详细规划）都没有编制站区用地规划，以统筹私人开发，更改分区（包括增加容许密度），引入配套改善措施（如街道景观改善措施）吸引私人投资，或采取任何其他积极措施来推动新的开发。

印度艾哈迈达巴德的经验

2009年，艾哈迈达巴德开通了印度第一个也是目前印度最大的快速公交网络。这条45公里长的公交系统被称为人民之路（People's way），旨在缓解印度第五大城市日益严重的交通拥堵问题。那里已经具备设置快速公交系统以塑造未来城市增长的诸要素：快速增长和机动化，以及交通拥堵日益加剧[64]。然而，到目前为止，人民之路公交车站附近几乎没有发生明显的变化。

如同波哥大的情形一样，人民之路公交系统也是被设想和设计为一种机动性投资，而不是塑造城市的投资。无论是过去还是现在，人民之路公交系统的线路选择都是为了服务城市增长最快的区域，这一点比波哥大的情形尤甚，而很少关注快速公交站点与周边社区的整合，也不重视提高快速公交系统附近的未来人口和就业人员比例。人民之路公交系统的设计主要是为了保持低成本。几乎没有考虑到城市发展的可能性。没有为人民之路线路上的任何一个站点制定土地利用或公交导向开发规划。土地开发活动将要发生的一切，都完全由私人市场力量决定。

到目前为止，艾哈迈达巴德的官员们已选择在整个城市保持统一的密度，不论地块距离公交走廊有多远。这样做是为了分散出行，从而缓解城市的拥堵。这样做还有社会文化方面的原因，即为了避免产生由土地所有者组成的特权阶级，他们通过政府法令而创造自己的新财富。然而，保持密度一致也会将增长转移到外围，形成更加以汽车为导向的布局形式。从短期来看，由于密度的限制，城市可能不会出现交通堵塞的情况，但是从长期来看，由此产生的以汽车为导向的城市形态可能会适得其反，造成整个地区更严重的交通拥堵和空气污染。

如果艾哈迈达巴德要塑造城市发展，就必须克服几个设计缺陷。人民之路公交系统过去被设计成一个封闭系统，要求使用者通过步行、自行车、汽车、双轮车、三轮车或街面公共汽车等，进入位于道路中间隔离带的车站。然而，对通往快速公交车站的垂直通道很少关注。没有任何辅助支路系统提供安全有效的步道、自行车道和公交连接线，让人们通往主线公交服务。虽然建造了庞大的自行车路网来配合人民之路公交系统，但在大多数情况下自行车道与公共汽车道是平行的，而不是垂直的，因此在功能上更像是竞争性系统而不是互补性系统。此外，车站没有自行车停放处。人民之路公交系统的站点附近仅有几条步行路，还经常被摩托车和快速行驶的三轮车占据。

广州快速公交系统-土地利用一体化

广州的快速公交系统备受赞誉，与中国许多其他城市的劣质公交车站设计形成鲜明对比。除了提高公共汽车速度和居民乘坐公交出行的比例外，广州还重视周边开发项目与快速公交系统平台之间的衔接，并因此赢得赞誉，这与艾哈迈达巴德等地将步行通道列为次要考虑因素的做法形成对比。广州快速公交系统的特点是，通过缓坡步行桥实现步行无缝连接，并与相邻商业建筑的二层进行同层整合（图9-8）。由于高质量的快速公交服务和通往车站的步行通道相结合，高层商业开发项目正在被吸引到广州的快速公交走廊沿线，在快速公交系统运营的前两年里，房地产价格上涨了30%[65]。

广州市也致力于将快速公交系统与已经吸纳为城市人口的城中村整合起来，在过去25年里，城市人口从600万增加了一倍，达到1200万。这些曾经处于城市边缘地带的高度密集的城中村，如今与新建的中高层开发项目紧密相连，但往往又缺乏关键的城市基础设施或正规的土地业权。广州快速公交系统改善了20多个人口稠密的非正规邻里街区的连通性，不仅改善了居民的可达性，也提高了公交系统的性能。塘厦村（Tangxia Village）是一个有35万居民的住区，以外来务工人员为主，塘厦村车站（Tangxiacun station）已经成为世界上最繁忙的快速公交车站之一，在高峰时段每小时运送乘客达8000人次[66]。

图9-8（左）　缓坡、有绿化的步行天桥与街道上方的零售商店相连，并连通城市的步行网络。广州市快速公交系统的设计致力于容纳和整合行人。图片来源：本杰明，知识共享网络图片。

图9-8（右）　艾哈迈达巴德的快速公交系统车站位于街区中段，步行进入通道有限，几乎没有针对行驶车流设置保护设施。图片来源：印度交通发展政策研究所。

印度尼西亚的快速公交系统

近年来，印尼城市一直在积极建设快速公交系统。自2000年以来，只有在中国这个人口是印尼5倍的国家，新增快速公交系统的城市超过了印尼[67]。雅加达快捷巴士系统（TransJakarta）是印尼的第一个快速公交系统，于2004年在雅加达投入使用。这个系统一直没有发挥主要的机动性作用，部分原因是设计过于简单（如，没有超车线）、运营问题（如公共汽车线路分布范围广），以及未能整合私营客运服务作为辅助等。尽管它是世界上最长的快速公交系统，但其快速公交每日客运量却一直停滞在35万人次左右，峰值运力仅为波哥大新世纪快速公交系统的十二分之一。这在一定上是因为，雅加达快捷巴士系统根本没有为遍布大都市的大多数非正规聚居区、住宅区、活动中心和其他主要的出行发生地提供服务。而非正规的小型公共汽车却做到了这一点。

印尼其他快速公交系统的跟踪记录甚至更糟糕。在2010年和2011年投入使用的全球19个快速公交系统中，乘客量最低的3个项目都在印尼［（分别在巨港（Palembang）、索洛和哥伦打洛（Gorontalo）]][68]。印尼这三个快速公交系统在工作日平均每公里有39名乘客，其平均载客量还不到美国传统公共汽车系统的四分之一（作者使用美国联邦公交数据库进行计算）。这些系统都缺乏快速公交的许多重要特性，如专用车道等，因此与现有的小型公共汽车相比，在成本和出行时间上几乎没有任何节省。此外，这些系统也无法与摩托车或摩托出租车竞争，因为后者以几乎相同的价格提供更快的点对点出行服务。

在认识有必要提高公交系统竞争力后，首都雅加达和主要的小型公共汽车公司之一Kopaja正在试行一个项目，允许小型公共汽车司机使用快速公交专用道进行较长距离的点对点出行，而这正是雅加达快捷巴士系统没有提供很好服务的地方。小型公共汽车司机也将成为公共交通系统的正式雇员，接受培训，领取薪水（而不是向小型公共汽车公司支付固定数额的费用，高于此数额的利润部分作为收入），还身穿雅加达快捷巴士系统的制服。尽管对于雅加达涉足私营小型公共汽车与快速公交系统的整合尝试是否成功尚无定论，但是Kopaja公司的小型公共汽车车主和司机们、雅加达快捷巴士公司以及交通官员们都对未来持乐观态度。截至2017年年中，超过100辆Kopaja公司小型公共汽车在雅加达快捷巴士专用公交道上运营。

郊区公共交通投资

即使在公共交通蓬勃发展、与城市结构很好地融为一体、并有助于塑造城市增长的地方，一个巨大的挑战依然存在，那就是：将高质量的公交服务扩展到快速增长且往往依赖公交的城市周边地区仍然困难重重。在孟买，郊区铁路网发达，居住在火车站附近，骑摩托车和开车出行就会减少[69]。虽然郊区的铁路线帮助塑造了城市的发展，但是乘火车出行距离长且拥挤不堪，许多郊区家庭住的地方又远离火车站。有几个问题使得郊区的公交投资比城市更具挑战性。第一，郊区投资一般都是匆忙上马，为人口稠密的郊区邻里街区提供服务，而不是推动经济增长。第二，郊区的地形通常多山，或是其他建设困难的地段。第三，郊区投资往往跨越多个管辖区的边界，这使得规划和投资在政策和财务上更加复杂。最后，单纯从地理和几何学角度来看，郊区线路通常需要更长距离的轨道，才能连接到城市的其他部分。即使修建了郊区铁路线路，投资也几乎总是更偏重于机动性，而不是场所。墨西哥城的郊区投资就是一个很好的例子。

与第三世界国家的其他城市一样，墨西哥城的人口增长主要集中在郊区邻里街区。自1969年第一条地铁线路开通以来，超过80%的人口增长都是在郊区，但在192个地铁站中，仅有11个位于郊区。尽管如此，占都市圈人口56%的郊区居民比城市居民使用公交工具的频率更高，他们的公交出行占机动出行的65%，相比之下，城市居民则仅为60%。墨西哥城在很大程度上未能利用地铁来帮助推动城市发展，而且像波哥大和艾哈迈达巴德的情况一样，车站也很少能很好地融入城市结构。只有3%的都市圈出行完全依靠步行和地铁。超过三分之二的地铁出行还需要搭乘私人运营的小型公共汽车或小型货车。另外有14%的人选择公共汽车、轻轨和其他交通工具。由于郊区客运量高，终点站每天平均乘车人数尤其多，因为郊区居民可以在终点站搭乘高容量公交系统。

过去十年中，最引人注目的公交投资并不是增加郊区公交，而是6条快速公交线路和12号线。6条公交线路也主要在市中心提供服务，12号线则沿市中心南部从东向西增加地铁服务。在世纪之交，地铁B线开通，将高容量公交系统大幅扩展至人口密集、相对贫穷的大型郊区自治市埃卡提佩（Ecatepec）。这项投资增加了郊区车站周围的人口密度，改善了当地居民的公交服务，但对市中心的发展、区域增长模式、交通拥堵或汽车拥有量等，几乎或者完全没有影响[70]。大多数新的地铁乘客以前使用的是路面公交工具。终点站还与最近开通的郊区快速公交线路梅西博斯线（Mexibus）相连，这条线路沿着一条6车道公路的中央车道继续延伸，向郊区提供高容量的公交服务。虽然客流量很高，但与周边社区的融合程度却非常低。为了进入车站旁边的高密度商业住宅开发项目，居民们必须穿过公路交通的两条车道（包括公交车道在内，一共三条车道），并沿着狭窄且有裂缝的水泥小路，穿过光线昏暗的沟渠和货运铁路线（图9-9）。2008年，一条通往西北部的郊区铁路线开通，但全程票价是地铁的三倍。如果再加上乘坐地铁，住在西北部郊区的通勤者每天乘坐郊区火车上下班的花费将相当于最低工资的60%。

图9-9　墨西哥城郊区的梅西博斯快速公交系统，与附近的居民区结合得非常糟糕。图片来源：埃里克·格拉。

阿兹特克城：另一种公交导向开发模式

阿兹特克城的几个郊区换乘站尽管未能融入城市结构，但已经成为公交导向开发的典范，只不过其风格和形式与第5章中描述的项目大不相同。阿兹特克城（Ciudad Azteca）是地铁B线的终点站，也是最繁忙的车站，一个月客运量超过550万人次[71]。这个车站也是墨西哥城的第一个多模式联运中心（CETRAM），是私人拥有和经营的房地产开发项目，为各种公交服务的衔接提供了便利条件，其中包括：地铁、梅西博斯快速公交系统、出租车、几条区域间公共汽车线路，以及50多条服务于墨西哥州其他目的地的私人小型货车线路。

除了向公交和出租车运营商收取封闭换乘设施的使用费外，开发商普罗迪公司（PRODI）还建造了一座购物中心、一家电影院和一家与地铁站相连的低成本医院。尤其值得一提的是这家医院，在经济上非常成功，吸引了来自服务水平较低的郊区社区的患者。虽然电影院、购物中心和大型换乘中心可能不会让人们想到公交导向开发可达性的传统理念，但这一开发项目满足了郊区通勤者换乘到地铁终点站的需求。阿兹特克城本身也成为一个出行目的地，不仅改善了居民娱乐和购物的机会，还改善了他们获得医疗服务的机会。换乘中心于2009年启用，比地铁站晚了10年，如今已成为郊区公交导向开发模式的一个样板，并在全市范围内进行复制。

麦德林地铁缆车系统

在1950～2015年间，随着大都市人口增长了10倍，位于麦德林山谷中的哥伦比亚非正规聚居区也沿着陡峭的山坡迅速发展起来。与达喀尔和巴西里约热内卢的情形一样，居民经常要搭乘私人提供的交通工具去往市中心，饱受距离远、花费高的出行之苦。随着2004年第一条K线开通，麦德林地铁缆车（Medellín Metrocable）项目成为改善蒲普乐

（Popular）和圣克鲁斯（Santa Cruz）两地环境的综合战略的一部分，这两个地方都是哥伦比亚第二大城市中最贫穷、人口最稠密的郊区。地铁缆车项目利用空中缆车系统，将乘客从陡峭的山坡运上运下。在车站周围，市政府还投资兴建了学校、图书馆、开放空间、步行道和社会住房。车站的整合与设计是投资的重要特征，而不是事后产生的想法。2008年和2010年又另外开通了两条新线路，其中，一条线路是对贫困郊区又一项综合投资计划的组成部分，另一条则用于提供通往大型区域公园的公共交通服务。

2005年，K线附近的大多数家庭被归类为低收入或非常低收入群体，只有6%的出行使用私人汽车或摩托车。大多数居民步行或搭乘公共汽车。在车站周边区域，出行时间和出行支出相较于类似的邻里街区都有所减少，而在最偏远的车站，在一天中的某些时段，去搭乘地铁的时间也从1个小时缩短至15分钟[72]。然而，除非一个人住得离车站相当近，否则乘坐非正式公共汽车通常会更快，因为这类公共汽车更有可能就近停靠[73]。步行和搭乘公共汽车仍然是最重要的两种出行模式，即使是在地铁电缆车站周围的邻里街区也是如此，这两种交通模式对前往市中心的出行最有用[74]。

地铁电缆项目的设计还有另外两个吸引人的特点。首先，小型缆车和自动系统允许发车频率非常快，乘客等候时间几乎不超过几分钟。其次，系统每公里投资仅1000万美元多一点，成本与高质量的快速公交系统相当，而且当地政府和私营部门无需外部支持即可为项目提供资金[75]。

在融资、车站整合和改善可达性方面，麦德林地铁缆车项目展示了地方政府如何利用公交投资作为催化剂，并支持其他郊区升级改造。在这方面，麦德林项目的经验可以为住宅试点项目、巴洛贫民窟项目和地块清理项目等提供借鉴。尽管如此，这个项目也使第三世界国家快速发展的郊区在改善机动性和场所营造方面面临的挑战更加严峻。麦德林的山坡地区仍然很贫穷，居民们还是需要花费大量的时间、精力和金钱，才能从周边地区前往中心地区，就业、医院、文化设施和教育机会依然集中在那里。这一系统的可复制性如何目前也还是未知数。在里约热内卢，当地居民对政府在贫民窟修建缆车的计划提出了广泛批评，因为这个项目成本过高，也无法满足当地的交通需求。项目现已停止。

结语

在第三世界国家快速发展的城市中，平衡机动性与场所营造并非易事。世界上许多发展最快的邻里街区不仅交通基础设施不足，而且缺乏诸如自来水、废弃物管理和可靠的电力供应等基本的基础设施。地方政府往往没有财力和技术能力投资基础设施，更遑论世界一流的公交系统了。即使在公交投资极大地改善了机动性的地方，这些投资项目也很少能很好地融入城市结构，或是营造出场所感。在都市圈层面，公交投资对城市增长的影响微乎其微。相反，在第三世界国家大多数快速发展的郊区，非正规的客运辅助系统或私人摩托车为长途出行提供了便利。因此，聚居区往往都是千篇一律地密集而蔓延式扩张。机动性和场所营造都受到了影响。

尽管存在这些挑战，但交通与土地利用一体化规划的几个特点使其在全球第三世界国家很有前景。第一，即使是最偏远的社区，其人口密度通常也足以支持常规的公交服务、商店和各种各样的服务。虽然去往主要就业中心的出行往往漫长而昂贵，但当地的诊所、餐馆和便利店则通常只有几步之遥，步行可达。即使是在最初主要是住宅的社区，随着时间的推移，各种功能的组合也会逐渐出现，并蓬勃发展起来。

第二，尽管有时条件很差甚至不够安全，但步行率和公交使用率仍然很高。这并不是呼吁大家不要采取行动，而是要表明，对公交和非机动基础设施的改善，不仅可以在改善当代条件方面发挥重大作用，而且还可以在今后阻止人们转向使用私人汽车和摩托车。中国城市自行车使用率直线下降的情况表明，如果规划者和政策制定者不努力为行人或骑自行车的人提供足够的空间和便利的连接，那么这一趋势将会迅速发生变化。在胡志明和雅加达等城市，摩托车使用量的迅速增加和公共交通使用量的下降，也说明了类似的情况。

第三，在社会和经济效益方面存在巨大机遇。例如，在拉丁美洲、亚洲和非洲的许多城市中，尽管步行率和公交使用率很高，但死亡率也很高。公共政策、交通执法和基础设施设计方面的转变，都有可能大幅减少世界各地每年的死亡人数。为少数开车的人修建快速通道，却让多数步行的人行走高架通道或者根本不设过街通道，这已经造成了社会、经济和公共卫生方面的灾难。减少交通伤亡应该是第三世界国家交通和土地利用规划的一个关键目标。

第四，也是最后一点，机器人技术和计算能力的进步，有可能彻底改变交通系统及其与土地利用的关系。在下一章中，我们将讨论无人驾驶汽车、虚拟现实、三维打印和无人机等技术对机动性和场所营造带来的可能性和潜在影响。其中一些技术可能会让第三世界国家的城市跳过一代交通技术，特别是私人拥有的带有内燃机的个人机动车辆。在电话技术领域，手机是一种类似的跨越式技术，给那些从未开通过固定电话的贫穷国家和城市带来了巨大的好处。世界银行的一项研究发现，在第三世界国家，每百户家庭新增10部手机，就为对人均国内生产总值贡献了近一个百分点[76]。基于这项新技术，肯尼亚等地已成为提供手机银行服务和手机货币的世界领先者。新的交通技术同样可能会对第三世界国家产生最大的影响。考虑到人口密度高、可达性低以及企业式的交通服务，第三世界国家的城市也可能率先开发新的交通系统，以应对挑战，为其快速增长的郊区提供更好的可达性。

第 10 章

新兴技术

数字革命正在被机器人革命所取代，后者几乎可能会触及人类生活的方方面面。科学家和爱好者们正在努力完善肉类、机枪以及介于二者之间的几乎所有物体的三维打印技术。医学的进步使人们更长寿，生活更有活力。虚拟现实眼镜不仅改变了人们消费视频游戏和电影的方式，可能还改变了人们开会和与亲人交流的方式。汽车制造商、科技巨头和初创公司都在致力于完善各种技术，使汽车、卡车和公共汽车在未来几十年能够在城市街道上安全地自行行驶。许多这样的技术创新不仅会影响人们的出行方式，还会影响他们的出行次数，影响他们选择居住和工作的地点，以及他们居住的城市类型。

这一章将探讨在技术变革日新月异的世界里，超越机动性的城市规划和设计意味着什么。基于智能手机的拼车服务等技术已经对城市和交通系统产生了重大影响。自动驾驶汽车可能会从根本上改变人们的出行方式，无论是开车还是乘坐公共交通工具，同时还会对城市形态、当地邻里街区与市中心的质量产生巨大的溢出效应。此外，如果汽车可以自动驾驶，可能就会减少专用于停车的城市空间，甚至可能改变人们支付汽车出行的方式。货运和通信技术的进步将继续影响人们购物和交流的方式，影响机动性和场所之间的平衡。

新兴技术有可能促进或阻碍以人为本的城市发展。在本章中，我们将以一种谨慎的乐观态度，来讨论新技术与机动性和场所的关系。尽管许多新技术可能会延续当前倚重于机动性胜过场所的一贯做法，但技术创新也提供了一个难得的机会，可以打破交通与土地利用体系的历史依赖关系，这种依赖关系消耗了过多的化石燃料、城市土地和财政资源。普通汽车每天会闲置23个小时。使用时，也通常有四分之三的座位是空的。在许多出行中，汽车以两吨重的钢笼子运送一个约150磅重的人，动力过于强劲，体积也过于庞大。由于停车位的数量是汽车的两倍多，大多数停车场都处于闲置状态，占用了原本可以用于住房、办公场所或开放空间的土地。新技术为城市重新校准带来了重要、或许是前所未有的机遇，使城市更多地关注人与场所，而不是机动性。

叫车与拼车服务

在过去的十年中，城市机动性以种种新形式爆炸式增长，这些形式填补了昂贵的专享出租车服务和高度标准化的固定线路、固定时刻表的公共汽车服务之间的巨大空间。利用智能手机技术，乘着协作消费增长的浪潮，各式各样的机动性服务商遍布全球各个城市的大街小巷，从优步和来福等叫车服务，到包括私人通勤小型公共汽车、动态中型客运拼车和轿车拼车在内的各种形式微公交，以及出租车式的拼车服务（如，优步拼车和来福拼车）等。新时代的微机动性几乎算不上发达城市的独有现象：在雅加达，一家名为GoJek的摩托车出租车服务公司迅速蹿红，利用智能手机应用程序来处理乘客的乘车请求和付款，还有专为女性提供摩托车出租车服务、由女性运营的BluJek公司，也是如此。对消费者来说，新时代的出行服务大多是好消息，按照经济学家的说法，提供了迄今为止前所未有的服务和价格点，丰富了人们的机动性选择。最近对旧金山的叫车服务所作研究发现，便利和省时是最吸引乘客之处。人们选择优步和来福的主要原因之一，是使用智能手机支付和叫车请求更容易，以及平均等候的时间也更短（与出租车相比）[1]。毫不奇怪，千禧一代尤为如此。

虽然叫车服务可能会削弱城市公共交通的作用（正如旧金山研究报告提出来的那样），优步和来福的用户开始拼车出行以换取车费的优惠，但是叫车服务也会改变我们熟悉的大规模公共交通，提升全球动态拼车的机动性作用。对于优步和来福等公司而言，拼车服务已成为增长最快的市场。优步拼车（UberPool）目前在美国30多个城市中运营，在一些城市中占了所有出行的一半以上[2]。在洛杉矶和旧金山，每周有超过10万人次出行使用优步。在这两个城市，共享叫车服务正蓬勃发展，有时起到了车站汽车的作用，车站汽车是微机动性形式之一，20年前，人们曾设想用这种形式让乘客往返于加州城市铁路系统的各个车站[3]，在轨道公交站的始发或终到出行中，优步拼车在洛杉矶占14%，在旧金山占10%[4]。美国公共交通协会（American Public Transportation Association）是一家为美国公共交通利益服务的游说机构，已正式认可共享拼车服务。他们的观点是，动态拼车出行扩大了集体乘车出行者的阵营，弥补了传统公共交通的不足。在哥伦比亚的波哥大，优步除了为快速公交站点提供垂直接驳服务外，还为没有使用新世纪快速公交系统的地区提供服务。

真正具有变革性、将共享拼车服务纳入城市机动性大联盟、推动适应性公共交通模式的，是围绕热门地点（即经常载客和落客的地方）进行筹划和组织服务。乘客只需步行几个街区就能到达热门地点，作为回报，可以享受到车费优惠。热门地点将较为复杂得多对多出行匹配，转换为更易于处理的模式，即匹配几个出发地和几个目的地即可。如果乘客是在热门地点而不是各自的街道地址上下车，那么车载电脑就可以轻而易举地设计出路线规划，沿途搭载多名乘客。这也将减少目前共享出租车乘客在别人家等待另一名乘客上下车的问题。随着新技术允许汽车自动驾驶，叫车和拼车服务的潜力将会有增无减。

无人驾驶汽车：显而易见的事实

没有任何一项新技术能像无人驾驶汽车技术那样，吸引着未来学家、建筑师、规划师和政策制定者的想象力和兴趣。无人驾驶汽车和其他自动化交通工具不仅有可能减少交通事故死亡人数，将个人机动性扩展到数百万人口，并改变大多数人的出行方式，而且还可能从根本上改变城市。在美国，自动驾驶汽车可以减少专门用于停车和道路的空间，提高交通服务的质量和覆盖范围，减少汽车拥有率，鼓励更多的步行和骑自行车出行。在只有少数人开车的第三世界国家城市，自动化技术可以极大地提高公共交通的质量、速度和效率，特别是小型货车和小型公共汽车的路面公交。如第9章所示，减少与交通伤亡的益处在第三世界国家最为明显。

乐观主义者设想的未来是，无人驾驶汽车将引发一场共享城市机动性的革命，并不可避免地减少我们目前的交通系统对环境、人类和城市造成的危害。按照这种乐观的设想，大多数人将不再拥有汽车，而是依赖自动化出租车和公交工具提供的服务。如果可以召唤一辆车来接你，又没有停车、保险或维修的烦恼，那为什么还要拥有汽车呢？消费者将会根据价格、出行时间和个人偏好，在单人车辆和大型共享车之间做出选择。人们这时将按行驶里程支付车辆出行费用，而不再需要支付庞大的购车费和保险金，因此他们也更有可能考虑通过步行或骑自行车来省钱。此外，通过减少对城市停车位的需求，城市和城镇将能够投入更多的空间，使城市区域为行人和骑自行车的人提供更加舒适而安全的环境。

然而，也不是没有悲观的理由。尽管我们只希望一种新的交通技术能够像本书中所主张的那样，明确地引领我们走向更好的环境、更好的经济和更好的社区，但无人驾驶汽车对可持续的城市化进程还是构成了几个威胁。如果自动驾驶汽车确实能够降低人们感知到的和实际花费的驾驶成本，那么，开车出行就会更多。如果这种情况真的发生了，汽车自动化将只是一系列使驾驶更舒适、更方便的技术之一。家庭将倾向于拥有车辆，送家人外出办事，甚至让汽车绕圈行驶，以避免在密集的邻里街区支付停车费。许多汽车可能会成为全职的移动办公室，让人们整天穿梭于会议之间，还会增加定期往返于大都市区之间的通勤者比例。

在美国，由于年龄、残疾、低收入或偏好等原因，三分之一的人口没有驾照，十分之一的家庭没有汽车，而自动驾驶汽车也将扩大这些人口和家庭的个人机动性。就美国的老年人而言，扩大汽车的使用范围可能尤其重要，他们中的许多人居住在依赖汽车的社区，并希望继续生活在那里。这种增加个人机动性的机会无疑将为消费者带来巨大利益。然而，这些好处都将以提高机动性的形式出现，并以牺牲场所为代价。即使自动驾驶汽车将现有运力提升一倍，这种运力也会迅速被填补，而分散开发将占用更多的土地，并侵蚀效率提高带来的可持续发展效益。到目前为止，美国区域出行建模人员已经预测，自动驾驶汽车将使驾驶总量增加5%～25%[5]。除了驾车行驶距离更远外，出行者可能还会更加远离社交活动和公共空间。乘客们将在私人便门之间出出进进，甚至都不需要看一眼他们所经过的空间，而只是通过互联网设备和控制台浏览一下消费媒体即可。这并不是建设美好场所的成功秘诀。

无人驾驶汽车将如何改变城市，或将如何影响机动性与场所之间的许多关系，巨大的不确定性让人们很难对此做出预测。因为新技术都很昂贵，而且普通乘用车的使用年限在11年以上[6]，所以，可能还需要时间来评估和改变自动驾驶汽车对城市和场所产生的影响。我们仍然持谨慎乐观的态度，认为无人驾驶汽车将比任何新技术都能在机动性和场所之间实现新的、更好的平衡。在简要介绍自动驾驶汽车技术的现状后，我们将讨论无人驾驶汽车可能会对当前的机动性与场所之间关系产生破坏作用的四种方式，无人驾驶汽车也有可能以这些方式激发当前急需的城市优先事项的重新排序。

无人驾驶汽车现状

尽管长期以来人们对自动驾驶汽车的潜力和好处一直抱有浓厚的兴趣[7]，但直到最近，计算机处理、卫星定位和激光传感等技术的快速发展，才使这个长久以来的梦想变成了现实。2004年，美国国防高级研究计划局（Defense Advanced research Projects Agency）为了挑战自动驾驶汽车、刺激新的技术创新，设计了一项150英里长的障碍赛。然而在比赛中，甚至没有一个研究团队的自动驾驶汽车能够完成赛程的十分之一。一年后，有五支团队完成了挑战。当前的自动驾驶系统依靠全球定位系统、摄像机和其他传感器，特别是激光雷达（像雷达，但以激光代替无线电波），来检测车辆的位置和周围车辆、人以及障碍物的位置，以保持安全地行驶在公路行车道的中间，或者在城市街道上行驶（图10-1）。介于零自主和完全自主之间还有一系列功能控制，如自适应中

图10-1　2007年卡耐基·梅隆大学塔尔坦赛车队（Carnegie Mellon Tartan Racing）获胜车辆　美国国防高级研究计划局挑战赛展示了自动车辆上使用的各种传感大号。图片来源：卡耐基·梅隆大学塔尔坦赛车队。

心车道巡航控制，它可以在公路上接管驾驶任务，但要求驾驶员保持专注，并随时准备接管驾驶任务。

大多数主要汽车制造商已经在市场上推出和销售高端汽车，这些汽车都带有自动刹车、自动泊车、车道偏离预警和变速巡航控制等功能。大多数汽车制造商同科技公司一道，也在竞相开发全自动驾驶汽车。日产汽车公司（Nissan）宣布，计划到2020年将向大众市场推出具有自动转向、刹车和加速功能的汽车。福特汽车公司（Ford Motor Companies）设定的目标是到2021年生产全自动汽车[8]。谷歌公司（Google）已经记录了超过200万英里的自动汽车驾驶里程，还开发了一款没有刹车踏板、加速器和方向盘的原型车[9]。优步已经开始在宾夕法尼亚州的匹兹堡测试自动驾驶出租车，不过测试工程师仍留在驾驶位置，以监控系统并确保安全。戴姆勒公司（Daimler）正在内华达州的公共道路上测试一款18轮自动驾驶原型车[10]。许多公交部门和机场也已经有数十年在固定导轨上运营无人驾驶火车的经验[11]，而正在公共街道和私人园区内测试无人驾驶小型公共汽车的包括：欧盟资助的City-Mobil 2号、法国公司的EZ10、代尔夫特科技大学（Delft Technological University）、德尔福汽车公司（Delphi Automotive）与新加坡陆地交通管理局（Singapore Land Transportation Authority）合作，以及其他许多公司[12]。

尽管技术障碍仍然存在，尤其是在恶劣天气、低成本遥感和路面状况不断变化等方面，但在未来5～20年内，具有重塑交通和城市潜力的全自动驾驶汽车将投入商用，并在城市街道和公路上自动驾驶。这将极大地影响交通安全性、专门用于机动性的空间数量、公共交通的数量与质量，以及消费者为出行付费的方式。

安全性

自动驾驶汽车在驾驶过程中没有人的参与，也消除了人为错误，因此可能会大幅减少交通事故[13]。这一点使自动驾驶汽车迈入一系列技术进步的行列，这些技术进步使驾驶变得更安全。在过去的20年里，美国的人均交通死亡人数和每英里行车死亡人数分别下降了50%和60%。尽管如此，与其他安全改进措施不同的是，自动驾驶汽车可能还会减少行人死亡的数量，或许还会降低行人死亡的比例。在美国和许多其他国家，尽管安全记录在其他方面有所改善，但行人交通死亡的人数和比例一直居高不下，甚至有所上升。2015年和2016年，因交通事故死亡的行人数量增加，达到20年来的最高水平。导致这一数字增长的确切原因尚不清楚，但司机因手机分心很可能是罪魁祸首。

除了消除了人为错误外，无人驾驶汽车还往往会成为谨慎、守法和有礼貌的驾驶者。计算机系统永远不会被惹恼，体验不到路怒，也不会故意威胁或伤害其他的道路使用者。这在城市地区尤为重要，因为在城市地区，驾驶员经常超速行驶、闯红灯、向行人鸣笛、在人行横道上不礼让行人，这些行为都使步行变得不安全、不愉快。如果行人了解并相信自动驾驶汽车能够安全、礼貌地进行互动，那么他们在使用没有标记的人行横道甚至横穿马路时，就会感觉舒服得多[14]。因此，无人驾驶汽车将使人口稠密的城市地区步行速度更快、更愉快，也更加普遍，在这些地区，咄咄逼人的驾驶行为常常让行人对街道避而远之。

随着密集的城市街道变得越来越以行人为主，改变司机和行人之间的这种动态关系可能会随着时间的推移而产生变革性的影响。骑自行车的人也会从中受益。感知到的安全风险是使用自行车的头号障碍，而可靠、安全以及可预测的自动驾驶汽车将极大地改善骑行条件，即使在自行车基础设施很少或根本没有的城市也是如此。因此，无人驾驶汽车可能会对行人和骑自行车的人产生重要的、出乎意料的、有益的连带作用。不过，这些益处必须编入自动驾驶汽车的程序中。尽管报纸上的热门文章一直关注汽车在特定情况下可能面临的不同寻常的伦理困境，比如，是冲向悬崖边，还是撞向一群学童，这种不常见的选择决策该如何做？但是远比这点更重要的，是那些总体规划决策：车辆在城市环境中可以开多快？车辆在行人周围的表现是否稳妥？以及是否遵守了所有的道路规则，诸如在停车标志前完全停下来？美国城市交通官员协会（National Association of City Transportation Officials）是一个代表美国最大城市的组织，这个组织建议，在城市环境中，自动驾驶汽车的时速应限制在每小时25英里以内[15]。

扩大公共交通的选择

自动化车辆技术还可以大大降低提供公共交通服务的成本，尤其是小汽车和小型公共汽车等小型车辆。对于大多数公交机构来说，雇用司机的成本使其难以承受使用小型车辆提供较频繁服务的高昂成本，而这种做法对乘客却具有吸引力。事实上，公共交通可能是汽车自动化蓬勃发展的最早领域之一。许多公交机构和机场已经有数十年在固定轨道上运营无人驾驶火车的经验，欧盟资助的CityMobil2（图10-2）已经开始在公共街道上测试无人驾驶公共交通工具，卡耐基梅隆大学等校园已经在开发无人驾驶的穿梭巴士，法国初创公司EasyMile也建造了一辆可搭乘12位乘客的无人驾驶穿梭巴士，用于巴黎的公共交通[16]。美国的一些大都市规划人员希望，无人驾驶汽车可以促进小型车辆提供灵活、频繁的公交服务，这样可以与私人汽车在速度和便利性上形成竞争，或者，在密度较低的郊区社区提供最后一英里服务[17]。

在美国和欧洲，自动驾驶技术也可能导致私营机构迅速重新进入提供公交服务的业务。在20世纪60年代以前，美国城市几乎所有的公共汽车和铁路服务都是由私营公司提

图10-2　CityMobil 2 公共汽车在公共路面上运行。图片来源：Technalia，知识共享网络图片。

供的。直到这些服务变得无利可图而开始关闭时，公共部门才承担起作为公共交通服务主要提供者的角色。在欧洲，私营公司仍然普遍存在，但是提供服务会得到补贴。如果新技术大大降低了提供公交服务和提升公交价值能力（例如，使其能更好地采取门到门而不是车站到车站的方式运送乘客）的成本，那么，私营机构就可以迅速扩大其公交服务的范围。目前，战车（Chariot）和优步等公司已经进入了这个市场，在主要城市的热门公交线路上提供支持手机的豪华巴士服务，并提供出租车拼车服务。谷歌和苹果等大型雇主为它们的许多员工提供公共汽车服务，这些员工住在旧金山和奥克兰，要通勤去硅谷。无人驾驶汽车会增加还是减少汽车驾驶总量，在很大程度上取决于大型技术和汽车制造商提供的拼车服务，或向个人消费者销售无人驾驶汽车的程度。

　　在第三世界国家的城市，自动化交通带来的收益甚至可能更大。正如前一节所述，在第三世界国家，有相当数量的城市居民依赖私人提供的小型货车车或小型公共汽车，作为日常机动出行的交通工具，即使在有地铁或快速公交网络的城市也是如此。如果自动化技术可以降低成本，改善这些车辆的服务，就可能会减缓甚至阻止私人汽车拥有量和使用量的快速增长。最乐观地说，自动化公共交通可能会提供一种跨越式的技术，帮助新兴国家提高个人机动性，而无需在环境、社会和经济方面进行成本高昂的新投资，比如修建新的道路、公交基础设施、停车场和低密度的居住模式等。与手机和电话技术一样，汽车自动化技术可以帮助居民跳过整整一代占主导地位的交通技术。如果新技术能够帮助人们摆脱因机动性增加而导致场所质量下降的困境，那么，依赖公共交通的中等收入城市的居民，比如中国、拉丁美洲和印度等地的居民，将在不久的将来大为受益。尽管人们也需要更快捷、更安全、更可靠的公共交通工具，但由于工资低、投资少，第三世界国家最贫困的城市很可能是最后采用昂贵的、节省劳动力的新技术的地方之一。

停车革命

　　无论自动驾驶汽车是否会引发公共交通和共享城市机动性的变革，城市停车都将发生变化。这一影响不可小觑。唐纳德·舒普（Donald Shoup）在其著作《免费停车的高昂成本》（*The High Cost of Free Parking*）中认为，停车政策或许是美国城市规划中最大的灾难，他估计，美国所有停车的总成本可能与私人汽车的总价值相当，甚至更高[18]。还有人估计，如果在私人汽车的生命周期排放计算时加上泊车设施，就会使许多地方污染物和温室气体的排放量增加25%～90%[19]。停车也是城市土地的最大消耗者之一（见图6-4）[20]。即使在人口稠密的城市，也会留出大量空间用于停放私人车辆，其代价是牺牲了更多的住房、商店、办公空间、开放空间和其他公共设施。其中的大部分空间在某些特定的时候都处于闲置状态，而在一些城市，停车位数量可能会超过车辆数量，每辆车的停车位可能会超过8个[21]。

即使无人驾驶汽车对汽车拥有量和驾驶率影响不大，但对停车以及停车与其他土地用途关系的影响也将是巨大的。出行者们将在目的地的门前下车，而不是在难以停车的邻里街区绕圈寻找空地，据估计，这占了繁华商业邻里街区所有交通流量的四分之一到一半[22]。相应地，私人汽车很可能会在车主短暂的取物时间里，见缝插针地找到并驶向最便宜的停车地点。而共享车辆只有在乘客需求较低的时候才会停驻，并且可以像公共汽车、铁路和卡车一样，停放于城市低价地段的大型仓储区或露天场所。即使是在郊区的办公园区或购物中心等容易停车的地方，自动驾驶汽车也会在办公室和购物中心的门前放下乘客，然后再去接下一位乘客，或者寻找一个低成本、方便的停车位。

简而言之，停车是最密集型的土地用途之一，也是以人和场所为本进行规划的一大障碍，将在很大程度上与其他土地用途剥离。现在，整条街道上的停车空间都可以很容易地重新用于拓宽的人行道、城市自行车道、开放空间，甚至是商业用途，如食品卡车等。除了重新回收利用停车空间外，这种剥离还将促进老旧建筑的再利用和历史保护，因为老旧建筑的可用停车位可能低于市场支持或现行法规规定的水平。

合理确定汽车出行价格

车辆自动化技术还可能有助于彻底改变人们和社会为道路和出行支付费用的方式。尽管交通专家们对具体政策往往意见不一，但几乎都一致地认为，包括停车在内的汽车出行成本被严重低估了。第2章、第3章和第4章阐述过汽车在交通拥堵、环境污染、交通事故死亡和公共空间退化等方面造成的高成本。当前，公共部门提供道路，私营公司出售车辆和燃料，而普通大众消费交通服务，在这样的体系下对交通系统进行合理定价一直困难重重，难以实现。迄今为止，只有新加坡和伦敦等少数城市对进入城市最拥堵区域的驾车者收取费用。尽管这些项目取得了成功，但目前的拥堵收费技术还是相当昂贵且管理困难，如伦敦基于摄像机和新加坡基于电子发射设备的技术。在征税（如燃油税）更普遍的地方，税收收入又往往被用于扩建道路，而不是用来抵消强加于他人的环境、经济或社会成本。

无人驾驶汽车有可能会为汽车出行带来更合理的定价，并将出行时更多的驾驶成本转移到边际，而不是为保险、存放、维修或购置车辆而支付的大笔费用。由于无人驾驶汽车将拥有内置的技术，可以知道汽车在何时何地占用的道路空间情况，因此，对占用道路空间的地点和时间进行收费在技术上也相当简单。如果这些收费与通行费一样在边际发生，那么驾车者就会更加清楚地意识到要避免在一天的拥堵时段进入城市的拥堵区域，也会意识到自己对他人造成的污染。后者尤其重要，因为较贫穷的家庭往往开车最少，却常常承担了最高的污染成本[23]。科技和汽车公司将开始向消费者提供各种定价方案。许多消费者将继续倾向于选择按月或按年一次性支付汽车费用。然而，也有人会选择为每次出行单独付费，并根据价格、出行时间和便利程度等，在步行、驾车、搭乘公交和骑自行车之间做出选择。这在城市中将尤为普遍。最后，无人驾驶技术可能会导致汽车拥有模式的转变，福特、丰田、优步和来福等大公司拥有更多的车辆。从政治和逻辑上讲，对少数公司施加于社会的成本征税，远比向公众消费者征税要简单。因此，自动驾驶车辆将使拥堵收费不仅更便宜、更容易，管理起来更灵活，而且也更容易为公众所接受。

城市货运

除了改变乘客的出行方式，新技术也在改变、并将继续改变城市中商品的生产、运输和消费方式。这些变化可能会极大地影响机动性与场所之间的平衡。三维打印已经在引领小型制造业的复兴，其中大部分都位于城市。如果这项技术继续快速发展，则可能使大量制造业更接近消费者。这将对全球货运流产生变革性的影响，不仅影响亚洲制造业中心，还将影响纽瓦克（Newark）、洛杉矶和巴尔的摩（Baltimore）等港口城市。一方面，这将减少受影响城市的卡车运输量和相关污染，另一方面，可能也会导致大规模的经济结构调整，损害经济上高度依赖港口活动的城市。

在城市内部，货运和物流公司可能会率先采用新技术。2014年，网购零售额已经超过1万亿美元，占全球零售总额6%。网上购物继续呈上升趋势。城市货物运输的性质也随之发生了变化，从运输一卡车的货物到实体商店，转变为把一个个包裹运送到购买者的家门口。千禧一代引领着网上购物的潮流，越来越多的人居住在城市中心，这些趋势带来了新的物流挑战，最为明显的是，越来越多的送货卡车汇聚并穿梭在城市的居民区和紧凑的城区。亚马逊等大型电子商务公司已在美国许多城市的外围和郊区开设了货运仓库集散配送中心。许多公司还在开发技术，计划用自动无人机运送小型包裹。

更为紧迫的是，物流公司正在利用算法来减少拥挤的城市中心街道上的交通流量，以降低包裹递送成本。尽管如此，一些前所未有的新问题仍在不断涌现，比如越来越多的噪声、烟雾和居民区交通中断，联邦快递（FedEx）、联合包裹服务公司（UPS）、敦豪速递公司（DHL）和其他快递公司源源不断的快递造成路面破损严重等。这些运营商将市区的停车罚单视为另一项业务成本。越来越多的送货卡车的出现，促使一些人坚持要求为这些运输车辆提供临时集散区、路边空间甚至是通道，以符合完整街道原则。有人认为，包裹卡车是街道空间的合法使用者，就像骑自行车的人和行人一样，也需要得到容纳。一些人甚至呼吁拓宽道路、加厚人行道，以容纳不断增加的包裹递送卡车。但是，这样做，就是通过社区设计来容纳交通（在这种情况下为平板卡车），接受了机动性而不是场所，其代价可能是牺牲邻里街区的质量、安全性和宜居性。按照本书主题，重新安排优先次序意味着社区规划和设计是为了人与场所，而不是为了邮包、包裹和平板卡车。一个以人为本、以场所为中心的策略，可能需要在邻里街区的公交车站附近设置投取箱，或者把当地过时的购物广场中的空置商店或者是废弃的学校建筑改造为包裹投取区，这样就可能减少在社区周围行驶的送货卡车数量。尽管我们对新的货运技术仍充满憧憬，但这些技术有可能在改善场所的同时，也对场所造成损害。成千上万的自动送货无人机可能会减少卡车在城市中的通行，使更快地订购货物变得更容易，但也几乎肯定会对城市生活质量产生一些意想不到、令人不快的影响。

通信技术

20世纪60年代，随着大众汽车和电话的普及，规划学者梅尔文·韦伯（Melvin Webber）认为，邻近性和场所性正在失去价值，其结果是人们会放弃城市，转而选择他所说的"非场所性城市领域"（Non-Place Urban Realm）[24]。还有人预测，互联网和电话会议的发展，将减少出行或面对面会议的需要。但事实恰恰相反。随着科技将人们联系起来，面对面的会议仍然很重要，甚至越来越重要。千禧一代选择了手机，而不是汽车。自韦伯的预测以来，纽约、费城和波士顿等城市的人口首次出现增长。即使家长和媒体担心视频游戏会影响儿童的身体活动和心理健康，2016年，世界上最受欢迎的游戏——《口袋妖怪》（Pokémon Go），还是把数百万人带入公共场所和公园，而且似乎影响着孩子们步行，走出户外，开展社交[25]。交友应用程序彻底改变了年轻人的约会方式，增加了居住在大城市的吸引力，因为那里有更多的潜在伙伴，也有更方便会面和社交的场所。

人们和企业将如何应对虚拟现实技术或增强现实技术的巨大进步，目前还存在很大的不确定性。几乎可以肯定的是，这些都将有助于继续增加在家工作的员工比例，自1980年美国人口普查开始跟踪以来，这一比例已从2%稳步上升至4%左右。然而，过去的趋势表明，由于通讯交流代替了机动性，人们选择住得更近而不是更远。如果这一趋势持续下去，意味着那些注重场所而不是机动性的城市和地区将对新居民最有吸引力。

一切皆有可能

1917年，很难想象新技术将如何影响下个世纪的城市和交通出行。当时世界还处于欧洲战乱之中。飞机还是新奇的事物。尽管美国已经开始了大规模机动化，但电车仍让方兴未艾，并且主导着城市交通系统[26]。现代医学和卫生设施已经有了显著的改善，但城市官员还是必须致力于寻求公共卫生以及场所与机动性之间的平衡。未来学家做出的每一个正确预测都漏洞百出。2017年，计算能力的进步带动了通信、机器人技术、医学、传感、能源生产和制造业等方面的快速发展。这些都将对人类住区、交通系统和出行行为产生深远而又极度不确定的影响。

就在5年前，对于大多数行业外人士和许多业内人士而言，无人驾驶汽车还只是一个未来主义者的幻想，而如今，这些技术进步的飞速发展正在缩小不确定性的范围。卡耐基梅隆大学机器人实验室（Robotics Lab）是近期自动化车辆技术领域许多创新的发源地，其负责人在最近的一次采访中这样说过："20年来我一直从事机器人研究，如果你看看1995～2005年之间所取得的进展，就会发现，过去几年的进步远比整个10年还要多[27]。"从创新的速度来看，从第一辆汽车发展到批量生产的福特T型车（Ford Model T）花了一个多世纪的时间。又过了半个多世纪，人们才开始认识到汽车对聚居模式、出行行为和环境产生的影响。过去100年的技术创新，现在可能被压缩到10年或20年（苹果公司在10年前才卖出了第一部手机）。换句话说，我们对新科技将如何影响机动性和场所的考虑，或许也应该赋予同样程度的不确定性，就像威尔斯（H. G. Wells）在其《预感》（Anticipations）一书中对19世纪末机械进步将如何影响20世纪的预测一样。有的预测是正确的，有的则会是错误的。大多数预测在某些方面是正确的，而在另一些方面则是错误的。

技术发展日新月异，对社会的影响以及与社会的关系也会随之迅速改变。可能性范围之广，远远超出了我们希望在本章中涵盖的范围。此外，在这一可能性范围内，新技术对出行行为或聚居模式的影响可能微乎其微。尽管如此，我们认为，重新关注场所是有必要的。新技术可能会创造大量机遇来更好地平衡机动性与场所，但也会继续以牺牲场所为代价来增加机动性的现代发展轨迹。如果私人汽车和城市公路的历史可以作为参考的话，那么要利用这些机遇，就需要专注于场所，而不是盲目地拥抱新技术。

第 11 章

走向可持续的城市未来

本书提出了超越机动性的观点，作为实现更加可持续城市未来的平台。第1章采用"城市重新校准"一词，作为提倡超越机动性交通的框架。城市重新校准既不是彻底的改革，也不是库恩式的范式转变，而是需要采取一系列精心设计的步骤，着眼于城市未来的长远战略愿景，推进以人为本的发展理念，把场所营造得和私家车一样多。城市重新校准并不是要通过戏剧性的变化，一蹴而就地降低人均车辆行驶里程等可持续性指标，而是需要一系列循序渐进的重新校准"成果"，即一个交叉口一个交叉口地、一个社区一个社区地，逐渐超越历来几乎只关注机动性的做法，创造更美好的社区、更美好的环境以及更美好的经济。伴随城市重新校准而来的变化是渐进性的，而不是革命性的。

我们认为本书提出的观点并不一定新颖。然而，我们希望将最新的思想和研究汇总在一起，并反思当代面临的信息技术和城市发展等挑战，能够在实质上帮助我们超越机动性。在关于新时代技术及其对城市和出行影响的早期评论中，可以找到重新校准城市规划、缩小机动性作用的起因。1995年，在《科学美国人》（*Scientific American*）杂志的150周年纪念刊上，本书第一作者发表了一篇题为"为什么要去任何地方"（Why Go Anywhere）的评论文章，阐明了超越机动性的核心原则：

> "过去的150年，是城市交通进步和权力下放自我延续的循环……（相对于智能交通技术）一个明智而令人信服的替代方案，是首先减少出行需求，通过……对社区进行适当的设计，把大多数目的地设置在步行或骑自行车的距离

范围内，还要借助电信、计算机和其他技术，使许多人可以在家里或附近的设施工作……推进这些昂贵的交通技术与设计新型的可持续社区相比，二者之间的差异就在于机动性与可达性之间的区别。所谓机动性，即乘坐自己的汽车方便地从一个地方到另一个地方的能力。提高机动性现在是，而且一直都是21世纪指导交通投资的主导范式。相比之下，可达性则是要创造出减少出行需求的场所，从而节约资源、保护环境，促进社会公正。有了技术，就会有出行活动；有了可持续发展的社区，才会更加繁荣[1]。"

密度与设计

本书的许多讨论都隐含着城市致密化的问题。城市密度越大，其人均交通能源消耗和车辆行驶里程就越低，不过人们普遍认为，影响出行的，往往是伴随密度而来的那些因素（例如，缩短距离的土地综合利用，高质量的公交服务，昂贵的停车费等），而不是建筑物高度或街区体量[2]。位置也很重要。与位置偏远、设计最好的紧凑型多功能项目相比，几乎任何位于中心位置的开发项目产生的汽车出行都更少[3]。公共政策也同样重要，尤其是与步行友好的紧凑型开发项目相结合。例如，2006年，在俄勒冈州波特兰市进行的车辆行驶里程收费试点测试发现，居住在人口密集、多功能综合社区的人，其车辆行驶里程比居住在其他地方的人下降幅度更大[4]。

城市密度、交通拥堵和生活质量之间的关系相当令人相当费解。在高收入国家，人口最稠密的城市往往交通拥堵最严重。TomTom公司根据数百万TomTom导航设备用户的数据，将罗马、伦敦、巴黎、旧金山、纽约和悉尼等人口稠密、又很受欢迎的旅游目的，都列为世界上最拥堵的高收入城市[5]。即使在拥有世界一流公交系统、适宜步行的城市，只要汽车（包括出租汽车）普遍存在，高人口密度就会转化为高交通密度，从而造成拥堵。

然而，交通拥堵并不总是等同于生活质量差。以不列颠哥伦比亚省的温哥华（Vancouver, British Columbia）为例。2013年，大温哥华地区被TomTom评为北美最拥堵的大都市区。然而，经济学人智库在2011年将温哥华列为全球最宜居的城市，甚至在其最新（2016年）排名中，温哥华位居全球第三、北美城市之首[6]。受困于交通堵塞是每个人都讨厌的事情，对许多人而言，这反映了生活质量的恶化。然而，在温哥华（北美唯一没有立体化快速路的城市）等地的经历，促使我们质疑把拥堵作为一种负外部性的观点。交通拥堵也有"好""坏"之分，就像胆固醇有好有坏一样。在温哥华，良性的拥堵状态反映了一个城市充满活力、高度活跃、多功能综合、步行友好，这样的城市没有在高速公路上过度投资，而是将大量资源投入到绿色交通模式和城市的场所营造中。也有糟糕的交通拥堵，尤其是在温哥华市区以外，那里的许多郊区和远郊像北纬四十九度线以南的地区一样依赖汽车。然而，在像温哥华这样设计良好的城市，许多出行者都有不错的选择来避开拥堵，比如，骑自行车去上班、乘坐公交工具，或者住在多功能社区（当然，有钱人确实比其他人更能做到这一点）。简而言之，交通拥堵并不都是坏事，在人口稠密、紧凑的城市，交通拥堵在所难免，而且可以产生并强化适合步行的多功能邻里街区。

城市密度有几个关键方面对推动可持续发展的城市未来至关重要。首先，出行与密度之间的关系是非线性的，明显遵循指数衰减的函数关系。这意味着，汽车使用量和人均车辆行驶里程的最大降幅，出现在从密度极低的大地块郊区住宅，发展到2~3层的无电梯公寓和传统邻里街区的联排别墅的时候。要大幅降低车辆行驶里程，根本不需要香港式的高层甚至中高层楼宇[7]。第二，如何组织密度非常重要。例如，斯德哥尔摩的郊区在城市轨道走廊沿线集中布局"铰接式密度"，类似于"珍珠项链"[8]。这与洛杉矶郊区形成了鲜明对比，洛杉矶郊区的混合密度实际上比斯德哥尔摩郊区还高，但往往沿着主干道和当地街道分布，而不是集中在公交走廊沿线[9]。斯德哥尔摩的平均公交客运量比洛杉矶高得多，部分原因就在于此[10]。最后且同样重要的，是城市设计[11]。研究表明，城市便利设施和优质设计都产生舒适、难忘和清晰的城市空间，能够弱化人们对密度的感知[12]。通过高质量的城市设计和场所营造，可以大幅提高城市密度，使其高于通常可接受的水平，从而使公共交通的投资和运营更具有成本效益[13]。正如本书所描述的，紧凑型增长带来了许多附带的好处，比如，让居民对其所在邻里街区有更强的依恋感，让他们因为街道上有更多关注的目光而倍感安全，或者让他们更积极地生活。

大趋势与城市未来

前一章讨论了一系列正在展开的技术进步，这些进步在描绘可持续城市未来的过程中带来了重大挑战。除了自动驾驶汽车等提高速度的技术外，在重新校准21世纪城市的规划和设计时，还需要考虑几个强劲的大趋势。下面将讨论其中几个。

老龄化社会

全球增长最快的年龄群体是60岁及以上年龄的人，目前约占全球人口的12%左右，而1950年这一比例仅为8%[14]。按照每年3.26%的速度增长，到2050年，60岁及以上年龄的人口将占世界人口的近四分之一，除了在最贫穷的非洲大陆。社会老龄化在日本和中国台湾等国家和地区最为明显，在过去的半个世纪里，这些地方的人口金字塔形状发生了急剧变化，由底部偏重的金字塔形，变为顶部偏重的倒三角形。在发达经济体中，老龄化社会是人口出生率下降（部分原因是女性角色的变化）、移民政策收紧、医疗进步和注重健康的生活方式延长了寿命的结果。

社会老龄化造成的影响包括了城市收缩，在全球化、去工业化和各种社会因素（如种族和阶级隔离）导致许多工业时代城市的内部造成破坏的地方，这些影响尤为明显，特别是在美国的"锈带"地区和欧洲。虽然底特律（Detroit）、德累斯顿（Dresden）和里加（Riga）等一些经济停滞的收缩城市构成了重大的政策挑战，但在人口下降的情况下，仍存在尚未挖掘出来的城市再生和场所营造机会。值得注意的是，经过周密规划的收缩城市可以支持一些变革性的道路收缩和土地回收理念，在本书第4章、第5章和第8章中曾经讨论过。经验表明，此类举措能够促进经济增长。

老龄化社会的某些方面可能会减少汽车机动性，进而有利于公交支持型增长，比如，随着越来越多的人步入老年，家庭消费会减少，住宅规模缩小且城市核心区空巢化；步行、骑自行车和其他形式的"积极交通"作为保持身体健康的一种方式，越来越受到人们的青睐。另一方面，老龄化的其他方面又可能会增加机动性和以汽车为导向的开发，例如，相对富裕（部分原因在于房价上涨）因而具有流动性的老年家庭，在以汽车为导向的郊区原居安老，以及自动驾驶汽车为原本无法开车的老年人提供上门自动驾驶出行服务等。公共政策，尤其是那些影响拥有和使用汽车成本的政策，以及那些促进安全、有保障、多功能社区的政策，都将有助于推动老龄化的影响朝向一个方向或另一个方向发展。

生活方式偏好转变与千禧一代

千禧一代正在从根本上改变现代社会的文化景观。20多岁和30多岁的人对他们父母那种"以汽车为导向"的生活方式远没有那么感兴趣[15]。对婴儿潮一代来说，拥有房子和汽车这两大昂贵的资产往往是他们一生的目标，而千禧一代则不同，他们更倾向于将收入用于购买电子产品、旅行、外出就餐、听音乐会以及其他生活体验[16]。根据最近的一项调查，30%的美国千禧一代愿意放弃拥有汽车，即使这意味着要为出行支付更多的费用[17]。年龄在18～35岁之间的无驾照美国人所占比例在不断下降，进一步突显出美国人的生活方式正在发生急剧的变化[18]。与此不无关系的是，驾车距离在千禧一代中也下降得最快[19]。那些20多岁到40多岁的年轻人还推动了协作消费的迅速增长，从爱彼迎（Airbnb）的短期租赁广受欢迎，以及优步和来福等叫车服务在旧金山和伦敦等引领潮流的城市中无处不在，就可以看到这一点。

千禧一代也在重塑城市的地貌。许多人被吸引到传统城市核心地带的容易到达、适宜步行的多功能社区[20]。支持居住—工作—购物—学习—娱乐一体化生活方式的多功能综合环境尤其受欢迎，就像良好的公共交通通道一样。过去十年，在美国几乎所有城市中心地带的居民中，年轻人所占的比例都在上升，而在其他所有地区，这一比例都在下降[21]。虽然总体上越来越多的千禧一代开始在郊区居住，但这主要是因为大多数人都无法负担居住在中产阶级化的城市核心地带的费用[22]。只要负担得起，他们就会这样选择。与城市其他地区的居民相比，居住在市中心或附近的千禧一代及其邻居往往拥有汽车更少，开车或持有驾照的可能性更小，步行、乘坐公共交通工具或通过应用程序叫车的可能性更大[23]。

千禧一代去哪里，雇主也会去哪里。在过去的5年里，美国就业增长最快的是城市地区，扭转了过去几十年的就业郊区化趋势[24]。在西雅图地区，亚马逊（Amazon）、艾派迪（Expedia）和微软（Microsoft）等科技公司已经把办公地点从郊区园区和以汽车为导向的边缘城市，搬到了西雅图市中心和周边地区，以便更靠近年轻的专业人士。优步和来福等叫车服务在西雅图实现了两位数的年增长率，这绝非巧合。

21世纪的就业

在全球化、现代化和自动化的推动下，就业的结构性转变也深刻地改变了城市景观，改变了就业者在城市中的流动方式，尤其是千禧一代。过去的终身雇佣模式以及通过垂直整合的企业晋升模式，正在被临时雇佣模式所取代，其特征是由独立承包人、顾问、自由代理人、自由职业者、兼职人员以及外包商组成的横向网络。在经济困难时期，兼职或临时性工作的数量总是在增加，但最近的趋势表明，即使在经济强劲时期，这种情况也会持续下去。在2008～2010年的大衰退期间，非自愿兼职工作激增，但与以往不同的是，在经济复苏期间，这一比例也一直居高不下[25]。流动性和灵活性是21世纪城市经济的新现实，无论是以工作的快速更替、初创企业和并购企业的激增、短期任务的领英（LinkedIn）网络等形式，还是以工作地点每月变动的形式出现。

工作流动性加上家庭规模缩小等趋势，可能不仅会影响建筑环境，还会影响未来的出行。这两个因素都有利于不那么传统、更加分散化的城市机动性形式。例如，最近一项针对旧金山基于应用程序叫车服务的研究发现，大多数用户都是20多岁、受过大学教育的专业人士，他们要么独居，要么与他人合住[26]。兼职、临时性的工作也可能是造成每日数小时和每周数天的出行分散的原因。在美国，从2000～2011年，早上7点至8点之间的通勤出行比例下降了5%[27]。这些趋势尽管有助于缓解高峰时段的交通拥堵，但也培育了多功能综合开发，零售商店和星巴克（Starbucks）这样的"第三场所"在非高峰时段和周末吸引了大部分顾客，就反映了这一点[28]。

超越机动性的指标

城市重新校准意味着需要新的指标来衡量和评估城市及其交通服务系统的性能。传统上，交通系统的性能主要基于车辆的速度和延迟的时间，即机动性。1995年，里德·尤因（Reid Ewing）写了一篇开创性的文章，建议扩展和丰富交通性能指标。他呼吁，除了机动性之外，还应考虑其他三个指标：可持续性、可达性和宜居性[29]。我们又增加了第四项指标：可负担性。

机动性与可持续性

正确衡量交通系统的性能对于重新校准城市景观和创造良好场所来至关重要。正如尤因和其他人指出的那样，如果植入式开发增加了交通流量，也增加了交通延迟的时间（这通常是近期的情况），那么否定这种开发只会将增长推向外部，而且通常会采取更加以汽车为导向的布局。一些城市和州（尤其是佛罗里达州）已经修改了并发性规则和影响收费方案，以接受一些地区的道路状况恶化，只要其他地区的条件没有恶化，这被称为区域平均服务水平（levels of service，LOS）[30]。

近年来比较常见的是多模式服务水平标准，这些标准支持植入式开发，只要步行和骑自行车等其他交通方式的服务水平得到改善，就允许道路服务水平有所下降[31]。多模式指标的理念是规划完整街道，以满足所有道路使用者的需求，而不考虑车辆的速度、体积或重量。近年来，出现了一系列评估各种交通方式"服务水平与质量"的方法，包括步行（如，"步行指数软件"）、骑自行车（如，"自行车相容性指数软件"）以及乘坐公共交通工具（如，"公交容量和服务质量手册"）等，其中许多都可以在网上找到。评估步行和骑自行车服务水平的方法通常也会反映各种因素，比如，路网的连通性和连续性、交叉口设计、交通保护、地形、清洁与维护，以及寻路系统等。来自苏黎世等城市的经验表明，当引入多模式联运框架衡量人与车的通行能力时，可能会发生深刻的变化。就苏黎世而言，这导致了整个城市范围内道路空间和信号配时的重新分配，从而使有轨电车、公共汽车、行人和骑自行车的人都优先于汽车[32]。

一些城市引入了类似尤因建议的其他指标。自20世纪90年代中期以来，俄勒冈州波特兰和科罗拉多州博尔德市（Boulder）都一直在跟踪人均车辆行驶里程的趋势，以衡量全市实现可持续发展目标的进展情况。波特兰的规划者们经常不无理由地夸耀说，由于多年来将交通与土地利用联系起来，全市的车辆行驶里程在过去20年里一直稳步下降。随着《参议院743号法案》（Senate Bill 743）通过，加州最近将车辆行驶里程提升为评估新开发项目与交通相关环境影响的主要指标。在这项法案通过之前，加利福尼亚州曾利用环境审查阻止或推迟了环境方面有价值的项目，如旧金山自行车计划（San Francisco Bicycle Plan）。在海湾的另一边，奥克兰市已经完全抛弃了道路服务水平指标，在其所有《加利福尼亚州环境质量法案》（California Environmental Quality Act）评估项目中均以人均车辆行驶里程代替。

同样令人鼓舞的是，交通工程专业也在进行调整，这些调整反映了设计与社区改革带来的可持续性和减少车辆行驶里程益处。美国国家公路和交通官员协会（American

Association of State Highway and Transportation Officials）发布了新的设计指南，其中包含道路瘦身、环境敏感设计和完整街道等章节。美国城市交通官员协会（National Association of City Transportation Officials）也发布了新的城市街道设计指南，其中包含许多在前几章中讨论过的交通控制和积极出行的观点。此外，美国交通工程师学会（Institute of Transportation Engineers）最新版本的《交通出行率手册》（*Trip Generation*）和《停车生成率手册》（*Parking Generation*）等也都包含了对多功能项目和公交导向开发项目的调整，所反映的研究表明，这样的开发项目可以减少40%以上的汽车出行率和停车需求[33]。

可达性

可达性是城市设计以人和场所为本的基石，长期以来一直被学术界用来研究居住位置对房产价值、就业、车辆行驶里程等产生的影响。城市规划委员会、州交通部门以及几乎所有正式认可可持续交通的政府部门，也都普遍接受可达性这一指标。在美国，许多城市规划组织定期跟踪就业机会的变化，以指导长期交通规划。然而，对增加的可达性实施和分配货币价值是一项挑战。虽然过去曾采用支付意愿估值和土地价值增值两种方法使可达性收益货币化，但是这种间接衡量措施困难重重，往往将可达性归为次要信息项。可达性指标很少计入指导长期交通决策的收益–成本核算[34]。

提高可达性在评价交通系统性能中的作用，对于实现可持续的城市未来至关重要。研究一再表明，由于出行需求等因素的诱导，对道路和公交系统的资本投入很少能显著减少出行时间或出行延迟，反而会增加出行的次数和距离[35]。因此，其主要好处是增加了人们前往经常想去的场所的机会，也就是说，资本投入增加了出行的机会，而没有改善机动性。

法比奥·卡西罗里（Fabio Casiroli）曾对汽车与公共交通的通达性进行了跨城市研究，这是一个可达性指标如何用来指导交通投资的例子[36]。卡西罗里调查了在下午的45分钟时间内，从圣保罗（大教堂广场，Praca de Se）和伦敦（特拉法加广场，Trafalgar Square）等城市的主要旅游中心出发可以到达多少个住宅。他发现，以圣保罗为例，即便是在世界上交通拥堵最严重的城市之一，从大教堂广场开车45分钟内可以到达的住宅数量，是搭乘公交工具到达的两倍多。如果城市脱碳和治理是圣保罗城市领导人的长期目标，那么，降低这种二比一的可达性差距将是衡量进步的一个重要指标。与估算的节省出行时间相比，比率缩小也能更好地反映地铁和快速公交系统改善带来的益处。

提高评估项目中的可达性而非机动性的作用，有助于那些生活贫困的人，尤其是在圣保罗这样的地方。节省出行时间的主要是驾车者，然而发展中国家的许多穷人没有车。他们的时间价值大大低于驾驶阶层。扩大找工作的地域范围，减少购买食物的支出，增加诊所就医机会，以及增加寻求教育的机会等，这些可能比扩建道路而节省几分钟行走的时间更能使穷人受益。数据证实了这一点。研究表明，穷人愿意以出行时间延迟为代价，来换取较低的公交票价或燃料价格。也就是说，与非贫困人口相比，他们往往对价格更敏感，对时间则不那么敏感[37]。引发了较多社会骚乱的，都是燃料价格和公交票价的上涨，而不是出行时间的延迟。

宜居性

更难以量化和应用的，是生活质量的衡量标准。美世咨询（Mercer）和经济学人智库等公司每年都会发布全球城市生活质量排名，以指导地方政府制定经济发展规划，以及企业做出员工搬迁决策。除了交通服务质量和交通拥堵程度，美世咨询公司的排名还基于政治稳定、犯罪率、银行服务、医疗设施、污染程度、娱乐设施、气候和房价等因素。在美国，宜居性网站（livability.com）对100个最适合居住的城市进行了排名，其依据的三个核心标准是：获得理想服务的机会（比如，信誉良好的学校，良好的基础设施，低犯罪率的社区和宜人的气候等）；可负担性（包括住房、交通、医疗保健和食物等），以及多样性（不仅在社会人口方面，还包括出行选择和食杂购物选择方面，如是否有露天市场等）。

如果在更精细的地理层面衡量宜居性，通常还会考虑类似的因素。安全、适合步行的环境极为重要，这一点毋庸置疑。能够在5分钟的步行路程内参加日常活动，几乎是如今住在有吸引力、宜居社区的一个先决条件。"步行指数"网站（Walk Score Web）反映了这一点：可步行性与一个人住处0.25英里（约步行5分钟）至1英里（约步行20分钟）范围内的便利设施（即：商店、公园、剧院、学校和"其他常见目的地"）的数量有关。0.25英里范围内的便利设施得分最高，1英里及更远则得分为零。

可负担性

可负担性是可达性城市原则的重要补充。即使活动或交通模式近在咫尺，除非人们能负担得起，否则还是不具备可达性。对于许多生活在发展中国家的人来说，是否有可靠又负担得起的公共汽车和铁路服务，将决定他们是否能融入城市的经济生活和社会生活。在世界范围内，无法获得公共交通和清洁水等基本设施和服务的边缘化城市居民所占比例正在上升[38]。正如第9章所讨论的，在墨西哥城的郊区，处于城市地铁网络之外的居民，有时需要乘坐两三种不同的公共汽车（colectivos），才能到达地铁终点站，以便获得城市核心地带的日间工作[39]。在墨西哥城和第三世界国家的其他地方，出行可能会消耗掉每日工资的25%，甚至更多，这使得家庭很难拥有自己的住房并积累财富[40]。

设计城市和交通系统以提高可达性和可负担性，对贫困者会有实质性的帮助。公共交通尤其如此。应该优先投资公共汽车线路，而不是城市轨道系统，这样才能保持票价具有可负担性。在巴西，通过名为《淡水河谷交通》（*Vale Transport*）的国家立法，公共交通得以维持在人们负担得起的水平上。这项法案要求雇主提供公交卡，以支付超过员工收入6%的通勤费用。在世界银行的支持下，巴西城市里约热内卢和圣保罗最近推出了公交卡（Bilhete Unico）业务，可以在私营公共汽车和公共火车之间进行免费换乘。此外，可负担性住房也应该建在公交服务走廊沿线。在开罗，成千上万的低收入家庭近年来被重新安置到公交便利的地点，以帮助降低出行成本。

帮助穷人还意味着要设计高质量、安全的步行与骑车环境。土地综合利用模式和适宜步行、自行车友好的环境，都使穷人能够将收入用于其他紧急用途，从而有助于减少贫困。在最贫穷的城市，小型干预措施（比如，学校、医疗中心、市场和水塔等基本服务的选址要减少出行距离）可以大大减少专门用于交通的时间和精力。空出来的时间可以让女性获得有收入的工作，让儿童上学。一体化、可持续的交通和随处可见的城市主义的基本特征，包括方便参与的城市活动，安全、有吸引力的步行和骑行环境，以及负担得起的交通服务等，对世界上最贫困国家的最贫困成员的福利尤为重要。

包容性城市

可负担性是创造具有社会包容性城市未来的关键因素。本书中提出的许多观点都旨在创造更好的场所：如第2章至第4章所述，提供更美好的社区、更美好的环境以及更美好的经济。然而，城市改善之后往往会出现土地价格上涨，最终导致穷人甚至中等收入人群被挤出土地。在任何一个城市，邻里街区公交便利、安全且适宜步行，街道景观生机勃勃，这样的房地产供应总是数量有限，而且有所限定。社会富裕阶层总是以高于其他阶层的价格获得这些优质区域，从而取代了长期居住的居民和工人阶层。最近的一份报告将中产阶级化和被迫迁移称为"城市生活质量匮乏的征兆"[41]。除非来自各行各业、不同背景的人都能共享利益，否则超越机动性的交通、以人和场所为本创造城市的做法，就永远不会获得政治上的推动，也得不到广泛的支持。

尽管学术界对中产阶级化的影响尚未完全达成共识，但毫无疑问，中产阶级化在城市中制造了紧张气氛，加剧了阶级、种族和年龄差异的分化。最近的一项研究发现，美国规划协会授予的"好社区"（Great Neighborhoods，即适于步行和可持续的）和与之相邻的人口普查区相比，二者之间的房价中位数相差10.8万美元[42]。商业中产阶级化往往会把小型的夫妻店挤出市场，代之以CVS和塔吉特（Target）这样的全国性连锁店[43]。弥漫在堡垒式的邻里街区和封闭社区中的不安全感和恐惧氛围，挤压了发达城市和发展中城市的住房市场。无论是洛杉矶还是圣保罗，城市的种族和阶级分化日益严重[44]。在第三世界国家，肮脏的城市街区和奢华的豪宅仅相隔几个街区，这种景象太司空见惯了。而且，市场、娱乐区和会议中心等旗舰开发项目尽管有助于重振城市中心，但也会提高房地产价值，使长期居住的居民被迫搬走，并创造出不真实的场所[45]。

城市再投资和城市再生造成了相当大的问题，但一些人指出，减少投资和经济停滞是更糟糕的选择[46]。2014年的一项研究估计，在美国51个都市区中，每有一个中产阶级化的社区，就有10个社区仍然处于贫困状态，有12个曾经稳定的社区陷入经济困境[47]。而如果没有城市再生，集中贫困和种族分歧往往会加剧。例如，最近对芝加哥南部的一项研究发现，当一个邻里街区的非洲裔美国人口占到40%时，中产阶级化进程就会放缓或停止[48]。

尽管人们对中产阶级化和被迫搬离现象所持看法各不相同，但本书中提出的许多观点除非在某种程度上具有社会包容性，否则都将不成立。从广义上讲，减少私人汽车占主导地位的措施对穷人有帮助。这包括"完整街道"倡议，这一倡议将更多的交通资源从汽车引向其他替代模式（比如，自行车道、步行街道景观改善等）。此外，还有交通稳静化、无车中心和道路瘦身等。不那么具有包容性的是由技术驱动的各种趋势，如自动驾驶汽车，甚至基于应用程序的叫车服务等；智能手机在城市中还并不普遍，信用卡或银行账户也不普遍[49]。

通过对建筑规范和设计标准的监督，城市规划人员已经有能力让城市更具社会包容性。在美国各地，旨在改善交通状况的街道横断面和层级结构正在被更适合步行的设计形式所取代。尽管人们担心偏离传统标准的街道设计会带来责任问题，也担心消防部门等保护性服务机构会对此产生抵触，但越来越多的城市正在改变设计规范，以便减缓交通速度、保护土地[50]。2015年，萨克拉门托市（Sacramento）修改了分区和开发法规，将"主动设计"纳入其中，提倡增加步行、骑自行车和慢跑。

鼓励绿色机动性和包容性开发的另一种方式是城市植入式开发。值得注意的是，允许建造附属住宅单元可以增加密度，使公交和步行都变得更加可行，同时增加可负担住房的存量。作为增加密度和降低成本的一种方法，还需要重新审查最小住宅地块的大小。另一个选择是缩小居住空间，以适应不断变化的生活方式，就像俄勒冈州波特兰和德克萨斯州奥斯汀等城市正在进行的小房子运动一样。

正如本书所讨论的，公交导向开发通常是可持续增长的核心。然而，公交导向开发也因将穷人排除在定价之外而饱受诟病。在很多情况下，公交枢纽周围有吸引力的邻里街区都伴随着房价的上涨，低收入家庭也随之被迫迁出[51]。在使公交导向开发更加公平方面，一些地区已经取得了令人瞩目的进展。在旧金山湾区，最近成立了公交导向可负担性住房（Transit-Oriented Affordable Housing，TOAH）基金，这是一项5000万美元的公私合营计划，旨在资助可负担性住房和公共交通附近的社区设施。公交导向可负担性住房基金将公共原始资本与吸收风险的慈善资本结合在一起，这反过来又吸引了私人资本。截至2016年，公交导向可负担住房基金已经投入了超过3000万美元资金，用于在公共交通和辅助商业活动（如儿童看护中心和新鲜食品市场等）附近建造900多套可负担性住房[52]。旧金山湾区捷运公司，即这一地区的铁路管理机构，最近设定了一个目标，要沿着捷运系统104英里长的网络，在旧金山湾区捷运公司拥有的26处房地产上建造2万套住房，其中近一半低于市场价格。

包容性公交导向开发也可以通过共赢实现。在人口稠密的城市，如香港（见第7章），公交导向开发带来了巨大的房地产意外收益。将享有特权的土地开发商所享有的部分收益重新分配给当地社区，是共赢的一种形式。混合收入住房信托基金，以及与价值获取计划（如香港的铁路+房地产项目，在第7章中讨论过）相关联的低于市场价的住房委托，都是分享公共交通所创造财富的方式。可负担性住房不应该是对有需要的人的某种施舍，而应该是对公共交通价值的分享，尤其是在拥挤的大城市。

新加坡约90%的家庭拥有住房，是世界一流公交条件下可负担性住房的典范[53]。当然，新加坡是一个岛国，情况极为独特，其经验不易效仿。但是，其为家庭提供房屋外壳和最基本固定设施，使他们能够随着收入的增加而装饰房屋这一核心理念，使住房更具可负担性。同样的，把拥有汽车和使用汽车的费用提高到非常昂贵的水平，从而释放出收入用于购买住房，这一做法也起到了作用。在新加坡，拥有住房的家庭数量是拥有汽车的两倍，前者为91%，后者为45%[54]。

在发展中城市，也可以看到较多具有可负担性的公交导向生活方式。一个著名的例子是都市住房项目（Metrovivienda），是哥伦比亚波哥大在建造新世纪快速公交系统时推出的，目的是让住房更具可负担性。项目主要建在快速公交车站附近，这样居民就可以节省出行开支，从而节省收入用于购房。都市住房项目是第三世界国家多领域（即住房与交通相结合）与可达性规划的典范。（参见补充材料11-1。）

补充材料 11-1
波哥大都市住房项目：公平的公交导向开发[①]

1999年，波哥大在建设成功的新世纪快速公交系统时，启动了一项名为"都市住房项目"的创新性土地储备与扶贫项目。在都市住房项目中，交通和住房被视为捆绑商品。城市以低价获得当时仍为农业用地的地块，并继续对土地进行平整、赋予土地所有权，提供公用设施、道路和开放空间。房地产以较高的价格出售给开发商，以帮助支付基础设施成本，但条件是：平均价格要

① 罗伯特·瑟夫洛，《进步的交通与穷人：波哥大的大胆步伐》（Progressive Transport and the Poor：Bogotá's Bold Steps Forward），载于《可达性》（Access）第27期（2005年）：第24~30页；丹尼尔·罗德里格斯（Daniel Rodriguez）、菲利普·塔尔加（Felipe Targa），《波哥大快速公交系统可达性的价值》（Value of Accessibility to Bogotá's Bus Rapid Transit System），载于《交通评论》（Transport Reviews）第24期第2册（2004年）：第587~610页；铃木博昭（Hiroaki Suzuki）、罗伯特·瑟夫洛、井内加奈子（Kanako Iuchi），《公交改变城市：城市可持续发展的公交与土地利用一体化》（Transforming Cities with Transit：Transit and Land-Use Integration for Sustainable Urban Development），华盛顿特区：世界银行，2013年。

保持在每套8500美元以下，这样每月收入200美元的家庭也可以负担得起。

项目实施十年后，在新世纪快速公交系统的一个终点站附近形成了4个都市住房场地，每个场地占地100～120公顷，容纳了大约8000户家庭。在建造过程中，项目目标是建造44万套新住房。把住房建在车站附近，既改善了住房条件，又提供了公共交通服务，可谓一举两得地帮助了城市贫困人群。那些从周边非法聚居区搬到有公交服务的都市住房项目居民，既可以享受场地和住房服务，也改善了通往城市核心地带的交通条件。许多以前住在棚户区的居民，现在能够住进现代住房，如下图所示。据估计，从非法聚居区搬到合法的都市住房项目的人，在1小时公交出行时间内的工作机会增加了三倍。

都市住房项目的一个重要方面，是在快速公交系统服务开通之前征用土地。由于都市住房项目的官员也是新世纪快速公交系统的董事会成员，他们知道扩展快速公交系统的战略计划和时间表。这使得他们能够在快速公交到来的预期价格上涨之前获得土地。新世纪快速公交系统还使通勤变得更具可负担性。住在山坡上时，大多数居民使用两种不同的公共交通服务（一条接驳支线和一条主线），平均每天花费1.4美元往返。有了新世纪快速公交服务，接驳巴士是免费的，平均每天的出行花费为0.80美元。这一点很重要，因为研究表明，那些住在新世纪快速公交车站附近的人，每月要支付较高的租金：平均而言，步行到车站的时间每增加5分钟，房价就会下跌6.8%～9.3%。

都市住宅项目强调了基于可达性规划的益处。通过将可负担性住房与可负担性交通相结合，波哥大的领导人改善了就业、购物和服务的机会，同时降低了通常占穷人收入三分之二的住房和交通的共同成本。

补充资料图11-1　现代都市住宅项目，两侧是绿树成荫的步行街和自行车道。图片来源：波哥大企业更新与都市发展图片库（Image Bank Enterprise Renewal and Urban Development, Bogotá）。

　　公共空间是场所营造的一个关键特征，它有助于促进社会包容，增加凝聚力。最好的公共空间将来自各行各业的人们聚集在一起。在一个空间日益私有化和商品化（诸如封闭式的社区、会员制的娱乐区和购物广场里的私人"公共"空间等）的时代，公共广场变得越来越重要[55]。通过将快速路改造为绿道和多使用者的林荫大道来重新利用街道空间，同样也可以改善所有人的出行条件。

　　最后，社会包容不需要大规模的公共工程。小措施也可以带来大变化。在南非德班（Durban），当地资金用于改善一个传统草药市场的摊档，拓宽步行路线，以帮助刺激商业发展、改善步行交通。在底特律，公共空间项目和克雷斯格基金会（Public Spaces and the Kresge Foundation）合作，正在开展一项类似的倡议行动，旨在通过升级改造当地市场和都市农业，增加获得当地种植粮食的渠道，加强社区联系[56]。

结语

　　如果没有政治意愿和体制能力来接纳和推动这些想法，超越机动性的最佳思路都不会有任何进展。在发展中城市，管理和应对城市出行需求不断增长的能力尤为重要。体制上的缺陷在第三世界国家比比皆是，比如，缺乏训练有素和受过教育的公务员，或者缺乏建设交通基础设施的透明采购程序等。在世界上快速发展的地区进行必要的制度改革，一个方法是将国际援助机构的贷款和赠款与更好的城市规划联系起来。基于可达性规划的制度化和可操作化都至关重要，在美国和美国之外莫不如此。随着越来越多的增长转向第三世界国家的城市，将土地开发与交通基础设施联系起来的机会不应该被浪费掉。

　　交通与土地一体化开发虽然可以缓解交通拥堵、净化空气和节约能源，但在减少第三世界国家依然面临的最严重问题（极端而持续的贫困）的潜力也同样重要，甚至更为重要。在发展中国家所做的一切，都必须经得住帮助减轻贫困这一试金石的检验。设计城市和交通系统以提高可达性和可负担性是至关重要的。加强非机动交通和公共交通，保持票价低廉合理，以及保护弱势群体免受机动交通的危害，这些举措也同样重要。

　　有些人可能会将本书中提出的超越机动性的观点等同于社会工程。创建宜居、更加多样化、更加健康的社区的可取之处在于，这样的社区符合不断变化的生活方式偏好和选择。由于过去建筑法规和规划实践墨守成规，有人可能会认为，依赖汽车的生活方式就是一种社会工程：大多数美国人以及越来越多的欧洲、加拿大和澳大利亚人几乎别无选择，只能无奈地选择开车去几乎任何地方的生活方式[57]。

　　将城市规划的重点转向机动性之外，正越来越符合城市居民的生活方式偏好。实验证明了这一点。在2017年初的三周时间里，迈阿密（Miami）繁忙的比斯坎湾大道

（Biscayne Boulevard）的两条车道仅限公交、自行车、婴儿车和停车使用，而中间隔离带的100多个停车位则被改造成7.5万平方英尺的社区绿地。那里举行了公共活动，设置了操场、遛狗公园和非传统的人行横道。用项目发起人——迈阿密市中心发展管理局（Miami Downtown Development Authority）一位规划师的话来说，"当我们优先考虑人而不是汽车，并让汽车尽可能快地出入时，就会发生这样的情况。社区反馈很好。人们还问：'为什么还要拆呢？'[58]"

　　尽管有社会工程阴谋论者，但最终将使我们在城市规划和设计中超越机动性的，是增加个人选择在哪里居住、工作、学习、购物和娱乐的机会。我们笃信，人们越来越倾向于紧凑、多功能、高度适宜步行的社区，最好还有高质量的公共交通交错通行。房地产开发商最熟悉的莫过于赚钱之道。如果创造紧凑、适宜步行的场所有利可图，而这些场所附近可以满足许多日常需求，又有大量的社区花园、市民广场和小型游乐场，那么，更多样化的居住、工作和娱乐环境就会出现。如果政府采取行动，消除曲解，推进前瞻性的城市规划，确保包容性和所有人的可达性，从而辅助市场力量顺其自然地发展，那么，更加宜居的以人为本的场所将最有可能出现。

注　释

第1章

1. Michael Southworth and Eran Ben-Joseph. *Streets and the Shaping of Towns and Cities* (Washington, DC: Island Press, 2013).

2. Eran Ben-Joseph, *ReThinking a Lot: The Design and Culture of Parking* (Cambridge, MA: MIT Press, 2012).

3. Andrea Broaddus, "The Adaptable City: Congestion Pricing, Transit Invest, and Mode Shift in London" (PhD diss., University of California, Berkeley, 2015).

4. Ibid.

5. Edward L. Glaeser, *Triumph of the City: How Our Greatest Invention Makes Us Richer, Smarter, Greener, Healthier, and Happier* (New York: Penguin Press, 2011).

6. Peter Hall, *Cities in Civilization* (New York: Pantheon, 1998).

7. UN Habitat, *World Cities Report 2016* (Nairobi, Kenya: UN Habitat, 2016).

8. United Nations Population Division, "World Urbanization Prospects, the 2014 Revision, " 2014.

9. David Owen, *Green Metropolis: Why Living Smaller, Living Closer, and Driving Less Are Keys to Sustainability* (New York: Riverhead Books, 2009).

10. UN Habitat, *World Cities Report 2016.*

11. Ibid.

12. UN Population Fund, *State of World Population 2007* (New York: United Nations, 2007).

13. Judy Baker, *Urban Poverty: A Global View* (Washington, DC: The World Bank, Urban Papers Series, UP-5, 2008).

14. International Energy Agency, *World Energy Outlook* (Paris: International Energy Agency, 2016).

15. World Health Organization, 2016. http: //www.who.int/mediacentre/factsheets/fs392/en/.

16. UN Habitat, *Planning and Design for Sustainable Urban Mobility, Global Report on Human Settlements* (Nairobi, Kenya: UN Habitat, 2013).

17. Gilles Duranton and Erick Guerra, *Developing a Common Narrative on Urban Accessibility: An Urban Planning Perspective* (Washington, DC: Brookings Institution, 2017).

18. Robert W. Burchell et al., *Costs of Sprawl 2000.* TCRP Report 74 (Washington, DC: Transit Cooperative Research Program, Transportation Research Board, 2002).

19. Reid Ewing and Shima Hamidi, *Costs of Sprawl* (New York: Routledge, 2017).

20. World Health Organization, *World Health Statistics 2016: Monitoring Health for the SDGs*（Geneva, Switzerland: WHO, 2016）.

21. Hall, *Cities in Civilization*.

22. Lewis Mumford, *The Highway and the City*（New York: Harcourt, Brace & World, 1963）.

23. Edward L. Glaeser, *Triumph of the City: How Our Greatest Invention Makes Us Richer, Smarter, Greener, Healthier, and Happier*（New York: Penguin Press, 2011）.

24. Charles Kooshian and Stephen Winkelman, *Growing Wealthier: Smart Growth, Climate Change and Prosperity*（Washington, DC: Center for Clean Air Policy, 2011）.

25. Lynda Schneekloth and Robert Shibley, *Placemaking: The Art and Practice of Building Communities*（New York: Wiley, 1996）; Charles Bohl, "Placemaking: Developing Town Centers, Main Streets, and Urban Villages"（New York: Project for Public Space, 2002）.

26. Jan Gehl, *Cities for People*（Washington, DC: Island Press, 2010）.

27. John Whitelegg, "Time Pollution," *The Ecologist* 23, no. 4（1993）.

第2章

1. Le Corbusier, *The City of Tomorrow and Its Planning*（North Chelmsford, MA: Courier Corporation, 1987）, 131.

2. Jane Jacobs, "Downtown Is for People," *The Exploding Metropolis* 168（1958）.

3. Jane Jacobs, *The Death and Life of Great American Cities*（New York: Vintage Books, 1961）.

4. Robert D. Putnam, *Bowling Alone*（New York: Simon & Schuster, 2001）, 21.

5. Alejandro Portes, "Social Capital: Its Origins and Applications in Modern Sociology," in *Knowledge and Social Capital*, ed. Eric L. Lesser（Boston: Butterworth-Heinemann, 2000）.

6. Norman Uphoff and Chandrasekera M. Wijayaratna, "Demonstrated Benefits from Social Capital: The Productivity of Farmer Organizations in Gal Oya, Sri Lanka," *World Development* 28, no. 11（2000）.

7. John F. Helliwell and Robert D. Putnam, "The Social Context of Well-Being," *Philosophical Transactions: Royal Society of London Series B Biological Sciences*（2004）.

8. Robert Putnam, "Bowling Alone: America's Declining Social Capital," *Journal of Democracy* 6, no. 1（1995）.

9. Robert D. Putnam, *Bowling Alone: The Collapse and Revival of American Community*（New York: Simon and Schuster, 2001, 2007）.

10. David Popenoe, "Urban Sprawl: Some Neglected Sociological Considerations," *Sociology and Social Research* 63, no. 2（1979）.

11. IBM Corporation, *The Globalization of Traffic Congestion: IBM 2010 Commuter Pain Survey*

（Armonk, NY: IBM Corporation, 2010）.

12.　A. Huzayyin, "Urban Transport and the Environment in Developing Countries: Complexities and Simplifications," in *Moving to Climate Change Intelligence*, ed. W. Rothengatter, Y. Hayashi, and W. Shade（New York: Springer, 2011）.

13.　Herbert J. Gans, "Planning and Social Life: Friendship and Neighbor Relations in Suburban Communities," *Journal of the American Institute of Planners* 27, no. 2（1961）.

14.　David Gray, Jon Shaw, and John Farrington, "Community Transport, Social Capital and Social Exclusion in Rural Areas," *Area* 38, no. 1（2006）.

15.　Donald Appleyard, *Livable Streets*（Berkeley: University of California Press, 1981）.

16.　Allan Jacobs and Donald Appleyard, "Toward an Urban Design Manifesto," *Journal of the American Planning Association* 53, no. 1（1987）.

17.　Michael Southworth and Eran Ben-Joseph, *Streets and the Shaping of Towns and Cities*（Washington, DC: Island Press, 2013）.

18.　Eran Ben-Joseph, *ReThinking a Lot: The Design and Culture of Parking*（Cambridge, MA: MIT Press, 2012）.

19.　Jan Gehl, *Life Between Buildings: Using Public Space*（Washington, DC: Island Press, 2011）.

20.　Allan Jacobs and Donald Appleyard, "Toward an Urban Design Manifesto," *Journal of the American Planning Association* 53, no. 1（1987）.

21.　William Hollingsworth Whyte, *The Social Life of Small Urban Spaces*（Naperville, IL: Conservation Foundation, 1980）.

22.　Ibid.

23.　William H. Whyte, *City: Rediscovering the Center*（Philadelphia: University of Pennsylvania Press, 2009）.

24.　Whyte, *The Social Life of Small Urban Spaces*.

25.　Robert B. Noland, Orin T. Puniello, and Stephanie DiPetrillo, *The Impact of Transit-Oriented Development on Social Capital*（San Jose, CA: Mineta National Transit Research Consortium, 2016）.

26.　Ben Hamilton-Baillie, "Shared Space: Reconciling People, Places and Traffic," *Built Environment* 34, no. 2（2008）.

27.　Marta Bausells, *Superblocks to the Rescue: Barcelona's Plan to Give Streets Back to Residents*, May 2016.

28.　Jacobs, *The Death and Life of Great American Cities*.

29.　Frances Bunn et al., "Area-Wide Traffic Calming for Preventing Traffic Related Injuries," *The Cochrane Library*（2003）.

30. Ibid.

31. William Riggs and John Gilderbloom, "Two-Way Street Conversion Evidence of Increased Livability in Louisville, " *Journal of Planning Education and Research*（2015）.

32. Ben Welle et al., *Cities Safer by Design: Guidance and Examples to Promote Traffic Safety through Urban and Street Design*（Washington, DC: World Resources Institute, 2015）.

33. John Laplante and Barbara McCann, "Complete Streets: We Can Get There from Here, " *Institute of Transportation Engineers. ITE Journal* 78, no. 5（2008）.

34. Wenjia Zhang, "Does Compact Land Use Trigger a Rise in Crime and a Fall in Ridership? A Role for Crime in the Land Use–Travel Connection, " *Urban Studies*（2015）.

35. Jacobs, *The Death and Life of Great American Cities*.

36. Paul Michael Cozens, Greg Saville, and David Hillier, "Crime Prevention through Environmental Design（CPTED）: A Review and Modern Bibliography, " *Property Management* 23, no. 5（2005）.

37. National Highway Traffic Safety Administration, "Fatality Analysis Reporting System, " 2016, http: // www.nhtsa.gov/FARS.

38. World Health Organization, *Global Status Report on Road Safety*（Geneva, Switzerland: WHO, 2009）.

39. UN Habitat, *Planning and Design for Sustainable Urban Mobility, Global Report on Human Settlements*（Nairobi, Kenya: UN Habitat, 2013）.

40. I. Roberts and P. Edwards, *The Energy Glut: The Politics of Fatness in an Overheating World*（London: Zed Books, 2010）.

41. R. Cervero, O. Sarmiento, E. Jacoby, L. Gomez, and A. Neiman, "Influences of Built Environments on Walking and Cycling: Lessons from Bogotá, " *International Journal of Sustainable Transport* 3（2009）.

42. Lawrence D. Frank, Martin A. Andresen, and Thomas L. Schmid, "Obesity Relationships with Community Design, Physical Activity, and Time Spent in Cars, " *American Journal of Preventive Medicine* 27, no. 2（2004）.

43. Ibid.

44. Michael Southworth, "Designing the Walkable City, " *Journal of Urban Planning and Development* 131, no. 4（2005）.

45. Reid Ewing and Susan Handy, "Measuring the Unmeasurable: Urban Design Qualities Related to Walkability, " *Journal of Urban Design* 14, no. 1（2009）.

46. Kevin Lynch, *The Image of the City*, Vol. 11,（Cambridge, MA: MIT Press, 1960）.

47. Gordon Cullen, *The Concise Townscape*（Abingdon, UK: Routledge, 1971）.

48. Ibid.

49. Wesley E. Marshall, Daniel P. Piatkowski, and Norman W. Garrick, "Community Design, Street Networks, and Public Health," *Journal of Transport & Health* 1, no. 4（2014）.

50. Kenneth E. Powell, Linda M. Martin, and Pranesh P. Chowdhury, "Places to Walk: Convenience and Regular Physical Activity," *American Journal of Public Health* 93, no. 9（2003）.

51. Eugene C. Fitzhugh, David R. Bassett, and Mary F. Evans, "Urban Trails and Physical Activity: A Natural Experiment," *American Journal of Preventive Medicine* 39, no. 3（2010）.

52. Chris Rissel et al., "Physical Activity Associated with Public Transport Use: A Review and Modelling of Potential Benefits," *International Journal of Environmental Research and Public Health* 9, no. 7（2012）.

53. F. Reeves, *Planet Heart: How an Unhealthy Environment Leads to Heart Disease*（Vancouver, BC: Greystone Books, 2014）.

54. World Health Organization, "Global Urban Ambient Air Pollution Database（Update 2016）."

55. Randall Crane and Lisa A. Scweitzer, "Transport and Sustainability: The Role of the Built Environment," *Built Environment* 29, no. 3（2003）.

56. J. J. Lin and C. C. Gau, "A TOD Planning Model to Review the Regulation of Allowable Development Densities around Subway Stations," *Land Use Policy* 23（2006）.

57. Janice Fanning Madden, "Why Women Work Closer to Home," *Urban Studies* 18, no. 2（1981）.

58. Evelyn Blumenberg, "On the Way to Work: Welfare Participants and Barriers to Employment," *Economic Development Quarterly* 16, no. 4（2002）.

59. Amy Hillier et al., "A Discrete Choice Approach to Modeling Food Store Access," *Environment and Planning B: Planning and Design* 42, no. 2（2015）. Amy Hillier et al., "How Far Do Low-Income Parents Travel to Shop for Food? Empirical Evidence from Two Urban Neighborhoods," *Urban Geography* 32, no. 5（2011）.

60. Robert Doyle Bullard, Glenn Steve Johnson, and Angel O. Torres, eds., *Highway Robbery: Transportation Racism and New Routes to Equity*（Brooklyn, NY: South End Press, 2004）.

61. Yang Liu, *Beyond Spatial Mismatch: Immigrant Employment in Urban America*（Ann Arbor, MI: ProQuest, 2008）.

62. Evelyn Blumenberg, "On the Way to Work: Welfare Participants and Barriers to Employment," *Economic Development Quarterly* 16, no. 4（2002）.

63. Karen Lucas, Tim Grosvenor, and Roona Simpson, *Transport, the Environment and Social Exclusion*（York, UK: York Publishing Services Limited, 2001）.

64. Fengming Su and Michael G. H. Bell, "Transport for Older People: Characteristics and Solutions,"

Research in Transportation Economics 25, no. 1（2009）.

65.   Ibid.

66.   Charles Montgomery, *Happy City: Transforming Our Lives through Urban Design*（New York: Farrar, Straus and Giroux, 2013）.

67.   Warren Smit et al., "Toward a Research and Action Agenda on Urban Planning/Design and Health Equity in Cities in Low and Middle-Income Countries, " *Journal of Urban Health* 88, no. 5（2011）.

68.   Ada-Helen Bayer and Leon Harper, *Fixing to Stay: A National Survey of Housing and Home Modification Issues*（Washington, DC: AARP, 2000）.

69.   Patsy Healey, "Collaborative Planning in Perspective, " *Planning Theory* 2, no. 2（2003）.

70.   Ria S. Hutabarat Lo, "Walkability Planning in Jakarta, " *University of California Transportation Center*（2011）.

71.   Annette Miae Kim, *Sidewalk City: Remapping Public Space in Ho Chi Minh City.*（Chicago: University of Chicago Press, 2015）.

72.   Benjamin Goldfrank, "Lessons from Latin American Experience in Participatory Budgeting," *Participatory Budgeting*（2007）.

73.   Ibid.

74.   Greg Brown and Delene Weber, "Public Participation GIS: A New Method for National Park Planning," *Landscape and Urban Planning* 102, no. 1（2011）.

75.   Florian Steinberg, "Strategic Urban Planning in Latin America: Experiences of Building and Managing the Future, " *Habitat International* 29, no. 1（2005）: 69–93; Miguel Kanai and Iliana Ortega-Alcázar, "The Prospects for Progressive Culture-Led Urban Regeneration in Latin America: Cases from Mexico City and Buenos Aires, " *International Journal of Urban and Regional Research* 33, no. 2（2009）.

第3章

1.   William Black, "Sustainable Transportation: A U.S. Perspective," *Journal of Transportation Geography* 4, no. 3（1996）: 151; Keiichi Satoh and Lawrence W. Lan, "Editorial: Development and Deployment of Sustainable Transportation," *International Journal of Sustainable Transportation* 1, no. 2（2009）.

2.   Keiko Hirota and Jacques Poot, "Taxes and the Environmental Impact of Private Auto Use: Evidence for 68 Cities, " in *Methods and Models in Transport and Telecommunications*, ed. Aura Reggiani and Laurie Schintler（Berlin: Springer-Verlag, 2005）.

3.   International Energy Agency, *World Energy Outlook 2016*（Paris: OECD/IEA, 2016）.

4.   Reid Ewing and Robert Cervero, "Travel and the Built Environment: A Meta-Analysis, " *Journal*

of the American Planning Association 76, no. 3（2010）; David Brownstone, "Key Relationships between the Built Environment and VMT"（Special Report No. 298）, in *Driving and the Built Environment: The Effects of Compact Development on Motorized Travel, Energy Use, and CO Emissions*（Washington, DC, Transportation Research Board, 2008）.

5. Peter Newman and Jeffrey Kenworthy, "Peak Car Use: Understanding the Demise of Automobile Dependence," *World Transport Policy and Practice* 17, no. 2（2011）.

6. UN Habitat, *Planning and Design for Sustainable Urban Mobility: Global Report on Human Settlements 2013*（Nairobi: UN Habitat, 2013）.

7. William Black, *Sustainable Transportation: Problems and Solutions*（New York: Guilford Press, 2010）.

8. International Energy Agency, *World Energy Outlook*（Paris: IEA, 2011）.

9. World Resources Institute, *Global Protocol for Community-Scale Greenhouse Gas Emission Inventories: An Accounting and Reporting Standard for Cities*（Washington, DC: World Resources Institute, 2014）.

10. Vaclav Smil, *Making the Modern World: Materials and Dematerialization*（New York: John Wiley and Sons, 2013）.

11. Karen Seto et al., "Human Settlements, Infrastructure and Spatial Planning, " in *Climate Change 2014: Mitigation of Climate Change*. Contribution of Working Group III to the Fifth Assessment Report of the Intergovernmental Panel on Climate Change, ed. O. Edenhofer et al.（Cambridge, UK, Cambridge University Press, 2014）.

12. UN Habitat, *Planning and Design for Sustainable Urban Mobility.*

13. International Transport Forum, *Transport Outlook: Meeting the Needs of 9 Billion People*（Paris, OECD/International Transport Forum, 2011）; International Energy Agency, *Key World Energy Statistics*（Paris: IEA, 2011）.

14. International Energy Agency, *World Energy Outlook*; UN Habitat, *Planning and Design for Sustainable Urban Mobility*; Ralph Sims et al., "Transport, " in *Climate Change 2014: Mitigation of Climate Change. Contribution of Working Group III to the Fifth Assessment Report of the Intergovernmental Panel on Climate Change*, ed. O. Edenhofer et al.（Cambridge, UK: Cambridge University Press, 2014）.

15. Black, *Sustainable Transportation.*

16. IFP Energies Nouvelles, "Energy Consumption in the Transport Sector, " in *Panorama 2005*（Rueil–Malmaison, France: IFPEN, 2005）.

17. GTZ（The Deutsche Gesellschaft für Internationale Zusammenarbeit）, *International Fuel Prices,*

2009 6（2009）.

18. UN Habitat, *Global Report on Human Settlements 2011: Cities and Climate Change*（London: Earthscan, 2011）.

19. Ibid.

20. International Energy Agency, *World Energy Outlook and Key World Energy Statistics.*

21. Seto et al., "Human Settlements, Infrastructure and Spatial Planning".

22. Organization for Economic Development and Cooperation（OECD）, *Cities and Climate Change*（Paris: OECD Publications, 2010）.

23. European Commission, *Keeping Europe Moving: Sustainable Mobility for Our Continent*, Midterm review of the European Commission's 2001 Transport White Paper, COM, 314 Final（Brussels: European Commission, 2006）.

24. Korea Transport Institute, *Toward an Integrated Green Transportation System in Korea*（Seoul: Korea Transport Institute, 2010）.

25. A. K. Jain, *Sustainable Urban Mobility in Southern Asia*（Nairobi: UN Habitat, 2011）.

26. International Energy Agency, *World Energy Outlook.*

27. David Banister, "The Sustainability Mobility Paradigm," *Transport Policy* 15（2008）.

28. Arnulf Grubler et al., "Urban Energy Systems," in *Global Energy Assessment: Toward a Sustainable Future*（Cambridge, UK: Cambridge University Press, 2012）.

29. World Health Organization, *Ambient Air Pollution: A Global Assessment of Exposure and Burden of Disease*（Geneva, Switzerland: World Health Organization, 2016）.

30. World Health Organization, Global Urban Ambient Air Pollution Database（Update 2016）（Geneva, Switzerland: WHO, 2016）.

31. Yi-Chi Chen, Lu-Yen Chen, and Fu-Tien Jeng, "Analysis of Motorcycle Exhaust Regular Testing Data: A Case Study of Taipei City," *Journal of the Air & Waste Management Association* 50 (June 2009); Michael Greenstone et al., "Lower Pollution, Longer Lives Life Expectancy Gains if India Reduced Particulate Matter Pollution," *Economics and Political Weekly* 8（2015）.

32. United Nations Development Programme（UNDP）, *China Human Development Report 2005*（Beijing: UNDP China and China Institute for Reform and Development, 2008）.

33. Wojciech Suchorzewski, *Sustainable Urban Mobility in Transitional Economies*（Nairobi: UN Habitat, 2011）.

34. John Pucher et al., "Urban Transport Trends and Policies in China and India: Impacts of Rapid Economic Growth," *Transport Reviews* 27, no. 4（2007）: 379–410; Jain, *Sustainable Urban Mobility in Southern Asia.*

35. Gordon Pirie, *Sustainable Urban Mobility in "Anglophone" Sub-Saharan Africa* (Nairobi: UN Habitat, 2011), https: //unhabitat.org/wp−content/uploads/2013/06/GRHS.2013.Regional. Anglophone.Africa.pdf, accessed January 9, 2015.

36. European Commission−Environment, *TREMOVE: An EU-Wide Model* (Brussels: European Commission, 2011).

37. Suchorzewski, *Sustainable Urban Mobility in Transitional Economies.*

38. World Health Organization, *Burden of Disease from Environmental Noise* (Copenhagen, World Health Organization Regional Office for Europe, 2011).

39. Intergovernmental Panel on Climate Change (IPCC), "Human Settlements, Infrastructure and Spatial Planning, " in *Climate Change 2014: Mitigation of Climate Change. Contribution of Working Group III to the Fifth Assessment Report of the Inter-governmental Panel on Climate Change* (Cambridge UK: Cambridge University Press, 2014).

40. Tom Daniels, *When City and Country Collide: Managing Growth in the Metropolitan Fringe* (Washington, DC: Island Press, 1998).

41. Yvonne Rydin, Ana Bleahu, Michael Davies, Julio D. Dávila, Sharon Friel, Giovanni De Grandis, Nora Groce, Pedro C. Hallal, Ian Hamilton, Prof. Philippa Howden−Chapman, Ka−Man Lai, C. J. Lim, A. A. Dipl, Juliana Martins, David Osrin, Ian Ridley, Ian Scott, Myfanwy Taylor, Paul Wilkinson, and James Wilson, "Shaping Cities for Health: Complexity and the Planning of Urban Environments in the 21st century," *The Lancet* 379 (2012).

42. Steve Hankley and Julian D. Marshall, "Impacts of Urban Form on Future US Passenger−Vehicle Greenhouse Gas Emissions, " *Energy Policy* 38 (2010).

43. Zhan Guo, Asha Weinstein Agrawal, and Jennifer Dill, "Are Land Use Planning and Congestion Pricing Mutually Supportive?, " *Journal of the American Planning Association* 77 (2011).

44. Organisation for Economic Co−operation and Development (OECD), *Cities and Climate Change* (Paris: OECD Publishing, 2010).

45. UN Habitat, *Planning and Design for Sustainable Urban Mobility.*

第4章

1. Peter Kresl and Balwant Singh, "Urban Competitiveness and US Metropolitan Centres, " *Urban Studies* 49, no. 2 (2012).

2. Siemens AG, "Megacities Report" , 2007, http: //www.citymayors.com/development/megacities.html.

3. The Economist Intelligence Unit, "Liveanomics: Urban Liveability and Economic Growth," September 2010.

4. Katherine Levine Einstein and David M. Glick, "Mayoral Policy-Making: Results from the 21st Century Mayor Leadership Survey" (Boston: Boston University, *Initiative on Cities*, October 2014).

5. Katherine Einstein, David Glick, and Conor Le Banc, "2016 Menino Survey of Mayors" (Boston: Boston University, *Initiative on Cities*, 2017).

6. World Bank, *Tanzania Economic Update 2014*, 5th ed., 2013.

7. Peter Hall, *Cities of Tomorrow: An Intellectual History of Urban Planning and Design in the Twentieth Century*, 3rd ed. (Oxford, UK: Blackwell, 2002); Peter Hall, Good Cities, *Better Lives: How Europe Discovered the Lost Art of Urbanism* (London: Routledge, 2013); Robert J. Rogerson, "Quality of Life and Competitiveness, " *Urban Studies* 36, no. 5–6 (1999): 969–985; Tim Whitehead, David Simmonds, and John Preston, "The Effect of Urban Quality Improvements on Economic Activity, " *Journal of Environmental Management* 80 (2006).

8. Peter Hall, *Cities in Civilization: Culture, Technology, and Urban Order* (London, Weidenfeld & Nicolson, 1998).

9. Geoffrey Booth, *Transforming Suburban Business Districts* (Washington, DC: Urban Land Institute, 2001).

10. Ann Markusen and Greg Schrock, "The Distinctive City: Divergent Patterns in Growth, Hierarchy and Specialization, " *Urban Studies* 43, no. 8 (2006).

11. Richard Florida, *The Rise of the Creative Class* (New York: Basic Books, 2002).

12. Michael Storpher and Michael Manville, "Behaviour, Preferences and Cities: Urban Theory and Urban Resurgence, " *Urban Studies* 43, no. 8 (2006): 1247–1248; Edward Glaeser and Joshua D. Gottlieb, "The Economics of Place Making Policies, " *Brookings Papers on Economic Activity* 39, no. 1 (2008).

13. Ronald D. Brunner, J. Samuel Fitch, Janet Grassia, Lyn Kathlene, and Kenneth R. Hammond, "Improving Data Utilization: The Case-Wise Alternative, " *Policy Sciences* 20, no. 4 (1987).

14. Brad Broberg, "The New Norm: The Real Estate World Has a New Look as the Economy Recovers, " *On Common Ground* (Summer 2011).

15. National Association of Realtors, *2011 NAR Community Preference Survey* (Washington, DC: National Association of Realtors, 2011).

16. Broberg, "The New Norm."

17. Ania Wiekowski, "Back to the City, " *Harvard Business Review*, May 2010.

18. James F. Sallis, Robert B. Cervero, William Ascher, Karla A. Henderson, M. Katherine Kraft, and Jacqueline Kerr, "An Ecological Approach to Creating Active Living Communities, " *Annual Review of Public Health* 27 (2006).

19. Daniel Kahneman, Alan B. Krueger, David A. Schkade, Norbert Schwarz, and Arthur A. Stone, "A Survey Method for Characterizing Daily Life Experience: The Day Reconstruction Method," *Science* 306, no. 5702 (2004).

20. Bruno S. Frey and Alois Stutzer, *Happiness and Economics. How the Economy and Institutions Affect Well-Being* (Princeton, NJ: Princeton University Press, 2002).

21. Frontier Group, "Transportation and the New Generation: Why Young People Are Driving Less and What It Means for Transportation Policy" (Washington, DC: Frontier Group, 2012).

22. Brian A. Clark, "What Makes a Community Walkable," *On Common Ground* (Winter 2017).

23. Lisa Rayle et al., "App-Based, On-Demand Ride Services: Comparing Taxi and Ridesourcing Trips and User Characteristics in San Francisco" (Berkeley: University of California Transportation Center), UCTC-FR-2014-08.

24. National Association of Realtors, *2013 Community Preference Survey* (Washington, DC; NAR, 2013); Brad Broberg, "The Walkable Demand," *On Common Ground* (Winter 2017).

25. Broberg, "The Walkable Demand".

26. National Association of Realtors, *2015 Community Preference Survey* (Washington, DC: NAR, 2015).

27. Christopher Leinberger and Michael Rodriguez, "Foot Traffic Ahead: Ranking Walkable Urbanism in America's Largest Metros" (Washington, DC: *Smart Growth America*, 2016).

28. Christopher Leinberger, "DC: The WalkUP Wake-Up Call" (Washington, DC: The George Washington School of Business, 2012).

29. John Renne, "The TOD Index," December 2014, http://www.TODIndex.com.

30. John Renne, "Changing Preferences for Transportation and Transit-Oriented Communities Signal a Gradual Move to a Post-Oil Based Society," *The European Financial Review* (August–September 2016).

31. Broberg, "The Walkable Demand"; Leinberger and Rodgriguez, "Foot Traffic Ahead".

32. Brad Broberg, "Where Are The New Jobs Going?" *On Common Ground* (Summer 2016).

33. Jeffrey R. Kenworthy, Felix B. Laube, and Peter W. G. Newman, *An International Sourcebook of Automobile Dependence in Cities: 1960~1990* (Boulder: University Press of Colorado, 1999).

34. Ibid.

35. Jeffrey Kenworthy, "Decoupling Urban Car Use and Metropolitan GDP Growth," *World Transport Policy and Practice* 19, no. 4 (2013).

36. Chuck Kooshian and Steve Winkelman, "Growing Wealthier: Smart Growth, Climate Change and Prosperity" (Washington, DC: Center for Clean Air Policy, 2011).

37.　Peter Newman and Jeffrey Kenworthy, *The End of Automobile Dependency: How Cities Are Moving beyond Car-Based Planning*（Washington, DC: Island Press, 2015）.

38.　QuantEcon, "Driving the Economy: Automotive Travel, Economic Growth, and the Risks of Global Warming Regulations"（Portland, OR: Cascade Policy Institute, 2009）.

39.　Remy Prud'homme and Chang-Woon Lee, "Sprawl, Speed and the Efficiency of Cities," *Urban Studies* 36, no. 11（1999）; Robert Cervero, "Efficient Urbanisation: Economic Performance and the Shape of the Metropolis, " *Urban Studies* 38, no. 10（2001）.

40.　The 2014 Mercer Quality of Life Worldwide City Report ranked Zurich number two, behind Vienna.

41.　Robert Cervero, *The Transit Metropolis: A Global Inquiry*（Washington, DC: Island Press, 1998）.

42.　David Ashauer, "Highway Capacity and Economic Growth, " *Economic Perspectives*（September 1990）; Marlon Boarnet, "Highways and Economic Productivity: Interpreting Recent Evidence," *Journal of Planning Literature* 11, no. 4（1997）.

43.　Boarnet, "Highways and Economic Productivity"; Saurav Dev Bhatta and Matthew P. Drennan, "The Economic Benefits of Public Investment in Transportation: A Review of Recent Literature, " *Journal of Planning Education and Research* 22（2003）.

44.　Cambridge Systematics, Robert Cervero, and David Aschuer, *Economic Impact Analysis of Transit Investments: Guidebook for Practitioners*（Washington, DC: National Academy Press, Transit Cooperative Research Program, Report 35, National Research Council, 1998）.

45.　G. Giuliano, "Land Use Impacts of Transportation Investments: Highways and Transit, " in *The Geography of Urban Transportation*, ed. S. Hanson and G. Giuliano（New York: Guilford, 2004）.

46.　Robert Cervero, "Transport Infrastructure and Global Competitiveness: Balancing Mobility and Livability, " *Annals, AAPSS* 626（November 2009）.

47.　Marlon G. Boarnet and Andrew F. Haughwout, "Do Highways Matter: Evidence and Policy Implications of Highway's Influences on Metropolitan Development"（Washington, DC: Brookings Institution Center on Urban and Metropolitan Policy, 2000）.

48.　Richard Voith, "Changing Capitalization of CBD-Oriented Transportation Systems: Evidence from Philadelphia, 1970~1988, " *Journal of Urban Economics* 33, no. 3（1993）.

49.　Robert Cervero, "Effects of Light and Commuter Rail Transit on Land Prices: Experiences in San Diego County, " *Journal of the Transportation Research Forum* 43: 1（2004）.

50.　Carol Atkinson-Palombo, "Comparing the Capitalization Benefits of Light-Rail Transit and Overlay Zoning for Single-Family Houses and Condos by Neighborhood Type in Metropolitan Phoenix, Arizona, " *Urban Studies* 47, no. 11（2010）; Michael Duncan, "Comparing Rail Transit Capitalization Benefits for Single-Family and Condominium Units in San Diego, California, "

Transportation Research Record 2067（2008）.

51.　Saksith Chalermpong and Kaiwan Wattana, "Rent Capitalization of Access to Rail Transit Stations; Spatial Hedonic Models of Office Rent in Bangkok, " *Journal of the Eastern Asia Society for Transportation Studies* 8（2009）.

52.　Robert Cervero and Jin Murakami, "Rail + Property Development in Hong Kong: Experiences and Extensions, " *Urban Studies* 46, no. 10（2009）.

53.　Foster Vivien and Cecilia Briceño–Garmendia, "Africa's Infrastructure: A Time for Transformation" （Washington, DC: World Bank, 2010）.

54.　Kenneth Gwilliam, *Cities on the Move: A World Bank Urban Transport Strategy Review*（Washington, DC: World Bank Publications, 2002）.

55.　Robert Cervero and Mark Hansen, "Induced Travel Demand and Induced Road Investment: A Simultaneous Equation Analysis, " *Journal of Transport Economics and Policy* 36, no. 3（2002）; Gilles Duranton and Matthew A. Turner, "The Fundamental Law of Road Congestion: Evidence from US Cities, " *The American Economic Review* 101, no. 6（October 1, 2011）.

56.　Hiroaki Suzuki, Robert Cervero, and Kanako Iuchi, *Transforming Cities with Transit*（Washington, DC: The World Bank, 2013）.

57.　David Banister, "The Sustainable Mobility Paradigm, " *Transport Policy* 15（2008）; Peter Hall, *Good Cities, Better Lives: How Europe Discovered the Los Art of Urbanism*（London: Routledge, 2014）.

58.　D. Gordon Bagby, "The Effects of Traffic Flow on Residential Property Values, " *Journal of the American Planning Association* 46（1980）.

59.　Kenneth Button, *Transport Economics*, 3rd ed.（Cheltenham, UK: Edward Elgar, 2010）.

60.　Carmen Hass–Klau, "Impact of Pedestrianization and Traffic Calming, " *Transport Policy* 1, no. 1 （1993）.

61.　Sally Cairns, Stephen Atkins, and Phil Goodwin, "Disappearing Traffic? The Story So Far, " *Municipal Engineer* 151, no. 1（2002）.

62.　Robert Cervero, "Urban Reclamation and Regeneration in Seoul, South Korea, " in *Physical Infrastructure Development: Balancing the Growth, Equity and Environmental Imperatives*, ed. William Ascher and Corinne Krupp（New York, Palgrave Macmillan, 2010）, chapter 7.

63.　Chang–Deok Kang and Robert Cervero, "From Elevated Freeway to Urban Greenway: Land Value Impacts of Seoul, Korea's CGC Project, " *Urban Studies* 46, no. 13（2009）.

64.　Robert Cervero and Chang–Deok Kang, "Bus Rapid Transit Impacts on Land Uses and Land Values in Seoul, Korea, " *Transport Policy* 18（2011）.

65. Kang and Cervero, "From Elevated Freeway to Urban Greenway".

66. Myungjun Jang and Chang-Deok Kang, "The Effects of Urban Greenways on the Geography of Office Sectors and Employment Density in Seoul, Korea," *Urban Studies* 53: 5 (2016).

67. Robert Cervero, Junhee Kang, and Kevin Shively, "From Elevated Freeways to Surface Boulevards: Neighborhood and Housing Price Impacts in San Francisco," *Journal of Urbanism* 2, no. 1 (2009).

68. Tim Whitehead, David Simmonds, John Preston, "The Effect of Urban Quality Improvements on Economic Activity," *Journal of Environmental Management* 80 (2006).

69. Richard Florida, Cities and the Creative Class (New York: Routledge, 2005); Dionysia Lambiri, Bianca Biagi, and Vincente Royuela, "Quality of Life in the Economic and Urban Economic Literature," *Social Indicators Research* 84, no. 1 (2007): 1–25; Janet Kelly, Matt Ruther, Sarah Ehresman, and Bridget Nickerson, "Placemaking as an Economic Development Strategy for Small and Midsized Cities," *Urban Affairs Review* (2016).

70. John Kain and John Quigley, "Measuring the Value of Housing Quality," *Journal of the American Statistical Association* 65 (1970); Paul Chesire and Stephen Sheppard, "On the Price of Land and the Value of Amenities," *Econometrica* 62 (1970).

71. Paul K. Asabere, George Hachey, and Steven Grubaugh, "Architecture, Historic Zone, and the Value of Homes," *Journal of Real Estate Finance and Economics* 2 (1989): 181–195; Kerry D. Vandell, and Jonathan S. Lane, "The Economics of Architecture and Urban Design: Some Preliminary Findings," *AREUEA Journal* 17 (1989).

72. Harry Frech and Ronald N. Lafferty, "The Effect of the California Coastal Commission on Housing Prices," *Journal of Urban Economics* 16 (1984).

73. Janet E. Kohlhase, "The Impact of Toxic Waste Sites on Housing Values," *Journal of Urban Economics* 30 (1991).

74. A. Mitchell Polinsky and Steven Shavell, "Amenities and Property Values in a Model of an Urban Area," *Journal of Public Economics* 5 (1976).

75. Molly Epsey and Kuame Owusu-Edusei, "Neighborhood Parks and Residential Property Values in Greenville, South Carolina," *Journal of Agricultural and Applied Economics* 33, no. 3 (1002).

76. Margot Lutzenhiser and Noelwah R. Netusil, "The Effect of Open Spaces on a Home's Sales Price," *Contemporary Economic Policy* 19, no. 3 (2001).

77. B. Bolitzer and Noelwah Netusil, "The Impact of Open Spaces on Property Values in Portland, Oregon," *Journal of Environmental Management* 59 (2000).

78. Soren T. Anderson and Sarah E. West, "Open Space, Residential Property Values, and Spatial Context," *Regional Science and Urban Economics* 36 (2006): 773–789; Carolyn Dehring and Neil Dunse,

"Housing Density and the Effect of Proximity to Public Open Space on Aberdeen, Scotland, " *Real Estate Economics* 34, no. 4（2006）.

79. Edward L. Glaeser, Jed Kolko, and Albert Saiz, "Consumer City, " *Journal of Economic Geography* 1 （2001）.

80. Rena Sivitanidou, "Urban Spatial Variation in Office-Commercial Rents: The Role of Spatial Amenities and Commercial Zoning, " *Journal of Urban Economics* 38（1995）.

81. Mark Eppli and Charles Tu, *Valuing the New Urbanism*（Washington, DC: Urban Land Institute, 1999）; Christopher Leinberger, *The Option of Urbanism: Investing in a New American Dream* （Washington, DC: Island Press, 2007）; Keith Bartholomew and Reid Ewing, "Hedonic Price Effects of Pedestrian- and Transit-Designed Development, " *Journal of Planning Literature* 26, no. 1 （2011）.

82. Mark Eppli and Charles Tu, "An Empirical Examination of Traditional Neighborhood Development, " *Real Estate Economics* 29, no. 3（2001）: 485-500; Pnina O. Plaut and Marlon G. Boarnet, "New Urbanism and the Value of Neighborhood Design, " *Journal of Architectural and Planning Research* 20, no. 3（2003）.

83. Honogwei Dong, "Were Home Prices in New Urbanist Neighborhoods More Resilient in the Recent Housing Downturn?, " *Journal of Planning Education and Research*（December 2014）: 1-14.

84. Harrison Fraker, *The Hidden Potential of Sustainable Neighborhoods: Lessons from Low-Carbon Communities*（Washington, DC: Island Press, 2013）.

85. Reid Ewing and Otto Clemente, *Measuring Urban Design: Metrics for Livable*（Wash-ington, DC: Island Press, 2013）.

86. Hugh F. Kelly and Andrew Warren, *Emerging Trends in Real Estate 2015*（Washington, DC: Urban Land Institute, 2015）.

87. David A. Goldberg, "A Prescription for Fiscal Fitness? Smart Growth and the Municipal Bottom Line," *On Common Ground*（Summer 2011）.

88. Robert R. Burchell, George Lowenstein, William R. Dolphin, Catherine C. Galley, Anthony Downs, Samuel Seskin, Katherine Gray Still, and Terry Moore, "The Cost of Sprawl 2000, " *TCRP Report* 74 （Washington, DC: Transit Cooperative Research Program, 2002）.

89. Pamela Blais, *The Economics of Urban Form*（Toronto: Greater Toronto Area Task Force, 1996）.

90. The Global Commission on the Economy and Climate, "The Sustainable Infrastructure Imperative: Financing for Better Growth and Development, " *The 2016 New Climate Economy Report* （Washington, DC: New Climate Economy, 2016）.

第5章

1.   Michael Parkinson, "The Thatcher Government's Urban Policy: A Review, " *Town Planning Review* 60, no. 4 (1989).

2.   Ian Colquhoun, *Urban Regeneration: An International Perspective* (London: B.T. Batsford, 1995).

3.   Paul Hardin Kapp, "The Artisan Economy and Post–industrial Regeneration in the US, " *Journal of Urban Design* (2016).

4.   Markus Moos, "From Gentrification to Youthification? The Increasing Importance of Young Age in Delineating High–Density Living, " *Urban Studies* 53, no. 14 (2016).

5.   Luke J. Juday, "The Changing Shape of American Cities" (Charlottesville: Weldon Cooper Center Demographics Research Group, University of Virginia, 2015).

6.   Joe Cortright, "The Young and Restless and the Nation's Cities, " *City Observatory* 8 (2014).

7.   David Stanners, "Europe's Environment: The Dobris Assessment" (Copenhagen: European Environment Agency, 1995).

8.   National Trust for Historic Preservation, "Older, Smaller, Better: Measuring How the Character of Buildings and Blocks Influences Urban Vitality" (Washington, DC: National Trust for Historic Preservation, May 2014).

9.   Kevin Lynch, *The Image of the City*, Vol. 11. (Cambridge, MA: MIT Press, 1960).

10.   Peter Hall, *Good Cities, Better Lives: How Europe Discovered the Lost Art of Urbanism* (London: Routledge, 2013).

11.   DETR, "The Condition of London Docklands in 1981: Regeneration Research Report" (London: Office of the Deputy Prime Minister, 1997).

12.   Peter Hall, *Urban & Regional Planning*, 3rd ed. (London and New York: Routledge, 1992).

13.   Harvey S. Perloff, "New Towns Intown, " *Journal of the American Institute of Planners* 32 (May 1966).

14.   Local Government, *Planning & Land Act of 1980* (Section136).

15.   Matthew Carmona, "The Isle of Dogs: Four Development Waves, Five Planning Models, Twelve Plans, Thirty–Five Years, and a Renaissance ... of Sorts, " *Progress in Planning* 71, no. 3 (2009).

16.   *LDDC 1998 Regeneration Statement* (London: LDDC, 1998).

17.   Brian C. Edwards, *London Docklands: Urban Design in an Age of Deregulation* (Amsterdam: Elsevier, 2013).

18.   Department of Transportation, "Light Rail and Tram Statistics: England 2014/15."

19.   Carmona, "The Isle of Dogs".

20.   Ibid.

21.   Marco van Hoek, "Regeneration in European Cities: Making Connections, " *Case study of Kop van*

Zuid, Rotterdam (York, UK: Joseph Rowntree Foundation, 2007) .

22. Ibid.

23. Ibid.

24. Robert Shibley, Bradshaw Hovey, and R. Teaman, "Buffalo Case Study, " in *Remaking Post-Industrial Cities: Lessons from North America and Europe*, ed. Donald K. Carter (New York: Routledge, 2016) .

25. Bay Area Economics, "Charlotte Streetcar Economic Development Study, " City of Charlotte, April 2009.

26. Joe Huxley, *Value Capture Finance: Making Development Pay Its Way* (London: ULI Europe, 2015) .

27. Andrea C. Ferster, "Rails–to–Trails Conversions: A Review of Legal Issues, " *Planning & Environmental Law* 58, no. 9 (2006): 4; James Lilly, "Rail–to–Trail Conversions: How Communities Are Railroading Their Way out of Recession towards Healthy Living, " *University of Baltimore Journal of Land and Development* 2, no. 2 (2013) .

28. Lilly, "Rail–to–Trail Conversions."

29. Eugene C. Fitzhugh, David R. Bassett, and Mary F. Evans, "Urban Trails and Physical Activity: A Natural Experiment, " *American Journal of Preventive Medicine* 39, no.3 (2010); Ross C. Brownson, et al. "Promoting Physical Activity in Rural Communities: Walking Trail Access, Use, and Effects, " *American Journal of Preventive Medicine* 18, no. 3 (2000) .

30. Rails–to–Trails Conservancy, "Virginia's Washington & Old Dominion Railroad Regional Park, " 2008.

31. Kate Ascher and Sabina Uffer, "The High Line Effect, " CTBUH Research paper, 2015.

32. Ascher and Uffer, "The High Line Effect."

33. Ascher and Uffer, "The High Line Effect."

34. Patrick McGeehan, "The High Line Isn't Just a Sight to See; It's Also an Economic Dynamo, " *The New York Times* 5 (2011) .

35. Michael Levere, "The Highline Park and Timing of Capitalization of Public Goods, " Working Paper (2014) .

36. Kevin Loughran, "Parks for Profit: The High Line, Growth Machines, and the Uneven Development of Urban Public Spaces, " *City & Community* 13, no. 1 (2014) .

37. Kristina Shevory, "Cities See Another Side to Old Tracks, " *The New York Times*, August 2, 2011.

38. "Atlanta BeltLine Overview, " The Atlanta Beltline Web site, https: //beltline.org/about/the–atlanta–beltline–project/atlanta–beltline–overview/.

39. "A Catalist for Urban Growth and Renewal," The Atlanta Beltline Web site.

40. Dan Immergluck, "Large Redevelopment Initiatives, Housing Values and Gentrification: The Case of the Atlanta Beltline," *Urban Studies* 46, no. 8（2009）.

41. Great Allegheny Passage Web site, https://gaptrail.org/.

42. Caompos, Inc. "The Great Allegheny Passage Economic Impact Study（2007–2008），" 2009.

43. See "creative clusters" in Michael Keane, Creative Industries in China: Art, Design and Media（New York: John Wiley & Sons, 2013）.

第6章

1. Robert Cervero, *America's Suburban Centers: The Transportation-Land Use Link*（Boston: Unwin–Hyman, 1989）.

2. Robert Cervero, *Suburban Gridlock*（New Brunswick, NJ: Rutgers Press, 1986）; *Suburban Gridlock II*（Piscataway, NJ: Transaction Press, 2013）.

3. Cervero, *America's Suburban Centers*.

4. Joel Garreau, *Edge City: Life on the New Frontier*（New York: Anchor, 1992）.

5. Robert Lang, *Edgeless Cities: Exploring the Elusive Metropolis*（Washington, DC: Urban Land Institute, 2003）.

6. Cervero, *America's Suburban Centers*.

7. Elizabeth Kneebone, "Jobs Revisited: The Changing Geography of Metropolitan Employment"（Washington DC, Brookings Institution, Metropolitan Policy Program, 2009）.

8. Ellen Dunham–Jones and June Williamson, *Retrofitting Suburbia: Urban Design Solutions for Redesigning Suburbs*（Hoboken, NJ: John Wiley & Sons Inc., 2009）.

9. Urban Land Institute, "Housing in the Evolving American Suburb"（Washington, DC: Urban Land Institute, 2016）.

10. Joe Cortright, "Surging Center City Job Growth," *City Observatory*（February 2015）.

11. Urban Land Institute, "Housing in the Evolving American Suburb".

12. Kneebone, "Jobs Revisited".

13. Brad Broberg, "The Walkable Demand," *On Common Ground*（Winter 2017）.

14. Chris Leinberger and Patrick Lynch, "Foot Traffic Ahead: Ranking Walkable Urbanism in America's Largest Metros"（Washington, DC: Smart Growth America, 2016）.

15. D. W. Sohn and Anne Vernez Moudon, "The Economic Value of Office Clusters: An Analysis of Assessed Property Values, Regional Form, and Land Use Mix in King County, Washington," *Journal of Planning Education and Research* 28（2008）.

16. Louis H. Masotti and Jeffrey K. Haden, *The Urbanization of the Suburbs* (Beverly Hills: Sage Publications, 1973) .

17. Dunham-Jones and Williamson, *Retrofitting Suburbia.*

18. Robert Burchell and Sahan Mukherji, "Conventional Development versus Managed Growth: the Cost of Sprawl," *American Journal of Preventive Medicine* 93, no. 9 (2003) .

19. Howard Frumkin, Lawrence Frank, and Richard Jackson, *Urban Sprawl and Public Health: Designing, Planning, and Building for Healthy Communities* (Washington, DC: Island Press, 2004) .

20. DPZ, "Retrofit-Infill: Suburban Retrofit Infill: A Lexicon of Advanced Techniques, " Miami, Florida, 2008.

21. Galina Tachiera, *Sprawl Repair Manual* (Washington, DC: Island Press, 2010) .

22. Paul Luzek, *Suburban Transformations* (Princeton, NJ: Princeton Architectural Press, 2007) .

23. Dunham-Jones and Williamson, *Retrofitting Suburbia.*

24. Planetizen, "Reinventing the Office Park, " July 29, 2014.

25. Jay Fitzgerald, "Developers Take Steps to Reinvest Suburban Office Parks, " *Boston Globe*, July 27, 2014.

26. Ibid.

27. Reid Ewing et al., "Traffic Generated by Mixed-Use Developments: Six-Region Study Using Consistent Built Environmental Measures, " *Journal of Urban Planning and Development* 137, no. 3 (2011) .

28. Robert Cervero, "Land-Use Mixing and Suburban Mobility, " *Transportation Quarterly* 42, no. 3 (1988) .

29. Ibid.

30. Robert Dunphy, "The Suburban Office Parking Conundrum, " *Development Magazine,* Fall 2016.

31. Ibid.

32. Fee and Munson, Inc., *Hacienda Business Park: Design Guidelines* (San Francisco, CA: Fee and Munson, Inc., 1983) .

33. Robert Cervero and Bruce Griesenbeck, "Factors Influencing Commuting Choices in Suburban Labor Markets: A Case Analysis of Pleasanton, California, " *Transportation Research* A 22, no. 3 (1988) .

34. Kathleen McCormick, "Cottle Transit Village: Dense Mixed Use in San Jose, " *Urban Land* 74, no. 9/10 (2015) .

35. Ibid.

36. Cervero, *Suburban Gridlock and America's Suburban Centers*; Garreau, *Edge City.*

37. Luke Mullens, "The Audacious Plan to Turn a Sprawling DC Suburb into a Big City," The Washingtonian, Open House Blog, Development, March 29, 2015.

38. Ibid.

39. Robert Cervero et al., *Transit Oriented Development in America: Experiences, Challenges, and Prospects*, Report 102 (Washington, DC: Transit Cooperative Research Program, 2004) .

40. Mullens, "The Audacious Plan" .

41. Lisa Rein and Kafia Hosh, "Transformed Tysons Corner Still Years Away in Fairfax, " *Washington Post*, June 23, 2010.

42. Hiroaki Suzuki, Robert Cervero, and Kanako Iuchi, *Transforming Cities with Transit* (Washington, DC, The World Bank, 2013) .

43. Lisa Selin Davis, "Luxury Living on the Mall Parking Lot, " *The Wall Street Journal*, December 11, 2015.

44. Ron Heckman, "Infill Retail Not without Its Challenges, " *Urban Land*, November 13, 2013.

45. See http: //thorntonplaceliving.com/apartments/, accessed March 27, 2015.

46. Urban Land Institute, *Shifting Suburbs: Reinventing Infrastructure for Compact Development* (Washington, DC: Urban Land Institute, 2012) .

47. Ellen Dunham-Jones and June Williamson, "Mass Transit Systems Are Expanding into the Suburbs," in *Urban Transportation Innovations Worldwide: A Handbook of Best Practices*, ed. Roger Kemp and Carl J. Stephani (Jefferson, NC: McFarland, 2015) .

48. G. M. Filisko, "The Suburbs Were Made for Walking, " *On Common Ground* (Winter2017) .

49. Urban Land Institute, *Shifting Suburbs*.

第7章

1. transit is the *T* in *TOD*, the focus of this cahpter.

2. Peter Calthorpe, *The New American Metropolis: Ecology, Community, and the American Dream* (New York: Princeton Architectural Press, 1993) ; Robert Cervero, Christopher Ferrell, and Stephen Murphy, "Transit-Oriented Development and Joint Development in the United States: A Literature Review, " *Research Results Digest Number* 52, Transit Cooperative Research Program, October 2002; C. Curtis, John L Renne, Carey Curtis, and LucaBertolini, *Transit Oriented Development: Making It Happen* (Surrey, UK: Ashgate, 2009) .

3. Michael Bernick and Robert Cervero, *Transit Villages for the 21st Century* (New York: McGraw-Hill, 1997) .

4. Ibid; Luca Bertolini and Tejo Spit, *Cities on Rails: The Redevelopment of Railway Station Areas* (London: E & FN Spon, 1998) .

5. Brad Bromberg, "Where Are the New Jobs Going?, " *On Common Ground* (Summer2015) .

6. Dan Costello, with Robert Mendelsohn, Anne Canby, and Joseph Bender, *The Returning City: Historic Presentation and Transit in the Age of Civic Revival* (Washing-ton, DC: Federal Transit Administration, National Trust for Historic Preservation, 2003).

7. Anthony Venables, "Evaluating Urban Transport Improvements: Cost-Benefit Analysis in the Presence of Agglomeration and Income Taxation, " *Journal of Transport Economics and Policy* 41, no. 2 (2007).

8. Bertolini and Spit, *Cities on Rails; Hank Dittmar and Gloria Ohland*, eds., *The New Transit Town: Best Practices in Transit-Oriented Development* (Washington, DC: Island Press, 2004).

9. Michael Marks, "People Near Transit: Improving Accessibility and Rapid Transit Coverage in Large Cities" (New York: Institute for Transportation Development and Policy, 2016).

10. Peter Hall, *Cities of Tomorrow: An Intellectual History of Urban Planning and Design in the Twentieth Century* (Oxford, UK: Blackwell Publishing, 1988).

11. Robert Cervero, *The Transit Metropolis: A Global Inquiry* (Washington, DC: Island Press, 1998).

12. Bertolini and Spit, *Cities on Rails*.

13. Bernick and Cervero, *Transit Villages for the 21st Century*.

14. Center for Transit-Oriented Development, "Transit-Oriented Development Strategic Plan/Metro TOD Program" (Washington, DC: Center for Transit-Oriented Development, undated).

15. Reconnecting America and the Center for Transit-Oriented Development, "TOD 202: Station Area Planning, " 2008.

16. Portland Sustainable Transport Lab, "2012 Portland Metropolitan Regional Transportation System Performance Report, " *Portland State University*, 2013; Center for Transit-Oriented Development, "Transit-Oriented Development Strategic Plan".

17. Robert Cervero, "Transit-Supportive Development in the United States: Experiences and Prospects" (Washington, DC: U.S. Department of Transportation, Federal Transit Administration, 1993).

18. Reid Ewing and Keith Bartholomew, *Pedestrian and Transit-Oriented Design* (Washington, DC: Urban Land Institute and American Planning Association, 2013), Appendix E.

19. Edward Beimborm, and Harvey Rabinowitz, "Guidelines for Transit-Sensitive Suburban Land Use Design" (Washington, DC: U.S. Department of Transportation, Urban Mass Transportation Administration, 1991); Cervero, "Transit-Supportive Development in the United States: Experiences and Prospects"; Reid Ewing, "Pedestrian and Transit-Friendly Design" (Tallahassee: Florida Department of Transportation, 1996); and Ewing and Bartholomew, *Pedestrian and Transit-Oriented Design*.

20. Ewing and Bartholomew, *Pedestrian and Transit-Oriented Design*.

21. Cervero, "Transit–Supportive Development in the United States".

22. Pace, "Transit Supportive Guidlines", undated.

23. Robert Cervero and John Landis, "Twenty Years of BART: Land Use and Development Impacts," *Transportation Research A* 31, no. 4 (1997); Bernick and Cervero, *Transit Villages for the 21st Century.*

24. Bernick and Cervero, *Transit Villages for the 21st Century*; Federal Highway Administration, "The Fruitvale Transit Village Project" (Washington, DC: FHA, n.d.).

25. Calthorpe, *The New American Metropolis*; Robert Cervero et al., "Transit Oriented Development in America: Experiences, Challenges, and Prospects," Report 102 (Washington, DC: Transit Cooperative Research Program, 2004).

26. Robert Cervero, Ben Caldwell, and Jesus Cuellar, "Bike–and–Ride: Build It and They Will Come," *Journal of Public Transportation* 16, no. 4 (2013).

27. Robert Cervero, "Light Rail and Urban Development," *Journal of the American Planning Association* 50, no. 2 (1984); Gloria Ohland and Shellie Poticha, *Street Smart: Streetcars and Cities in the Twenty-First Century* (Washington, DC: Reconnecting America, 2006).

28. Reconnecting America, "TOD 101: Why Transit–Oriented Development and Why Now?" (Oakland, CA: Reconnecting America and the Center for Transit–Oriented Development, n.d.).

29. Ibid.

30. Population Count Census Tract 51 in Multnomah County, U.S. Decennial Census 1990, 2010.

31. Reconnecting America, *Encouraging Transit Oriented Development: Cases That Work* (Washington, DC: Reconnecting America, 2012).

32. Ian Carleton and Robert Cervero, "Developing and Implementing the City of Los Angeles' Transit Corridors Strategy: Coordinated Action toward a Transit–Oriented Metropolis," City of Los Angeles, Office of the Mayor, 2012.

33. William H. K. Lam and Michael G. H. Bell, *Advanced Modeling for Transit Operations and Service Planning* (Oxford, England: Elsevier, 2003); Robert Cervero and Jin Murakami, "Rail + Property Development in Hong Kong: Experiences and Extensions," *Urban Studies* 46, no. 10 (2009).

34. Cervero and Murakami, "Rail + Property Development."

35. Ibid.

36. Ibid.

37. Robert Cervero and Cathleen Sullivan, "Green TODs: Marrying Transit–Oriented Development and Green Urbanism," *International Journal of Sustainable Development & World Ecology* 18, no. 3 (2011).

38. Timothy Beatley, *Green Urbanism: Learning from European Cities* (Washington, DC: Island Press, 2000)；Peter Newman, Timothy Beatley, and Heather Boyer, *Resilient Cities: Responding to Peak Oil and Climate Change* (Washington, DC: Island Press, 2009).

39. Cervero and Sullivan, "Green TODs".

40. Harrison Fraker, *The Hidden Potential of Sustainable Neighborhoods: Lessons from Low-Carbon Communities* (Washington, DC: Island Press, 2013).

41. Between 1997 and 2002, a full environmental impact profile of Hammarby Sjöstad was commissioned by the City of Stockholm. Grontmij AB, *Report Summary: Follow Up of Environmental Impact in Hammarby Sjöstad* (Stockholm: Grontmij AB, 2008).

42. Ibid.

43. Nicole Foletta and Simon Field, "Europe's Vibrant Low Car (bon) Communities" (New York: Institute for Transportation Development and Policy, 2011).

44. Cervero and Sullivan, "Green TODs".

45. Robert Cervero and Cathleen Sullivan, "TODs for Tots," *Planning* (February 2011).

46. "GWI Terrain: An Eco Area", undated.

47. Andrea Broaddus, "A Tale of Two Eco-Suburbs in Freiburg, Germany: Parking Provision and Car Use," *Transportation Research Record* 2187 (2010).

48. Robert Cervero, G.B. Arrington, Janet Smith-Heimer, and Robert Dunphy, *Transit Oriented Development in America: Experiences, Challenges, and Prospects* (Washington, DC: Transit Cooperative Research Program, Report 102, 2004).

49. Ibid.

50. Ruth Knack, "Great Places: Year Nine," *Planning* 81, no. 11 (2015).

51. Hyungun Sung and Ju-Taek Oh, "Transit-Oriented Development in a High-Density City: Identifying Its Association with Transit Ridership in Seoul, Korea," *Cities* 28 (2011).

第8章

1. David Banister, *Unsustainable Transport: City Transport in the New Century* (London: Routledge, 2005, 2008)；Gabriel Dupuy, *Towards Sustainable Transport: The Challenge of Car Dependence* (Montrouge, France: John Libbey Eurotext, 2011).

2. Kenneth Button, *Transportation Economics* (Cheltenham, UK: Edward Elgar, 2010).

3. Timothy Beatley, *Green Urbanism: Learning from European Cities* (Washington, DC: Island Press, 2000).

4. Beatley, *Green Urbanism*；Nicole Foletta and Simon Field, "Europe's Vibrant New Low Car (bon)

Communities"（New York: ITDP Publications, 2011）.

5.　Wikjpedia, The Free Encyclopedia, "List of Care-Free places", undated.

6.　Andrea Broaddus, "Tale of Two Eco-Suburbs in Freiburg, Germany: Encouraging Transit and Bicycle Use by Restricting Parking Provisions, " *Transportation Research Record: Journal of the Transportation Research Board* 2187（2010）; Robert Cervero and Cathleen Sullivan, "Green TODs: Marrying Transit-Oriented Development and Green Urbanism, " *International Journal of Sustainable Development & World Ecology* 18, no. 3（2011）.

7.　Sustainability Office, City of Freiburg, "Freiburg: Green City," accessed May 14, 2015.

8.　City of Barcelona, poster display of "Superblocks, " Smart City Expo and World Congress, Barcelona, Spain, November 14-16, 2016.

9.　Carmen Hass-Klau, *The Pedestrian and City Traffic*（London: Belhaven Press, 1990）; Carmen Hass-Klau, "Impact of Pedestrianisation and Traffic Calming on Retailing, " *Transport Policy* 1, no, 1（1993）.

10.　Phil Goodwin, Carmen Haas-Klua, and Stephen Cairns, "Evidence on the Effects of Road Capacity Reduction on Traffic Levels, " *Journal of Transportation Engineering +Control* 39, no. 6（1998）.

11.　Will Reisman, "Road Diets Used as Tool for Reclaiming Neighborhoods in San Francisco, " *San Francisco Examiner*, August 24, 2012.

12.　Matthew Roth, "San Francisco Planners Proud of Long List of Road Diets, " *Streets-blog San Francisco*, March 31, 2010.

13.　H. Huang, J. Stewart, and C. Zegeer, "Evaluation of Lane Reduction 'Road Diet' Measures and Their Effects on Crashes and Injuries"（Washington, DC: U.S. Department of Transportation, Highway Safety Information System, 2002）.

14.　Congress of New Urbanism.

15.　Federal Highway Administration, "Street Designs: Part 2, Sustainable Roads."

16.　Robert Cervero, "Green Connectors: Off Shore Examples, " *Planning*（May 2003）.

17.　Steffen Lehmann, "Low Carbon Cities; More Than Just Buildings, " in *Low Carbon Cities: Transforming Urban Systems*（London: Routledge, 2015）, chapter 1.

18.　Congress for the New Urbanism, "Freeway without Futures", undated.

19.　Robert Cervero, "Urban Reclamation and Regeneration in Seoul, South Korea, " in *Physical Infrastructure Development: Balancing the Growth, Equity and Environmental Imperatives*, ed. W. Ascher and C. Krupp（New York: Palgrave Macmillan, 2010）.

20.　Seoul Metropolitan Government, Cheonggyecheon Restoration Project, Seoul, Korea, 2003.

21.　清溪川的意思是"清澈的山谷溪流"，早在14世纪，清溪川就一直是首尔城市生活的淡水来源和"魂灵所在"。在朝鲜王朝（1392~1910年）时期，城市居民在小溪里洗衣服，经常在岸边进行社交活动。朝鲜战争（1950~1953年）结束后，河岸上修建了临时的难民住所，河流的性质很快发生了变化。未经处理的废物被直接倾倒到河流中，使清溪川变成了名副其实的污水池，最终市政府不得不用高架快速路来覆盖河道。

22. 清溪川快速路宽50~80米，长6公里，于1971年在首尔市中心开通。路的下面是奔流的小溪和一条污水干渠。在20世纪80年代和90年代，随着新城镇开始在这一区域外围密集，清溪川快速路迅速成为通往中心城市首尔及其内部的重要通道，重要性与日俱增。然而，这一设施很快随着时间的流逝而遭到损害。韩国土木工程师学会（Korean Society of Civil Engineers）1992年的一项研究发现，这条快速路超过20%的钢梁受到严重腐蚀，急需修复。首尔市政府立即开始修复这条公路的底部结构，然而，出于对公路长期安全性和稳定性的担忧，人们认为修复只不过是重建或拆除快速路的权宜之计。

23. 清溪川项目并非没有争议。除了担心交通拥堵可能加剧外，许多小店主和商人也担心失去生意而反对这个项目。在以前的高架快速路旁边，是一些小规模的商店和市场，出售鞋子、服装、工具、电子产品和电器。2000年，快速路2公里范围内有超过20万的商人和6万家商店。对一些人来说，从快速路到绿道的转变可能会改变现有的贸易范围，扰乱客流和物流。此外，非正规商贩将失去他们在快速路下的位置，在过去，那里是一个不受欢迎的地方，他们（也只有他们）可以在那里免费进行交易。经过紧张的谈判，首尔市政府对商人进行了经济补偿，并将一些店铺搬迁到汉江以南的一个新建市场中心，通过快速路和公共交通很容易到达那里，从而阻止了反对意见的出现。

24. "The 15 Coolest Neighborhoods in the World in 2016," How I Travel blog.

25. John Pucher, Hyungyong Park, Mook Han Kim, and J. Song, "Public Transport Reforms in Seoul: Innovations Motivated by Funding Crisis," *Journal of Public Transportation* 8, no. 5（2005）.

26. Cervero, "Urban Reclamation and Regeneration in Seoul".

27. Seoul Development Institute, *Monitoring on Bus Operation and Level of Service*（Seoul: Seoul Development Institute, 2005）.

28. Seoul Development Institute, *Study on Urban Structure and Form in CGC Project*（Seoul: Seoul Development Institute, 2006）.

29. Ibid.

30. Chang-Deok Kang and Robert Cervero, "From Elevated Freeway to Urban Greenway: Land Value Impacts of Seoul, Korea's CGC Project," *Urban Studies* 46, no. 13（2009）.

31. Robert Cervero and Chang-Deok Kang, "From Elevated Freeway to Linear Park: Land Price Impacts of Seoul, Korea's CGC Project," VWP-2008-7（Berkeley: Institute of Transportation Studies, UC Berkeley Center for Future Urban Transportation, 2008）; Chang-Deok Kang, "Land Market Impacts

and Firm Geography in a Green and Transit-Oriented City: The Case of Seoul, Korea"（PhD diss. D09-003, Berkeley: Fischer Center for Real Estate and Urban Economics, University of California, 2009）; M. Jang and C. Kang, "Effects of Urban Greenways on the Geography of Office Sectors and Employment Densities in Seoul, Korea," *Urban Studies* 53, no. 5（2016）.

32. 区位商（LQ）可以衡量一个地区相对于较大地理单元的行业或职业专门化程度，在我们的案例中，即：在距离绿道入口或高速公路匝道1000米的距离范围内，创意类产业的工人总数与位于1000米缓冲区之外的首尔地区所有工人的比例。

33. Seoul Development Institute, *Monitoring on Bus Operation and Level of Service.*

34. K. Hwang, "Cheong Gye Cheon Restoration & City Regeneration: Cheong Gye Cheon: Urban Revitalization and Future Vision"（Seoul: Seoul Metropolitan Government, 2006）.

35. William Lathrop, "San Francisco Freeway Revolt," *Transportation Engineering Journal* 97（1971）.

36. E. Rose, "Changing Spaces," *Urban Land* 62, no. 3（2003）.

37. Rose, "Changing Spaces," 84~89; B. Fisher, "Closeup: the Embarcadero," *Planning* 71, no. 1（2005）.

38. Elizabeth Macdonald, "Building a Boulevard," *Access* 28（2006）.

39. Robert Cervero, Junhee Kang, and Kevin Shively, "From Elevated Freeways to Surface Boulevards: Neighborhood and Housing Price Impacts in San Francisco," *Journal of Urbanism* 2, no. 1（2009）.

40. Rose, "Changing Spaces".

41. Rose, "Changing Spaces".

42. San Francisco Planning and Urban Research Association（SPUR）, "Cutting through Transportation Tangles: Two Issues," Report 265（San Francisco: SPUR, 1990）.

43. Surface Transportation Policy Project（STPP）, "Dangerous by Design: Pedestrian Safety in California"（San Francisco: STPP, 2000）.

44. Cervero et al., "From Elevated Freeways to Surface Boulevards".

45. Systan, Inc., "Central Freeway Evaluation Report, San Francisco"（San Francisco: City and County of San Francisco Department of Planning, 1997）.

46. San Francisco Department of Park and Traffic, "Octavia Boulevard Operation, Six Month Report," San Francisco, unpublished report, 2006.

47. Macdonald, "Building a Boulevard".

48. Lehmann, "Low Carbon Cities".

第9章

1. United Nations Population Division, "World Urbanization Prospects, the 2014 Revision," 2014.

2. WardsAuto Web site, 2012.

3. "China Overtakes US as World's Biggest Car Market, " *The Guardian, January* 8, 2010.

4. Boris Pushkarev, Jeffrey Zupan, and Robert Cumella, *Urban Rail in America: An Exploration of Criteria for Fixed-Guideway Transit* (Bloomington: Indiana University Press, 1982); Peter Newman and Jeffrey Kenworthy, "Urban Design to Reduce Automobile Dependence, " *Opolis* 2, no. 1 (2006); Erick Guerra and Robert Cervero, "Cost of a Ride: The Effects of Densities on Fixed–Guideway Transit Ridership and Costs, " *Journal of the American Planning Association* 77, no. 3 (2011).

5. Somik Vinay Lall, J. Vernon Henderson, and Anthony J. Venables, *Africa's Cities* (Washington, DC: World Bank, 2017).

6. INEGI, "Encuesta Intercensal 2015, " 2015.

7. Roger Behrens, Dorothy McCormick, and David Mfinanga, eds., *Paratransit in African Cities: Operations, Regulation and Reform* (London and New York: Routledge, 2016).

8. Un–Habitat, *Planning and Design for Sustainable Urban Mobility: Global Report on Human Settlements 2013* (London: Taylor & Francis, 2013).

9. Ibid.

10. Secretaría Distrital de Movilidad de Bogotá, "Informe de Indicadores. Encuesta de Movilidad de Bogot á 2011" (Bogotá: Alcaldía Mayor de Bogotá (DC), 2013).

11. Hua Zhang, Susan A. Shaheen, and Xingpeng Chen, "Bicycle Evolution in China: From the 1900s to the Present, " *International Journal of Sustainable Transportation* 8, no. 5 (September 3, 2014).

12. John Pucher and Ralph Buehler, "Making Cycling Irresistible: Lessons from the Netherlands, Denmark and Germany, " *Transport Reviews* 28, no. 4 (July 1, 2008).

13. Deike Peters, "Gender and Sustainable Urban Mobility, " *Thematic Study Prepared for Sustainable Urban Mobility: Global Report on Human Settlements*, 2013.

14. International Transport Forum, "Improving Safety for Motorcycle, Scooter and Moped Riders, " ITF Research Reports (Paris: OECD Publishing, October 12, 2015).

15. "Dinas Pendapatan Dan Pengelolaan Aset Daerah Provinsi Jawa Tengah, " 2015.

16. Teik Hua Law, Hussain Hamid, and Chia Ning Goh, "The Motorcycle to Passenger Car Ownership Ratio and Economic Growth: A Cross–Country Analysis, " *Journal of Transport Geography* 46 (June 2015).

17. Shuhei Nishitateno and Paul J. Burke, "The Motorcycle Kuznets Curve, " *Journal of Transport Geography* 36 (April 2014).

18. Shlomo Angel et al., "The Dimensions of Global Urban Expansion: Estimates and Projections for All Countries, 2000~2050, " *Progress in Planning* 75, no. 2 (2011); Shlomo Angel, Stephen C. Sheppard, and Daniel L. Civco, "The Dynamics of Global Urban Expansion" (Washington, DC: The

World Bank, Transport and Urban Development Department, 2005）.

19.   Erick Guerra, "The Geography of Car Ownership in Mexico City: A Joint Model of Households'
       Residential Location and Car Ownership Decisions," *Journal of Transport* Geography 43（February
       2015）.

20.   James E. Rosenbaum, "Changing the Geography of Opportunity by Expanding Residential Choice:
       Lessons from the Gautreaux Program," *Housing Policy Debate* 6, no1（January 1, 1995）; Sako
       Musterd and Roger Andersson, "Housing Mix, Social Mix, and Social Opportunities," *Urban Affairs
       Review* 40, no. 6（July 1, 2005）; George Galster et al., "Does Neighborhood Income Mix Affect
       Earnings of Adults? New Evidence from Sweden," *Journal of Urban Economics* 63, no. 3（May
       1, 2008）; Tama Leventhal and Jeanne Brooks-Gunn, "Moving to Opportunity: An Experimental
       Study of Neighborhood Effects on Mental Health," *American Journal of Public Health* 93, no. 9
       （2003）; Anne C.Case and Lawrence F. Katz, "The Company You Keep: The Effects of Family and
       Neighborhood on Disadvantaged Youths," Working Paper（National Bureau of Economic Research, May
       1991）.

21.   Board of Governors of the Federal Reserve System, "Mortgage Debt Outstanding, June 2016," 2016;
       U.S. Census Bureau, "American Community Survey（ACS）," 2015.

22.   Gilles Duranton and Erick Guerra, "Developing a Common Narrative on Urban Accessibility: An Urban
       Planning Perspective"（Washington, DC: Brookings Institution, 2017）.

23.   数据因贫民窟的定义和来源而有所不同。

24.   Shack/Slum Dwellers International, "SDI's Practices for Change," 2015.

25.   Jose Brakarz and Wanda Aduan, "Favela-Bairro: Scaled-Up Urban Development in Brazil"
       （Washington, DC: Inter-American Development Bank, 2004）.

26.   Ayse Pamuk and Paulo Fernando A Cavalieri, "Alleviating Urban Poverty in a Global City: New
       Trends in Upgrading Rio-de-Janeiro's Favelas," *Habitat International* 22, no. 4（December
       1998）; Elizabeth Riley, Jorge Fiori, and Ronaldo Ramirez, "Favela Bairro and a New Generation of
       Housing Programmes for the Urban Poor," *Geoforum, Urban Brazil*, 32, no. 4（November 2001）;
       Brakarz and Aduan, "Favela-Bairro"; Roberto Segre, "Formal-Informal Connections in the Favelas
       of Rio de Janeiro: The Favela-Bairro Programme," in *Rethinking the Informal City: Critical
       Perspectives from Latin America*, ed. Felipe Hernandez, Peter Kellet, and Lea K. Allen, Remapping
       Cultural History 11（New York: Berghahn Books, 2009）; Inter-American Development Bank,
       "Development Effectiveness Overview 2010.pdf"（Washington, DC: Inter-American Development
       Bank, 2010）; Fernando Luiz Lara, "Favela Upgrade in Brazil: A Reverse of Participatory Processes,"
       Journal of Urban Design 18, no. 4（November 1, 2013）.

27. World Bank, "Vietnam: Urban Upgrading Project" (Washington, DC: World Bank, 2004). IEG Review Team, "Vietnam: Urban Upgrading Project" (Washington, DC: World Bank, 2016).

28. Inter-American Development Bank, "Development Effectiveness Overview 2010.pdf."

29. David Gouverneur, *Planning and Design for Future Informal Settlements: Shaping the Self-Constructed City* (New York: Routledge, 2015); Shlomo Angel, *Planet of Cities* (Cambridge, MA: Lincoln Institute of Land Policy, 2012).

30. Peter Land, *The Experimental Housing Project (PREVI), Lima: Design and Technology in a New Neighborhood* (Bogotá: Universidad de Los Andes, 2015); Gouverneur, *Planning and Design for Future Informal Settlements.*

31. Cedric Pugh, "Housing Policy Development in Developing Countries, " *Cities* 11, no. 3 (June 1, 1994).

32. Michael Cohen, "Aid, Density, and Urban Form: Anticipating Dakar, " *Built Environment* 33, no. 2 (May 31, 2007); The World Bank, "Senegal: Sites and Services Project. Project Completion Report" (Washington, DC: The World Bank, October 31, 1983).

33. Cohen, "Aid, Density, and Urban Form".

34. Ministère de l' Urbanisme et de l' Aménagement du Territoire, "Plan Directeur d' Urbanisme de la Région de Dakar, Horizon 2025-Bilan du PDU de Dakar 2001" (Dakar: Ministère de l' Urbanisme et de l' Aménagement du Territoire, 2001).

35. McGuirk, Justin, "PREVI: The Metabolist Utopia, " *Domus Magazine*, April 21, 2011, Gouverneur, *Planning and Design for Future Informal Settlements.*

36. Ministère de l' Urbanisme et de l' Aménagement du Territoire, "Plan Directeur d' Urbanisme de la Région de Dakar".

37. The World Bank, "Housing: Enabling Markets to Work" (Washington, DC: The World Bank, April 30, 1993); Cedric Pugh, "Urbanization in Developing Countries: An Overview of the Economic and Policy Issues in the 1990s, " *Cities* 12, no. 6 (December 1, 1995); Cecilia Zanetta, "The Evolution of the World Bank's Urban Lending in Latin America: From Sites and Services to Municipal Reform and Beyond, " *Habitat International* 25, no. 4 (December 2001).

38. The World Bank, "Senegal: Sites and Services Project"; The World Bank, "Senegal: Municipal and Housing Development Project" (Washington, DC: The World Bank, November 25, 1997).

39. Maguemati Wabgou, "Governance of Migration in Senegal: The Role of Government in Formulating Migration Policies," in *International Migration and National Development in Sub-Saharan Africa*, ed. Aderanti Adepojou, Ton Van Naerssen, and Annalies Zoomers (Boston: Brill, 2007); Mona Serageldin and Erick Guerra, "Migration, Remittances and Investment in Sub-Saharan Africa"

（Cambridge, MA: Institute for International Urban Development, 2008）.

40. Paavo Monkkonen, "The Housing Transition in Mexico Expanding Access to Housing Finance, " *Urban Affairs Review* 47, no. 5（September 1, 2011）.

41. Monkkonen, "The Housing Transition in Mexico Expanding Access to Housing Finance".

42. Ibid.; Monkkonen, "Housing Finance Reform and Increasing Socioeconomic Segregation in Mexico".

43. Ibid.

44. Erick Guerra, "Has Mexico City's Shift to Commercially Produced Housing Increased Car Ownership and Car Use?, " *Journal of Transport and Land* Use 8, no. 2（May 29, 2015）.

45. Beatriz García Peralta and Andreas Hofer, "Housing for the Working Class on the Periphery of Mexico City: A New Version of Gated Communities, " *Social Justice* 33, no. 3（January 1, 2006）.

46. World Resources Institute, *Statement: Development Banks Announce "Game hanger" for Sustainable Transport at Rio+20*, 2012.

47. Hiroaki Suzuki, Robert Cervero, and Kanako Iuchi, *Transforming Cities with Transit: Transit and Land-Use Integration for Sustainable Urban Development*（World Bank Publications, 2013）.

48. Robert Cervero, *The Transit Metropolis: A Global Inquiry*（Washington, DC: Island Press, 1998）.

49. Robert Cervero, "Linking Urban Transport and Land Use in Developing Countries, " *Journal of Transport and Land Use* 6, no. 1（April 10, 2013）.

50. Robert Cervero and Jennifer Day, "Suburbanization and Transit-Oriented Development in China, " *Transport Policy* 15, no. 5（September 2008）.

51. Cervero, "Linking Urban Transport and Land Use in Developing Countries".

52. Ming Zhang, "Chinese Edition of Transit-Oriented Development, " *Transportation Research Record: Journal of the Transportation Research Board* 2038（December 1, 2007）; Cervero and Day, "Suburbanization and Transit-Oriented Development in China".

53. Georges Darido, Mariana Torres-Montoya, and Shomik Mehndiratta, "Urban Transport and CO Emissions: Some Evidence from Chinese Cities"（Washington, DC: World Bank, 2009）.

54. Ming Zhang, "Chinese Edition of Transit-Oriented Development, " *Transportation Research Record: Journal of the Transportation Research Board* 2038（December 1, 2007）.

55. Jinling Liu and Yong Zhang, "Analysis to Passenger Volume Effect of Land Use along Urban Rail Transit, " *Urban Transport of China* 2（2004）.

56. Zhang, "Chinese Edition of Transit-Oriented Development".

57. Robert Cervero and Jin Murakami, "Rail and Property Development in Hong Kong: Experiences and Extensions, " *Urban Studies* 46, no. 10（September 1, 2009）.

58.　Wen-ling Li and Jing Huang, "The Conception of Transit Metropolis in Guangzhou, " in *2010 International Conference on Mechanic Automation and Control Engineering*, 2010.

59.　Hiroaki Suzuki et al., *Financing Transit-Oriented Development with Land Values: Adapting Land Value Capture in Developing Countries*（Washington, DC: World Bank Publications, 2015）.

60.　Herbert Levinson et al., "Bus Rapid Transit: Synthesis of Case Studies, " *Transportation Research Record* 1841, no. 1（January 1, 2003）; Dario Hidalgo, "TransMilenio: El Sistema de Transporte Masivo en Bogotá, " in *Urban Mobility for All*, Tenth International CODATU Conference（Lome, Togo: Coopération pour le Développement et l' Amélioration des Transport Urbains et Périurbains, 2002）.

61.　Dario Hidalgo and Luis Gutiérrez, "BRT and BHLS around the World: Explosive Growth, Large Positive Impacts and Many Issues Outstanding, " *Research in Transportation Economics* 39, no. 1（March 2013）. Robert Cervero, "Bus Rapid Transit（BRT）: An Efficient and Competitive Mode of Public Transport, " 20th ACEA, Scientific Advisory Group Report（Brussels, 2013）.

62.　Hiroaki Suzuki, Robert Cervero, and Kanako Iuchi, *Transforming Cities with Transit: Transit and Land-Use Integration for Sustainable Urban Development*（Washington, DC: World Bank Publications, 2013）.

63.　Robert L. Knight and Lisa L. Trygg, *Land Use Impacts of Rapid Transit: Implications of Recent Experience*, 1977; Samuel Seskin, Robert Cervero, and Parsons, Brinckerhoff, Quade & Douglas, "Transit and Urban Form. Volume 1, Part 1: Transit, Urban Form and the Built Environment: A Summary of Knowledge, " 1996; Robert Cervero and John Landis, "Twenty Years of the Bay Area Rapid Transit System: Land Use and Development Impacts, " *Transportation Research Part A: Policy and Practice* 31, no. 4（July 1997）.

64.　Robert Cervero and Danielle Dai, "BRT TOD: Leveraging Transit Oriented Develop-ment with Bus Rapid Transit Investments, " *Transport Policy* 36（November 2014）.

65.　Suzuki et al., *Transforming Cities with Transit*.

66.　Institute for Transportation and Development Policy, "Improving Access for Guangzhou's Urban Villages, " *Institute for Transportation and Development Policy*, August 24, 2015.

67.　Hidalgo and Gutiérrez, "BRT and BHLS around the World".

68.　Ibid.

69.　Manish Shirgaokar, "Expanding Cities and Vehicle Use in India: Differing Impacts of Built Environment Factors on Scooter and Car Use in Mumbai, " *Urban Studies*, 53.

70.　Erick Guerra, "Mexico City's Suburban Land Use and Transit Connection: The Effects of the Line B Metro Expansion, " *Transport Policy* 32（March 2014）.

71. Sistema de Transporte Colectivo, "Metro de La Ciudad de México, " 2016.

72. Juan Pablo Bocarejo et al., "An Innovative Transit System and Its Impact on Low Income Users: The Case of the Metrocable in Medellín, " *Journal of Transport Geography* 39（July 2014）; Peter Brand and Julio D. Dávila, "Mobility Innovation at the Urban Margins: Medellín's Metrocables, " *City* 15, no. 6（2011）.

73. Dirk Heinrichs and Judith S. Bernet, "Public Transport and Accessibility in Informal Settlements: Aerial Cable Cars in Medellín, Colombia, " *Transportation Research Procedia* 4（January 1, 2014）.

74. Brand and Dávila, "Mobility Innovation at the Urban Margins"; Heinrichs and Bernet, "Public Transport and Accessibility in Informal Settlements".

75. Heinrichs and Bernet, "Public Transport and Accessibility in Informal Settlements".

76. Christine Zhen-Wei Qiang, "Telecommunications and Economic Growth, " unpublished paper, World Bank, Washington, DC, 2009.

第10章

1. Lisa Rayle et al., "Just a Better Taxi? A Survey-Based Comparison of Taxis, Transit, and Ridesourcing Services in San Francisco, " *Transport Policy* 45（January 2016）.

2. A. Hawkins, "Uber and Lyft Just Got a Big Boost from the Public Transportation World," The Verge, March 16, 2016.

3. Robert Cervero, "Electric Station Cars in the San Francisco Bay Area, " *Transportation Quarterly* 51, no. 2（1997）.

4. Hawkins, "Uber and Lyft Just Got a Big Boost from the Public Transportation World".

5. Erick Guerra, "Planning for Cars That Drive Themselves: Metropolitan Planning Organizations, Regional Transportation Plans, and Autonomous Vehicles, " *Journal of Planning Education and Research* 36, no. 2（2016）.

6. U.S. Department of Transportation, "National Transportation Statistics, " 2013.

7. Sven Beiker, "History and Status of Automated Driving in the United States, " in *Road Vehicle Automation*, ed. Gereon Meyer and Sven Beiker, Lecture Notes in Mobility（Basel, Switzerland: Springer International Publishing, 2014）; Steven Shladover, "Why We Should Develop a Truly Automated Highway System, " *Transportation Research Record: Journal of the Transportation Research Board* 1651（January 1, 1998）.

8. Ford Media Center, "Ford Targets Fully Autonomous Vehicle for Ride Sharing in 2021; Invests in New Tech Companies, Doubles Silicon Valley Team."

9. John Markoff, "Google's Next Phase in Driverless Cars: No Steering Wheel or Brake Pedals," *The New*

York Times, May 27, 2014; Tim Higgins. "Google's Self–Driving Car Program Odometer Reaches 2 Million Miles," *Wall Street Journal*, October 5, 2016.

10. Alex Davies, "How Daimler Built the World's First Self–Driving Semi," *WIRED*, May 11, 2015.

11. Burford Furman et al., "Automated Transit Networks（ATN）: A Review of the State of the Industry and Prospects for the Future," Mineta Transportation Institute Report, September 2014.

12. CityMobil2, "Cities Demonstrating Automated Road Passenger Transport," accessed June 2, 2015; "Easymile | Shared Driverless Vehicles | Driverless Transportation," *EasyMile*, accessed January 30, 2017; "Delphi Selected by Singapore Land Transport Authority for Autonomous Vehicle Mobility–on–Demand Program."

13. Steven Shladover, "What If Cars Could Drive Themselves?," *ACCESS Magazine* 1, no. 16（April 1, 2000）; Sebastian Thrun, "Toward Robotic Cars," *Communications of the ACM* 53, no. 4（April 1, 2010）; Daniel Fagnant and Kara Kockelman, "The Travel and Environmental Implications of Shared Autonomous Vehicles, Using Agent–Based Model Scenarios," *Transportation Research Part C: Emerging Technologies* 40（March 2014）; James Anderson et al., "Autonomous Vehicle Technology: A Guide for Policymakers"（Washington, DC: RAND Corporation, 2014）; Clifford Winston and Fred Mannering, "Implementing Technology to Improve Public Highway Performance: A Leapfrog Technology from the Private Sector Is Going to Be Necessary," *Economics of Transportation* 3, no. 2（2014）.

14. Adam Millard–Ball, "Pedestrians, Autonomous Vehicles, and Cities," *Journal of Planning Education and Research*, October 26, 2016.

15. National Association of City Transportation Officials, "NACTO Releases Policy Recommendations for the Future of Automated Vehicles," June 23, 2016.

16. Furman et al., "Automated Transit Networks（ATN）"; CityMobil2, "Cities Demonstrating Automated Road Passenger Transport".

17. Guerra, "Planning for Cars That Drive Themselves".

18. Donald Shoup, *The High Cost of Free Parking*（Chicago: Planners Press, American Planning Association, 2005）.

19. Mikhail Chester, Arpad Horvath, and Samer Madanat, "Parking Infrastructure: Energy, Emissions, and Automobile Life–Cycle Environmental Accounting," *Environmental Research Letters* 5, no. 3（2010）.

20. Ibid.; Michael Manville and Donald Shoup, "Parking, People, and Cities," *Journal of Urban Planning and Development* 131, no. 4（December 2005）.

21. Manville and Shoup, "Parking, People, and Cities"; Chester et al., "Parking Infrastructure".

22. Shoup, *The High Cost of Free Parking.*

23. Timothy Sider et al., "Smog and Socioeconomics: An Evaluation of Equity in Traffic–Related Air Pollution Generation and Exposure," *Environment and Planning B: Planning and Design* 42, no. 5（September 1, 2015）.

24. Melvin M. Webber, *The Urban Place and the Nonplace Urban Realm*, 1964.

25. Tim Althoff, Ryen W. White, and Eric Horvitz, "Influence of Pokémon Go on Physical Activity: Study and Implications," *arXiv: 1610.02085* [Cs], October 6, 2016.

26. David Jones, *Mass Motorization and Mass Transit: An American History and Policy Analysis*（Bloomington: Indiana University Press, 2008）.

27. "The Head of CMU's Robotics Lab Says Self–Driving Cars Are 'Not Even Close,'" *Motherboard.*

第11章

1. Robert Cervero, "Why Go Anywhere?" *Scientific American* 273, no. 3（1995）.

2. Peter Newman and Jeffrey Kenworthy, *Cities and Automobile Dependence: A Source-book*（Aldershot, England: Grower, 1989）；Reid Ewing and Robert Cervero, "Travel and the Built Environment," *Journal of the American Planning Association* 76（2010）.

3. Ewing and Cervero, "Travel and the Built Environment".

4. Zhan Guo, Asha W. Agrawal, and Jennifer Dill, "Are Land Use Planning and Congestion Pricing Mutually Supportive? Evidence from a Pilot Mileage Fee Program in Portland, OR,," *Journal of the American Planning Association* 77, no. 3（2011）.

5. See TomTom Traffic Index on worldwide traffic congestion.

6. Wendall Cox, "New Zealand Has Worst Traffic Congestion: International Data," *New Geography,* November 13, 2013.

7. 无论观测数据对象是城市、地区还是邻里街区，人均车辆行驶里程与城市密度之间的指数衰减关系在多个地理尺度上都存在。

8. Hiroaki Suzuki, Robert Cervero, and Kanako Iuchi, "Transforming Cities with Transit,"（Washington, DC: World Bank, 2013）.

9. Eric Eidler, "The Worst of All World: Los Angeles, California, and the Emerging Reality of Dense Sprawl," *Transportation Research Record: Journal of the Transportation Research Board* 1902（2005）.

10. Robert Cervero, *The Transit Metropolis: A Global Inquiry*（Washington, DC: Island Press, 1998）.

11. Steven Fader, *Density by Design: New Directions in Residential Development*（Washington, DC: Urban Land Institute, 2000）.

12. Robert Cervero and Peter Bosselmann, "Transit Villages: Assessing the Market Potential through Visual Simulation," *Journal of Architecture and Planning Research* 15, no. 3（1998）；Reid Ewing and Keith Bartholomew, *Pedestrian- and Transit-Oriented Design*（Washington, DC: Urban Land Institute and American Planning Association, 2013）.

13. Erick Guerra and Robert Cervero, "Cost of a Ride: The Effects of Densities on Fixed–Guideway Transit Ridership and Costs," *Journal of the American Planning Association* 77, no. 3（2011）.

14. UN Habitat, *Urbanization and Development: Emerging Futures*（Nairobi: UN Habitat, World Cities Report, 2016）.

15. Brian Taylor, Evelyn Blumenberg, Anne Brown, Kelcie Ralph, and Carole Turley Voulgaris, "Typecasting Neighborhoods and Travelers: Analyzing the Geography of Travel Behavior Among Teens and Young Adults in the US"（Los Angeles: UCLA Luskin School of Public Affairs, Institute of Transportation Studies, 2015）.

16. Todd Litman, "The Future Isn't What It Used to Be: Changing Trends and Their Implications for Transportation Planning"（Victoria, BC: Victoria Transport Policy Institute, 2015）.

17. Tony Dutzik, Jeff Inglis, and Phineas Baxandall, "Millennials in Motion: Changing Travel Habits of Young Americans and Implications for Public Policy"（Washington, DC: US PIRG Education Fund, 2014）.

18. Michael Sivak and Brandon Schoettle, "Recent Decreases in the Proportion of Persons with a Driver's License across all Age Groups," University of Michigan Transportation Research Institute, UMTRI–2016–5, 2016.

19. Ibid.；Michael Sivak, "Has Motorization in the U.S. Peaked? Vehicle Ownership and Distance Drive, 1984 to 2015," University of Michigan Transportation Research Institute, Report no. SWT–2017–4.

20. Luke J. Juday, "The Changing Shape of American Cities"（Charlottesville: Demo–graphics Research Group, Weldon Cooper Center for Public Service, University of Virginia, 2015）.

21. Ibid.

22. Taylor et al., "Typecasting Neighborhoods and Travelers"；Juday, "The Changing Shape of American Cities".

23. Taylor et al., "Typecasting Neighborhoods and Travelers"；Lisa Rayle, Danielle Dai, Nelson Chan, Robert Cervero, and Susan Shaheen, "Just a Better Taxi? A Survey–Based Comparison of Taxis, Transit, and Ridesourcing Services in San Francisco," *Transport Policy* 45（2016）.

24. Brad Broberg, "Where Are the New Jobs Going?" *On Common Ground*, Summer 2016.

25. Rob Valletta and Catherine van der List, "Involuntary Part–Time Work: Here to Stay?" San Francisco,

Federal Reserve Bank of San Francisco, June 2015.

26. Rayle et al., "Just a Better Taxi?"

27. American Association of State Highway and Transportation Officials (AASHTO), "Commuting in America: The National Report on Commuting Patterns and Trends" (Washington, DC: AASHTO, 2015).

28. Robert Cervero, "Land–Use Mixing and Suburban Mobility," *Transportation Quarterly* 42, no. 3 (1988).

29. Reid Ewing, "Measuring Transportation Performance," *Transportation Quarterly* 49, no. 1 (1995); Reid Ewing, "Beyond Speed: The Next Generation of Transportation Performance Measures," in *Transportation & Land Use Innovations: When You Can't Pave Your Way out of Traffic Congestion* (Chicago: Planners Press, 1996).

30. 佛罗里达州在1993年制定了并行标准，以确保道路和其他基础设施的供应足以适应新的增长，后来引入了全区平均服务水平指标.在奥兰多等快速增长的城市，即使一些交叉路口和一些路段的情况恶化，只要整个系统运行良好，植入式开发还是可以进行的。

31. Todd Littman, "Multi–modal Level–of–Service Indicators: Tools for Evaluating the Quality of Transportation Services and Facilities," in *TDM Encyclopedia* (Victoria, BC: Victoria Transport Policy Institute, 2015).

32. Cervero, *The Transit Metropolis*.

33. Reid Ewing, Michael Greenwald, Ming Zhang, Jerry Walters, J. Feldman, Robert Cervero, Frank Senait Kass, and John Thomas, "Traffic Generated by Mixed–Use Developments: A Six–Region Study Using Consistent Built Environmental Measures," *Journal of Urban Planning and Development* 137, no. 3 (2011); Hollie Lund, Robert Cervero, and Richard Willson, "A Re–evaluation of Travel Behavior in California TODs," *Journal of Architecture and Planning Research* 23, no. 3 (2006); Robert Cervero and G. Arrington, "Vehicle Trip Reduction Impacts of Transit–Oriented Housing," *Journal of Public Transportation* 11, no. 3 (2008); Robert Cervero, Arlie Adkins, and Catherine Sullivan, "Are Suburban TODs Over–Parked?," *Journal of Public Transportation* 13, no. 2 (2010).

34. Robert Cervero, "Going Beyond Travel–Time Savings: An Expanded Frame–work for Evaluating Urban Transport Projects" (Washington, DC: The International Bank for Reconstruction and Development/The World Bank, Department for International Development, Transport Research Support Program, 2011).

35. David Metz, "The Myth of Travel Time Savings," *Transport Reviews* 28, no. 3 (2008); Cervero, "Going Beyond Travel–Time Savings".

36. Fabio Casiroli, "The Mobility DNA of Cities," *Urban Age* (December 2009).

37. Cervero, "Going Beyond Travel–Time Savings".

38. UN Habitat, "Global Report on Human Settlements 2013: Planning and Design for Sustainable Urban Mobility" (Nairobi: UN Habitat, 2013) .

39. Cervero, The Transit Metropolis；Erick Guerra, "Mexico City's Suburban Land Use and Transit Connection: The Effects of the Line B Metro Expansion," *Transport Policy* 32 (2014) .

40. Eduardo Vasconcellos, *Urban Transport, Environment and Equity: The Case for Developing Countries* (London: Earthscan, 2001)；Robin Carruthers, Malise Dick, and Anuja Saurkar, "Affordability of Public Transport in Developing Countries," World Bank Transport Paper TP–3 (Washington, DC: World Bank, 2005) .

41. Miriam Zuk, Ariel H. Bierbaum, Karen Chapple, Karolina Gorska, Anastasia Lou–kaitou–Sideris, Paul Ong, and Trevor Thomas, "Gentrification, Displacement and the Role of Public Investment: A Literature Review," Working Paper 2015–05 (San Francisco: Federal Research Bank of San Francisco, August 2015) .

42. Emily Talen, Sunny Menozzi, and Chloe Schaefer, "What Is a 'Great Neighborhood'? An Analysis of APA's Top–Rated Places," *Journal of the American Planning Association* 81, no. 2 (2015) .

43. Sharon Zukin, Naked City: *The Death and Life of Authentic Urban Places* (New York: Oxford University Press, 2009)；Zuk et al., "Gentrification, Displacement and the Role of Public Investment" .

44. Teresa Caldeira, *City of Walls: Crime, Segregation and Citizenship in São Paulo* (Berkeley: University of California Press, 2001) .

45. Susan Fainstein, *The Just City* (Ithaca, NY: Cornell University Press, 2011)；Zuk et al., "Gentrification, Displacement and the Role of Public Investment" .

46. Richard Florida, *The Rise of the Creative Class: And How It's Transforming Work, Leisure, Community and Everyday Life* (New York: Basic Books, 2002)；Lance Freeman and Frank Braconi, "Gentrification and Displacement New York City in the 1990s," *Journal of the American Planning Association* 70, no. 1 (2004) .

47. Joseph Cortright and Dillon Mahmoudi, "Neighborhood Change, 1970 to 2010 Transition and Growth in Urban High Poverty Neighborhoods," Impresa Consulting.

48. Jackelyn Hwanga and Robert J. Sampson, "Divergent Pathways of Gentrification: Racial Inequality and the Social Order of Renewal in Chicago Neighborhoods," *American Sociological Review* 79, no. 4 (2014) .

49. Greg Lindsay, "Now Arriving: A Connected Mobility Roadmap for Public Transport" (Montreal: New Cities Foundation, 2016)

50. Michael Southworth and Erin Ben–Joseph, *Streets and the Shaping of Towns and Cities* (Washington,

DC: Island Press, 2003）.

51. Gerritt J. Knaap, Chengr Ding, and Lewis Hopkins, "Do Plans Matter? The Effects of Light Rail Plans on Land Values in Station Areas", *Journal of Planning Education and Research* 21, no. 1（2001）; Zuk et al., ., "Gentrification, Displacement and the Role of Public Investment".

52. Nancy Andrews and Audrey Choi, "Equitable Transit-Oriented Development: A New Paradigm for Inclusive Growth in Metropolitan America"（San Francisco: Morgan Stanley, 2016）.

53. Cervero, *The Transit Metropolis*.

54. See http: //www.singstat.gov.sg/statistics, accessed March 24, 2017.

55. Michael Sorkin, ed., *Variations on a Theme Park: The New American City and the End of Public Space*（New York: Macmillan, 1992）; Stefan Al, ed., *Mall City: Hong Kong's Dreamworlds of Consumption*（Honolulu: University of Hawaii Press, 2016）.

56. Project for Public Space, "Placemaking & the Future of Cities"（New York: Project for Public Space, 2015）.

57. Kenneth T. Jackson, *Crabgrass Frontier: The Suburbanization of the United States*（New York: Oxford University Press, 1985）.

58. Susannah Nesmith, "Miami Street Experiment Prioritizes People, " *Planning*（March 2017）.

参考文献

1. Angel, Shlomo. *Planet of Cities*. Cambridge, MA: Lincoln Institute of Land Policy, 2012.
    安杰尔·什洛莫。《城市星球》。马萨诸塞州剑桥市：林肯土地政策研究所，2012年
    （中译本：贺灿飞译。北京：科学出版社，2015年）。

2. Appleyard, Don. *Liveable Streets*. Berkeley, CA: University of California Press, 1981.
    唐·阿普尔亚德。《宜居街道》。加利福尼亚州伯克利：加州大学出版社，1981年。

3. Banister, David. *Unsustainable Transport: City Transport in the 21st Century*. London:
    Routledge, 2005.
    大卫·巴尼斯特。《不可持续的交通：21世纪城市交通》。伦敦：劳特利奇出版社，
    2005年。

4. Beatley, Timothy. *Green Urbanism: Learning from European Cities*, Washington, DC:
    Island Press, 2000.
    蒂莫西·比特利。《绿色城市主义：欧洲城市的经验》。华盛顿特区：岛屿出版社，
    2000年（中译本：邹越、李吉涛译，北京：中国建筑工业出版社，2011年）。

5. Bernick, Michael, and Robert Cervero. *Transit Villages for the 21st Century*. New York:
    McGraw–Hill, 1997.
    迈克尔·伯尼克、罗伯特·瑟夫洛。《21世纪公共交通社区》。纽约：麦格劳—希尔
    出版集团，1997年。

6. Black, William. *Sustainable Transportation: Problems and Solutions*. New York: Guilford
    Press, 2010.
    威廉·布莱克。《可持续交通：问题与解决方案》。纽约：吉尔福德出版社，2010年。

7. Calthorpe, Peter. *The New American Metropolis: Ecology, Community, and the American
    Dream*. New York: Princeton Architectural Press, 1993.
    彼得·卡尔索普。《未来美国大都市：生态·社区·美国梦》。纽约：普林斯顿建筑
    出版社，1993年（中译本：郭亮译。北京：中国建筑工业出版社，2009年）。

8. Calthorpe, Peter. *Urbanism in the Age of Climate Change*. Washington, DC: Island Press, 2011.
    彼得·卡尔索普。《气候变化之际的都市主义》。华盛顿特区：岛屿出版社，2011年
    （中译本：彭卓见译。北京：中国建筑工业出版社，2012年）。

9. Cervero, Robert. *The Transit Metropolis: A Global Inquiry*. Washington, DC: Island Press,
    1998.

罗伯特·瑟夫洛。《公交都市：全球调查》。华盛顿特区：岛屿出版社，1998年（中译本：宇恒可持续交通研究中心译。北京：中国建筑工业出版社，2007年）.

10. Dunham-Jones, Ellen, and June Williamson. *Retrofitting Suburbia: Urban Design Solutions for Redesigning Suburbs*. New York: John Wiley & Sons Inc., 2009.
埃伦·杜汉-琼斯、琼·威廉姆森。《郊区改造：转变郊区发展模式的城市设计方法》。纽约：约翰·威利父子公司，2009年。

11. Duranton, Gilles, and Erick Guerra. *Developing a Common Narrative on Urban Accessibility: An Urban Planning Perspective*. Washington, DC: Brookings Institution, 2017.
吉尔斯·杜兰特、埃里克·盖拉。《制定城市可达性的共同叙事：城市规划视角》。华盛顿特区：布鲁金斯学会，2017年。

12. Ewing, Reid, and Keith Bartholomew. *Pedestrian- & Transit-Oriented Design. Washington, DC: Urban Land Institute and the American Planning Association*, 2013.
里德·尤因、基思·巴塞洛缪。《步行与公交导向设计》。华盛顿特区：城市土地研究所与美国规划协会，2013年。

13. Ewing, Reid, and Shima Hamidi. *Costs of Sprawl*. New York: Routledge, 2017.
里德·尤因、希玛·哈米迪。《无序扩张的成本》。纽约：劳特利奇出版社，2017年。

14. Fainstein, Susan. *The Just City*. Ithaca, NY: Cornell University Press, 2011.
苏珊·费因斯坦。《正义城市》。纽约州伊萨卡：康奈尔大学出版社，2011年。

15. Florida, Richard. *The Rise of the Creative Class*. New York: Basic Books, 2002.
理查德·佛罗里达。《创意阶层的崛起》。纽约：基本图书公司，2002年。

16. Fraker, Harrison. *The Hidden Potential of Sustainable Neighborhoods: Lessons from Low-Carbon Communities*. Washington DC: Island Press, 2013.
哈里森·弗雷克。《可持续社区的潜在潜力：来自低碳社区的经验》。华盛顿特区：岛屿出版社，2013年。

17. Gehl, Jan. *Cities for People. Washington*, DC: Island Press, 2010.
扬·盖尔。《人性化的城市》。华盛顿特区：岛屿出版社，2010年（中译本：欧阳文、徐哲文译。北京：中国建筑工业出版社，2010年）。

18. Givoni, Moshe, and David Banister. *Moving towards Low Carbon Mobility*. Cheltenham, UK: Edward Elgar, 2013.
莫什·吉沃尼、大卫·班尼斯特。《迈向低碳机动性》。英国切尔滕纳姆：爱德华·埃尔加出版社，2013年。